GE智能平台自动化系统实战丛书

U0960049

GE智能平台自动化系统实训教程——基础篇

刘艺柱　著

天津大学出版社
TIANJIN UNIVERSITY PRESS

内 容 摘 要

本书介绍了GE智能平台自动化系统操作方面的基础知识，内容包括：PACSystems™ RX3i系统的组态与应用、QuickPanel View/Control系统的组态与应用、iFIX组态软件的安装与应用、VersaMax远程I/O模块的组态与应用、Versa Motion和PAC Motion运动控制系统的组态与应用、PPS软件的安装与应用。书中重点讲解操作步骤，并配以图片，做到图文并茂，实用性强，便于读者阅读学习。

本书可作为高等院校电气工程、机电工程、自动化相关专业教学用书，也可以作为工程技术人员的培训和自学用书。

图书在版编目(CIP)数据

GE智能平台自动化系统实训教程. 基础篇/刘艺柱著. —天津：天津大学出版社，2014.4(2021.8重印)
(GE智能平台自动化系统实战丛书)
ISBN 978-7-5618-4883-8

Ⅰ.①G… Ⅱ.①刘… Ⅲ.①自动化系统－教材 Ⅳ.①TP27

中国版本图书馆CIP数据核字(2014)第062955号

出版发行	天津大学出版社
地　　址	天津市卫津路92号天津大学内(邮编:300072)
电　　话	发行部:022-27403647
网　　址	www.tjupress.com.cn
印　　刷	北京虎彩文化传播有限公司
经　　销	全国各地新华书店
开　　本	185mm×260mm
印　　张	13.75
字　　数	350千
版　　次	2014年4月第1版
印　　次	2021年8月第6次
定　　价	35.00元

前　　言

1. 编写背景

GE 智能平台大学计划在中国推广已跨过了 7 个年头，校企合作共建了近百所实验室，未来还会有更多的高校加入到这个计划中。但围绕着 GE 智能平台自动化技术公开出版的教材较少，参考资料主要是英文版技术手册，教学中不实用、有局限性。GE 智能平台的自动化系统在工业控制领域得到了越来越广泛的应用，但由于使用过程中大量的参数设置资料匮乏增加了学习难度，限制了技术的推广应用。众多自动化行业的工程技术人员和广大师生渴望得到一本实用的培训教材。

2. 编写目的

本书的编写是为了推广 GE 智能平台的先进控制技术和理念，便于高校相关专业教学，提高师生的研究及应用水平；也想抛砖引玉，与广大教育界同人共同推动自动化事业不断发展。

3. 教材特点

本书以 GE 智能平台自动化系统在工程实践中的应用为例，选择了 7 个项目对 PAC 硬件、PME 软件、QuickPanel View/Control、iFIX 组态软件、VersaMax 远程 I/O 模块、Versa Motion 和 PAC Motion 运动控制系统及 PPS 软件进行了循序渐进的工作导向描述。本书遵循“操作性、实用性”原则，既可以作为高校教材，也可以作为工具书。

4. 基本内容

本书由 7 个项目组成。项目 1 PACSystems™ RX3i 系统的组态与应用；项目 2 QuickPanel View/Control 系统的组态与应用；项目 3 iFIX 组态软件的安装与应用；项目 4 VersaMax 远程 I/O 模块的组态与应用；项目 5 Versa Motion 运动控制系统的组态与应用；项目 6 PAC Motion 运动控制系统的组态与应用；项目 7 PPS 软件的安装与应用。本书描述的操作过程和配置参数均经过了实践验证，便于读者在应用中借鉴。

本书由河南工业职业技术学院刘艺柱著。通用电气智能设备（上海）有限公司、南京南戈特智能技术有限公司、天津大学出版社和河南工业职业技术学院等单位对本书的出版给予了大力支持，在此表示衷心的感谢！

本书参考了有关 PLC、触摸屏、组态软件、工业总线和运动控制技术等方面的大量书刊、资料和 GE 智能平台的产品手册，并引用了部分材料，除在参考文献中列出外，在此谨向这些书刊、资料的作者和 GE 智能平台工程师们表示衷心的感谢！

河南工业职业技术学院 GE 智能平台自动化系统实验室学生科技工作站的王浩（电气 1103）、霍肖（电气 1206）、王朝柯（电气 1206）、李姜雷（电气 1204）、李政原（电气 1102）、张卓鹏（楼宇 1201）、高煜（电气 1101）、侯杰帅（电气 0901）、刘少凯（电力 1001）、张桐源（电气

1103)、刘旭远(电力 1201)等同学参与了项目 1 ~ 7 的实践验证和一些辅助性工作,在此也一并表示谢意!

由于作者水平有限,书中难免存在疏漏和错误,敬请广大读者批评、指正。

作者 E-mail:luoyangpeony@ sina. com。

刘艺柱

2013 年 6 月

河南南阳独山脚下

目　　录

项目 1　PACSystems™ RX3i 系统的组态与应用

任务 1　PACSystems™ RX3i 系统的认识

1.1.1　新一代工业控制系统

PLC(Programmable Logic Controller,可编程逻辑控制器)的出现取代了原来的工厂继电器,一直占据着工业控制技术的主流地位。当前人们需要的功能越来越多,例如快速运算、海量存储、与其他硬件平台以及网络的连接等,传统的 PLC 已不能满足控制需求。2001 年权威咨询机构 ARC Group 提出了 PAC(Programmable Automation Controller,可编程自动化控制器)的概念。PAC 是具有更高性能的工业控制器,兼具 PLC 的可靠性、坚固性和 PC 的开放性、自定义电路的灵活性。这些特性融入单机箱解决方案,用户因而能够以更快的速度和更低的成本实现工业系统自动化的设计。

PAC 概念一经推出,即得到了行业内众多厂商的产品响应,包括 NI、GE、ROCKWELL、倍福、研华等在内的众多知名厂商纷纷推出各自的 PAC 控制器。目前 PAC 产品已经被应用到冶金、化工、纺织、轨道、建筑、水处理、电力与能源、食品饮料和机器制造等诸多行业中。

1.1.2　PACSystems™ RX3i 系统特性

GE 智能平台 PACSystems 致力于为用户提供先进完善的自动化解决方案,RX3i 控制器是 PACSystems 家族的新成员。同 PACSystems 家族的其他成员一样,PACSystems™ RX3i 系统拥有一个单一的控制引擎和一个通用的编程环境,能方便地应用在多种硬件平台上,并且提供真正的集中控制选择。

PACSystems 设备使用 Proficy™ Machine Edition(PME)软件进行编程和配置,实现人机界面、运动控制和执行逻辑的开发。Proficy™ Machine Edition 是一个高级的软件开发环境和机器层面的自动化维护环境。

1.1.3　PACSystems™ RX3i 系统基本模块

PACSystems™ RX3i 标准培训 Demo 箱如图 1-1-1 所示。Demo 箱配置的 PCI 总线背板型号为 IC695CHS012;背板上安装的模块依次为电源模块(IC695PSD040)、CPU 模块(IC695CPU315)、以太网通信模块(IC695ETM001)、数字量输入模块(IC694ACC300)、数字量输出模块(IC694MDL754)、模拟量输入模块(IC695ALG600)、模拟量输出模块(IC695ALG704)、串行总线传输模块(IC695LRE001)等。下面分别对各个模块进行介绍。

1. 背板(机架)

背板(机架)有 12 槽(型号 IC695CHS012)和 16 槽(型号 IC695CHS016)两种规格供用户选择。背板支持模块带电热插拔,有效减少系统停机时间。背板为双总线背板,既支持 PCI 总线模块,又支持串行总线模块。Demo 箱中配置的背板为 IC695CHS012,如图 1-1-2 所示。

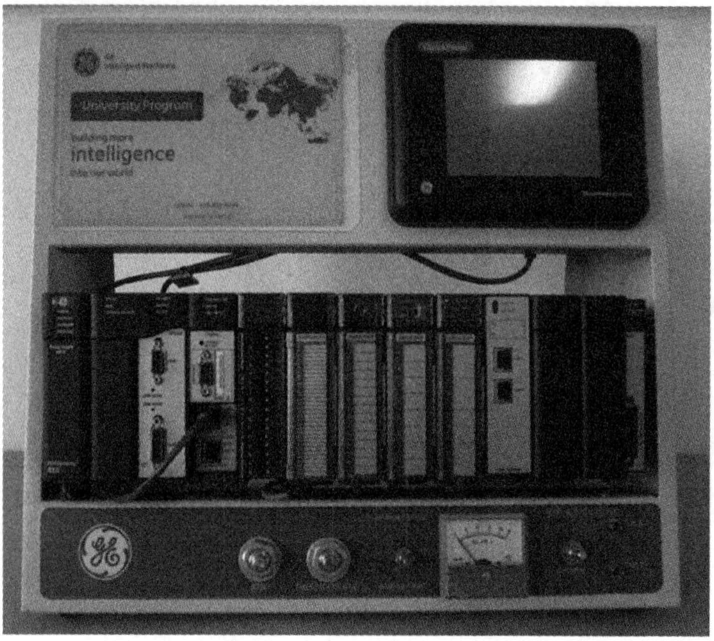

图 1-1-1　PACSystems™ RX3i 标准培训 Demo 箱

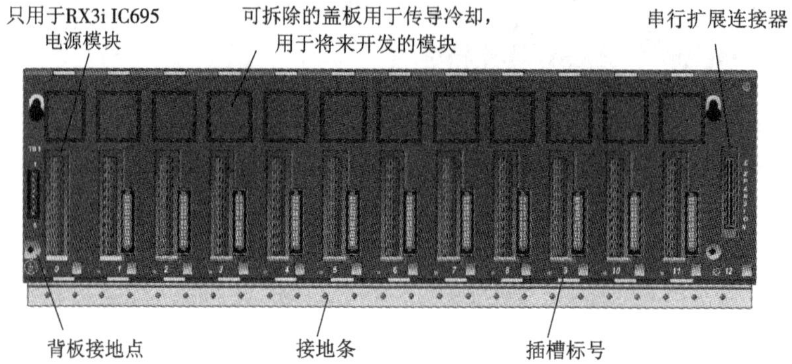

图 1-1-2　IC695CHS012 背板

背板最左侧的插槽是 0 插槽，如图 1-1-3(a)所示。只有 IC695 电源可以插在 0 插槽上（注意：IC695 电源也可以装在 1～11 插槽上）。1～11 插槽每槽有两个连接器，一个用于 RX3i PCI 总线，另一个用于 RX3i 串行总线，如图 1-1-3(b)所示。背板最右侧的插槽是 12 插槽（扩展插槽），如图 1-1-3(c)所示，它不同于其他插槽，只能安装串行总线传输模块（IC695LRE001）。

小知识　热插拔：模块可以在系统通电的时候安装或者移除背板。

2. 电源模块

电源模块安装在背板上，具有自动电压适应功能；内置智能开关熔丝，具有限流功能，发生短路时电源模块会自动关断来避免硬件损坏。Demo 箱中配置的电源模块型号为 IC695PSD040。该模块的输入电压范围为 DC 18～39 V，输出电压为 DC 24 V，提供最大 40

W 的功率输出。电源模块上四个 LED 灯的功能说明见表 1-1-1。IC695PSD040 在 PACSystems™ RX3i(产品标号为 IC695)系统中只能用一个,不能与其他 RX3i 电源一起用于电源冗余模式或增加容量模式。直流电源模块 IC695PSD040,如图 1-1-4 所示。交流电源模块 IC695PSA040,如图 1-1-5 所示。

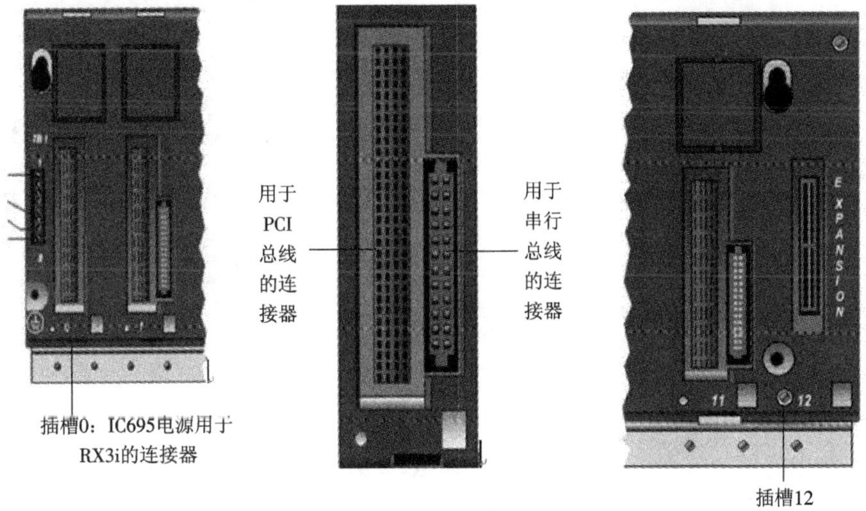

(a)　(b)　(c)

图 1-1-3　插槽示意图

(a) 0 号插槽　(b)1 ~ 11 号插槽　(c)12 号插槽

表 1-1-1　IC695PSD040 指示灯颜色说明表

显示颜色 / 指示灯	绿色	琥珀黄色	红色
POWER	电源模块给背板供电	电源已加到电源模块上,但是电源模块上的开关为关闭状态	—
P/S FAULT	—	—	电源模块存在故障并且不能提供足够的电压给背板
OVERTEMP	—	电源模块接近或者超过了最高工作温度	—
OVERLOAD	—	电源模块至少有一个输出接近或者超过最大输出功率	—

3. CPU 模块

CPU 模块采用 Celeron (Pentium® Ⅲ) 300 MHz 处理器,配置 10 MB 用户内存,具有高速运算和高速数据吞吐能力,能轻松地完成各种复杂的应用。Demo 箱中配置的 CPU 模块型号为 IC695CPU310,如图 1-1-6 所示,模块面板上有两个串行接口,一个三挡位置转换开关用于设置运行、输出禁止、停止等工作状态。

CPU 模块不支持热插拔,在安装或拆卸 CPU 模块时应先切断电源。CPU 模块需要占用两个插槽,并且可以插在除槽号最高的(最右边的)插槽以外的任何插槽。

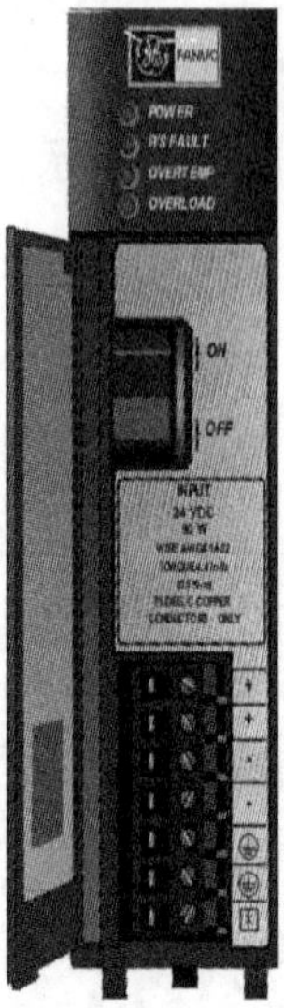

图 1-1-4　IC695PSD040 模块

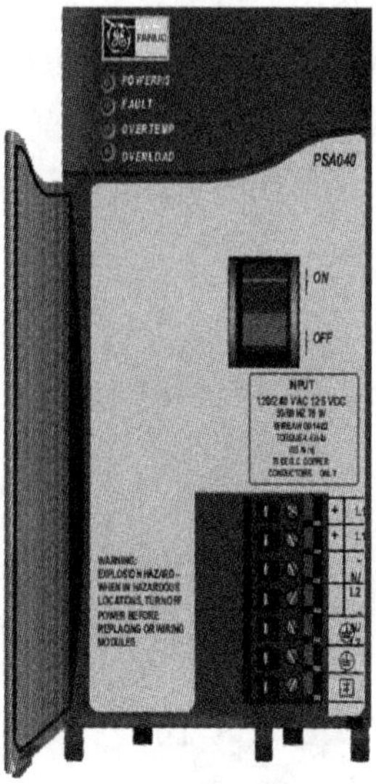

图 1-1-5　IC695PSA040 模块

4. 以太网通信模块

Demo 箱中配置的以太网通信模块型号为 IC695ETM001,如图 1-1-7 所示。PACSystems™ RX3i 控制器通过以太网通信模块与 PC 机、其他 PACSystems 和 VersaMax 控制器等进行通信。IC695ETM001 有两个自适应的 10/100BaseT(X) 的 RJ - 45 端口,用来连接 10M BaseT 或者 100BaseTX IEEE 802.3 网络中的任意一个,该端口能够自动检测速度、双工模式(半双工或者全双工)和与之连接的电缆接线方式(直行或者交叉)。模块有七个指示灯,指示灯功能说明见表 1-1-2。

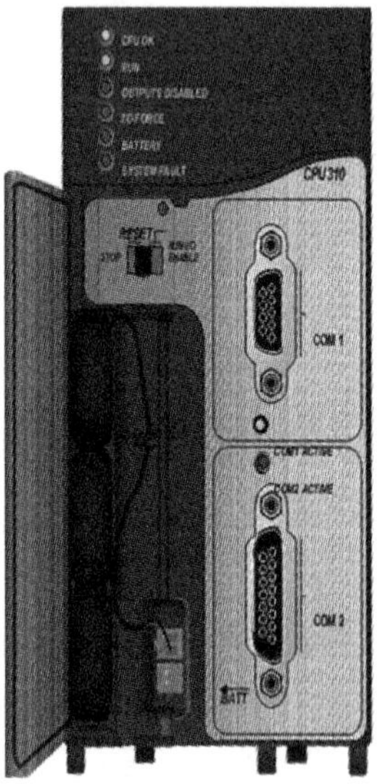

图 1-1-6　IC695CPU310 模块

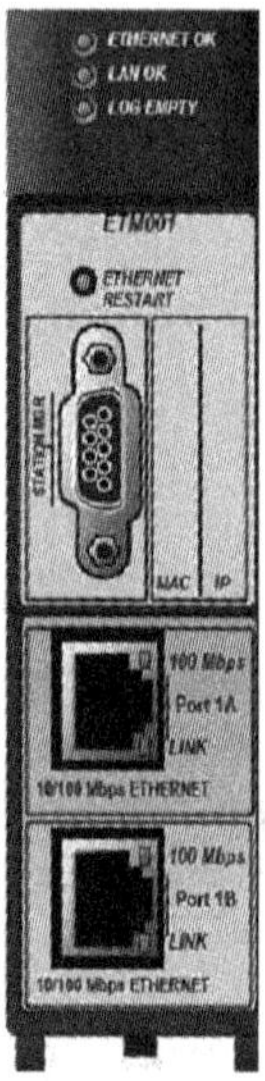

图 1-1-7　IC695ETM001 模块

表 1-1-2 IC695ETM001 指示灯功能表

名称	功能
ETHERNET OK	指示该模块是否能执行正常工作。该指示灯长亮状态表明设备处于正常工作状态，如果指示灯处于闪烁状态，则代表设备处于其他状态
LAN OK	指示是否连接以太网络。该指示灯处于闪烁状态，表明模块正在与以太网交换数据
LOG EMPTY	在正常运行状态下呈亮状态，如果有事件记录，指示灯为熄灭状态
LINK	指示网络连接和激活状态
100 Mbps	指示网络数据传输速度（10 Mbps 时熄灭、100 Mbps 时亮）

5. 数字量输入模块

数字量输入模块用于连接外部用的机械触点和电子式传感器，例如光电开关和接近开关，将来自现场的外部数字量信号电平转换为 PAC 内部的信号电平。

Demo 箱中配置的数字量输入模块为 IC694ACC300，如图 1-1-8 所示。该模块为数字量输入模拟器模块，调试程序和系统时能模拟现场实际连接的输入。拨动开关处于“ON”位置时，则在输入状态表中产生逻辑“1”，模块上方单独编号的发光二极管用于表示每个输入点的状态。

6. 数字量输出模块

数字量输出模块用于驱动电磁阀、接触器、小功率电机、指示灯和电机启动器等负载。数字量输出模块将内部信号电平转化为控制过程所需的外部信号电平，同时有隔离和功率放大作用。负载电源由外部现场提供。

Demo 箱中配置的数字量输出模块为 IC694MDL754，如图 1-1-9 所示。IC694MDL754 提供两组共 32 个输出点，每组 16 个输出点，有 1 个公用电源输出端，最大输出电流 0.75 A，并带有 ESCP 电流输出保护功能。模块具有正逻辑特性，输出装置连接在电源公共端和模块端子之间，用户必须提供现场操作装置的电源。模块上方单独编号的发光二极管用于表示每个输出点的状态（ON/OFF）。

7. 模拟量输入模块

生产过程中有大量连续变化的模拟量需要用 PAC 来测量和控制。模拟量输入模块将模拟量信号转换为 CPU 处理用的数字信号，其主要组成部分是 A/D 转换器。模块的输入信号一般是变送器输出的标准量程的电压、电流信号，有的也可以直接连接温度传感器（热电偶或热电阻），这样可以省去温度变送器。

Demo 箱中配置的模拟量输入模块为 IC695ALG600，如图 1-1-10 所示。IC695ALG600 提供 8 个通用的模拟量输入通道和 2 个冷端温度补偿通道。通过 Proficy™ Machine Edition 软件，用户能在每个通道上独立配置电压、电流、热电偶、热电阻和电阻输入类型。通用模拟量输入说明见表 1-1-3。

表 1-1-3 通用模拟量输入

电压输入	-50 ~ +50 mV、-150 ~ +150 mV、0 ~5 V、1 ~5 V、0 ~10 V、-10 ~ +10 V
电流输入	0 ~20 mA、4 ~20 mA、-20 ~ +20 mA
电阻输入/Ω	0 ~250、0 ~500、0 ~1 000、0 ~2 000、0 ~3 000、0 ~4 000
热电阻输入	铂 385、铂 3916、镍 672、镍 618、镍 - 铁 518、铜 426
热电偶输入	B 型、C 型、E 型、J 型、K 型、N 型、R 型、S 型、T 型

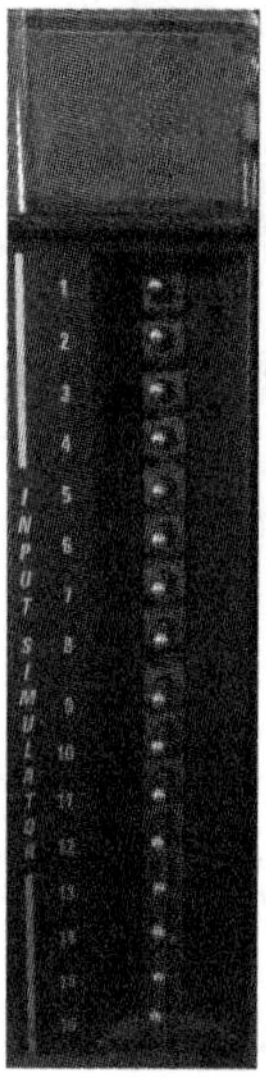

图 1-1-8 IC694ACC300 模块

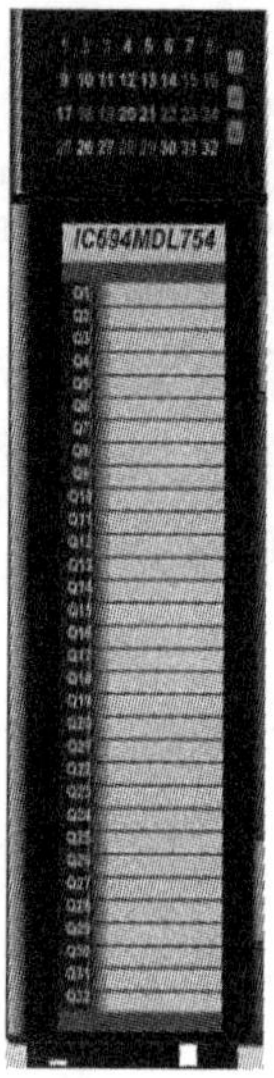

图 1-1-9 IC694MDL754 模块

IC695ALG600 共有 36 个接线端子。端子号 1 和 2、35 和 36 为冷端温度补偿通道，其余 32 个端子(3 ~34)分成八组，按端子号的排列次序，每四个端子号为一组(每组即为一个输入通道)，每个通道在使用中都可独立外接电流型传感器、电压型传感器、2 线型热电偶或热电阻传感器、3 线或 4 线型热电偶或热电阻传感器等。不同类型的传感器与 IC695ALG600 连接时需采用不同的接线方式和接线端子。

8. 模拟量输出模块

模拟量输出模块用于将 CPU 传来的数字信号转换为成比例的电流信号或电压信号，调节或控制执行机构，其主要组成部分是 D/A 转换器。模拟信号应使用电缆或双绞线电缆传送。

Demo 箱中配置的模拟量输出模块型号为 IC695ALG708，如图 1-1-11 所示。模块提供八个模拟量通道，每个通道均可独立设置为 -10 ~ +10 V/0 ~100 V 的电压输出，也可以设置为 4 ~20 mA/0 ~20 mA 的电流输出。

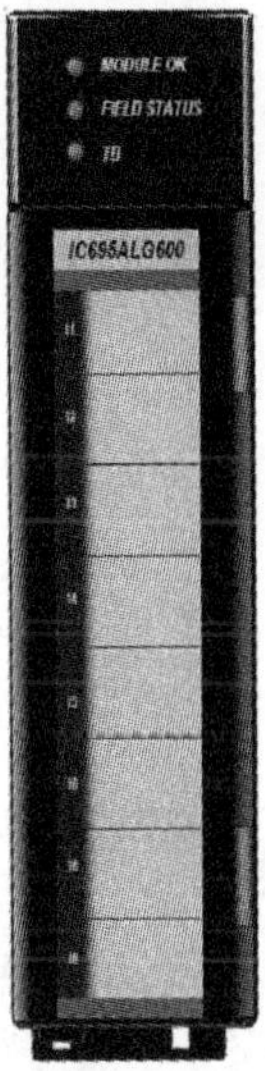

图 1-1-10　IC695ALG600 模块

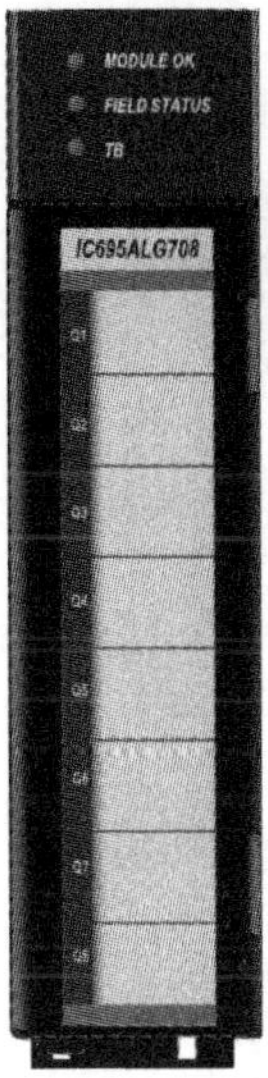

图 1-1-11　IC695ALG708 模块

9. 串行总线传输模块

Demo 箱中配置的串行总线传输模块为 IC695LRE001,如图 1-1-12 所示。该模块主要用于 PACSystems™ RX3i 系统的串行扩展,提供通用背板(型号为 IC695)和串行扩展背板/远程背板(型号为 IC694 或者 IC693)之间的通信,把通用背板信号转换成串行扩展背板所需要的信号,只能安装在背板最右边的插槽上。

1.1.4　知识拓展

1. RX3i 背板安装

使用四个螺丝、固定垫圈和平垫圈来固定一个通用背板。将螺丝装入四个固定孔中。其背板的四个孔如图 1-1-13 中四个箭头所指。

2. 模块的安装

1) 安装模块

安装模块如图 1-1-14 所示。

(1) 确定模块的订货号符合相应槽的配置。

(2) 紧紧抓住模块,将其与正确的插槽和连接器对齐。

(3) 将模块背后的支点吊钩与背板顶部的凹槽①接合。

(4) 向下旋转②模块直到模块的接口和背板的接口接合,然后让模块底部的解锁手柄咬合底部的模块固定器③。

(5) 查看模块,保证已经恰当安装。

2) 拆卸模块

拆卸模块如图 1-1-15 所示。

(1) 找到模块底部的解锁手柄,用力向模块的方向压住①。有两个解锁手柄的宽模块必须同时压住两个手柄。

(2) 接着牢固地握住模块并将解锁手柄完全压住,向上旋转模块直到其接口和背板②

分离。

(3)提起模块将其和背板分开,并脱离支点吊钩③。

图 1-1-12　IC695LRE001 模块

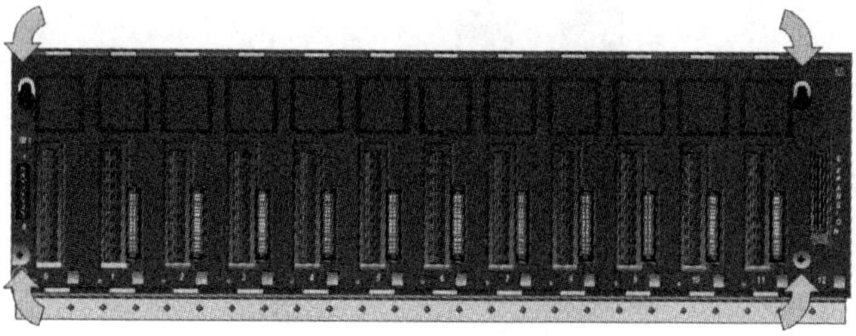

图 1-1-13　背板四个固定孔示意图

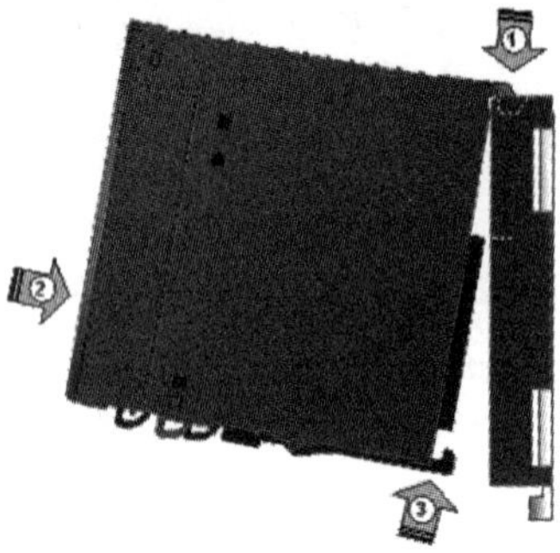

图 1-1-14　模块安装图

图 1-1-15　模块拆卸图

任务 2　Proficy™ Machine Edition 软件的组态与应用

1.2.1　软件概述

Proficy™ Machine Edition(简称 PME 或 ME)是一个高级的软件开发环境和机器层面的自动化维护环境,提供集成的编程环境和共同的开发平台。在同一个项目中,用户自行定义的变量在不同的目标组件中可以相互调用。PME 提供统一的用户界面,内部的所有组件和应用程序都共享单一的工作平台和工具箱。

PME 可以用来组态 PAC 控制器、远程 I/O 站、运动控制器以及人机界面等;可以创建 PAC 控制程序、运动控制程序、触摸屏操作界面等;可以在线修改相关运行程序和操作界

面;还可以上传、下载工程,监视和调试程序等。PME 组件包括如下几种:

(1)Proficy 人机界面组件;

(2)Proficy 逻辑开发器——PC;

(3)Proficy 逻辑开发器——PLC;

(4)Proficy 运动控制开发器。

目前,PME 软件已经更新到 7.0 版本,现以 PME7.0 为例介绍软件的安装过程。

1.2.2　软件安装

建议安装在 Windows XP 系统下,不推荐 Windows 7 系统。具体操作步骤如下。

(1)将 Proficy™ Machine Edition 安装光盘插入到电脑的光驱中或在安装源文件中找到图标 

,双击运行,弹出安装界面,如图 1-2-1 所示。

图 1-2-1　PME 安装界面

(2)选择“安装 Machinc Edition”项,在“安装语言选择”对话框中选择“中文(简体)”项,单击“确定”按钮。

(3)安装程序自动检测计算机配置后,启动 Proficy Machine Edition 配置专家,单击“下一步”按钮继续安装。

(4)在“许可协议”对话框中,选择“接受授权协议条款”,单击“下一步”按钮继续安装。

(5)在“选择安装路径”对话框中,建议初学者使用默认路径,单击“下一步”按钮继续安装。

(6)在“准备安装程序”对话框中,单击“安装”按钮继续安装。

(7)在“安装 Proficy Machine Edition”对话框中给出安装进度提示。

(8)安装完成后弹出“完成 Proficy Machine Edition 配置专家”对话框,单击“完成”按钮。

(9)“产品授权”对话框,询问是否安装授权,根据用户的授权种类选择相应选项。

(10)重启电脑后，在 Windows 桌面单击“开始”→“所有程序”→“Proficy”→“Proficy Machine Edition”→ “Proficy Machine Edition”命令运行软件，如图 1-2-2 所示。

图 1-2-2　启动 PME 程序

1.2.3　创建工程

PME 对于每一个控制任务都是按照一个工程(Project)模式进行管理的。控制任务中如果含有多个控制对象，如既有 PLC 又有 HMI 等，它们在一个工程中是作为多个控制对象(Target)进行分别管理的。因此创建一个工程，需要知道该工程主要包含哪些类型的控制对象。创建工程的步骤如下。

(1)单击“开始”→“所有程序”→“Proficy”→“Proficy Machine Edition”→“Proficy Machine Edition”或者双击桌面上的  图标，启动 PME 软件。

(2)在 Proficy™ Machine Edition 初始化后，进入工程选择窗口，如图 1-2-3 所示。选择“Empty project”项，单击“OK”按钮。

图 1-2-3　工程选择窗口

(3)在“New Project”对话框中，输入新工程名(如 123456)，单击“OK”按钮，如图 1-2-4 所示。

(4)给工程添加控制对象，如 RX3i。右键单击工程名“123456”，选择“Add Target”→“GE Intelligent Platforms Controller”→“PACSystems RX3i”，添加控制对象，如图 1-2-5 所示。

(5)控制对象“Target1”添加后的工程界面如图 1-2-6 所示。

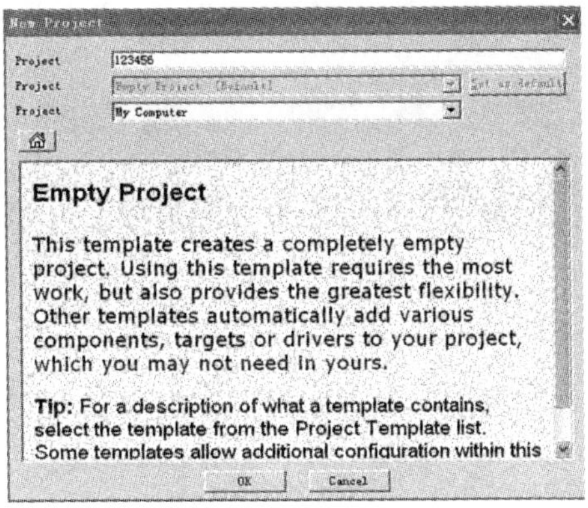

图 1-2-4 “New Project”对话框

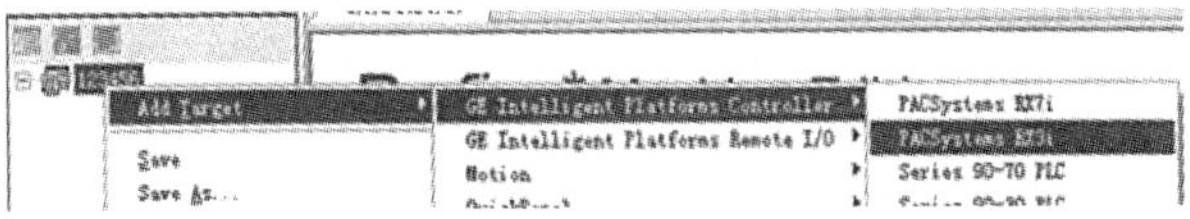

图 1-2-5 添加控制对象

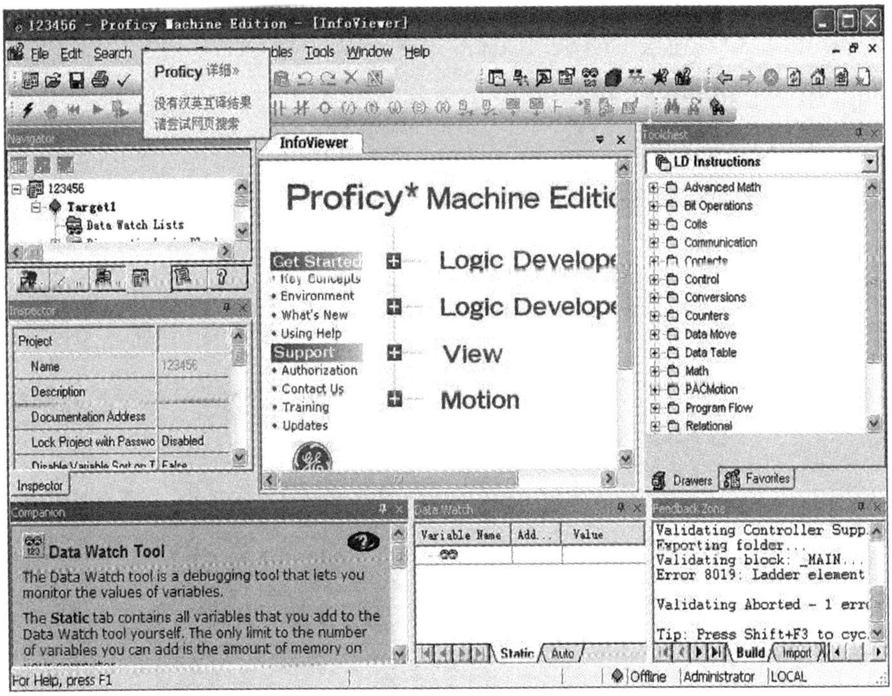

图 1-2-6 添加控制对象后的工程界面

1.2.4 网络组态

PACSystem™ RX3i 系统要与运行 PME 软件的 PC 机进行通信连接，就必须进行 IP 地址设置，具体步骤如下。

(1)配置 PC 机的 IP 地址,如“192.168.1.3”,如图 1-2-7 所示。

图 1-2-7　配置 PC 机的 IP 地址

(2)PC 机与 Demo 箱中以太网通信模块 IC695ETM001 通过并行网线连接起来。上电后 IC695ETM001 模块网线插口上的 LINK 指示灯亮,表明网线电路连通。

(3)Demo 箱中 CPU 模块上的模式选择开关置于“STOP”位置。

(4)在 PME 软件 Navigator 组件选项卡上单击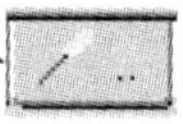图标，然后双击“Set Temporary IP Address”,如图 1-2-8 所示。

(5)系统弹出 IP 地址配置对话框,把以太网通信模块(IC695ETM001)上的 MAC 地址编号(共 12 位号码)输入到“MAC Address”地址框中,并在“Enter IP address using”框中输入 RX3i 系统配置的 IP 地址,如“192.168.1.4”,单击“Set IP”按钮进行设置,如图 1-2-9 所示。RX3i 系统的 IP 地址与 PC 机的 IP 地址须在同一号段内但不能相同,以防止 IP 地址冲突。

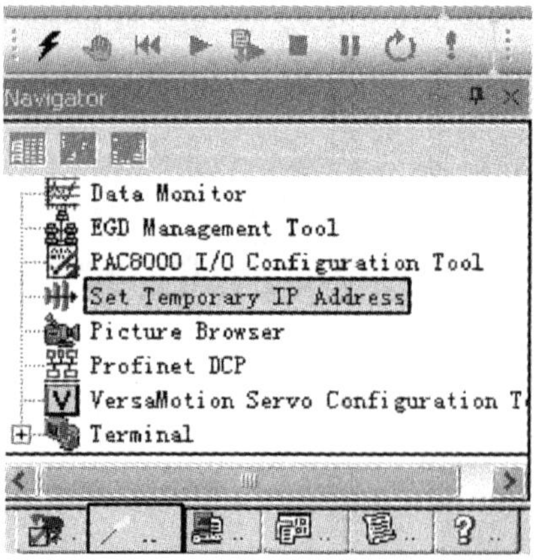

图 1-2-8　IP 地址设置

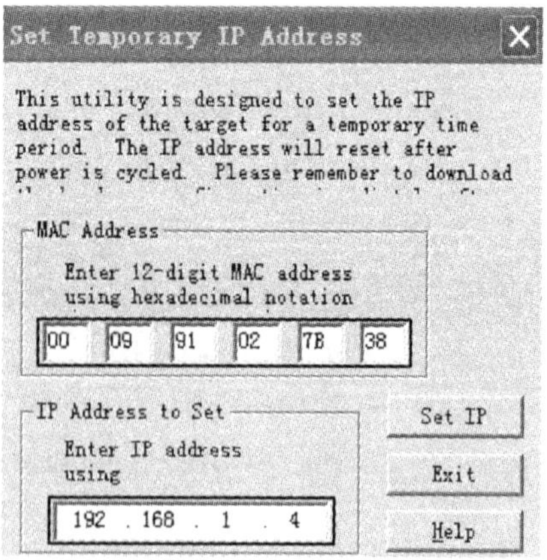

图 1-2-9　设置 RX3i 控制器临时 IP 地址

在 Windows 桌面单击“开始”→“运行”,打开“运行”对话框输入“cmd”命令,单击“确定”按钮,如图 1-2-10 所示。

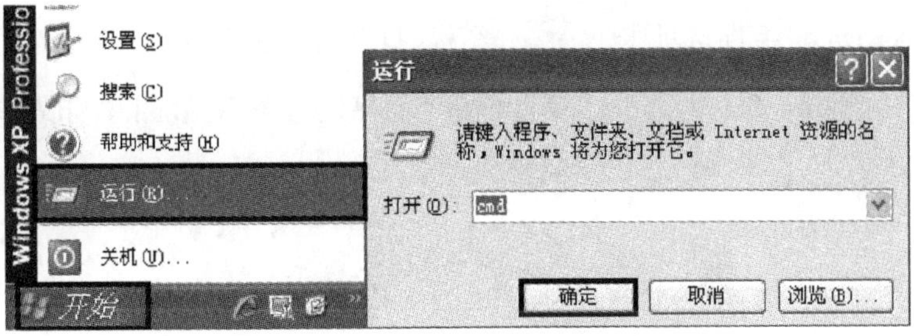

图 1-2-10　输入 cmd 指令

在 DOS 操作界面中，输入“ping 192. 168. 1. 4”按回车键进行网络检查，如图 1-2-11 所示。

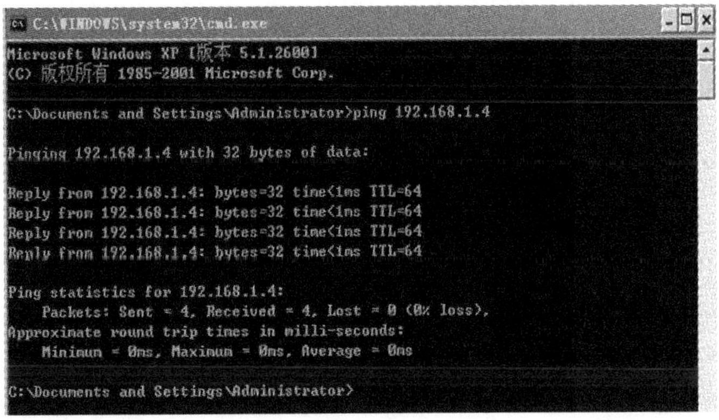

图 1-2-11　网络检查

1. 2. 5　硬件组态

硬件组态是按照 RX3i 系统背板上模块安装位置进行的，如图 1-2-12 所示。硬件组态具体步骤如下。

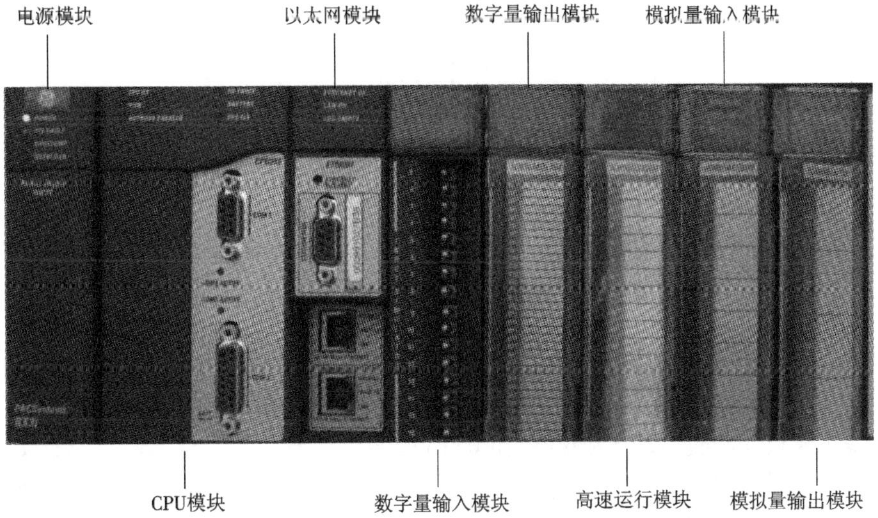

图 1-2-12　模块安装顺序

(1)单击 Navigator 组件选项卡上  图标,打开工程浏览窗口。

(2)单击"Hardware Configuration"项前面的"+"号,再单击"Rack 0(IC695CHS012)"项前面的"+"号展开菜单,如图 1-2-13 所示。

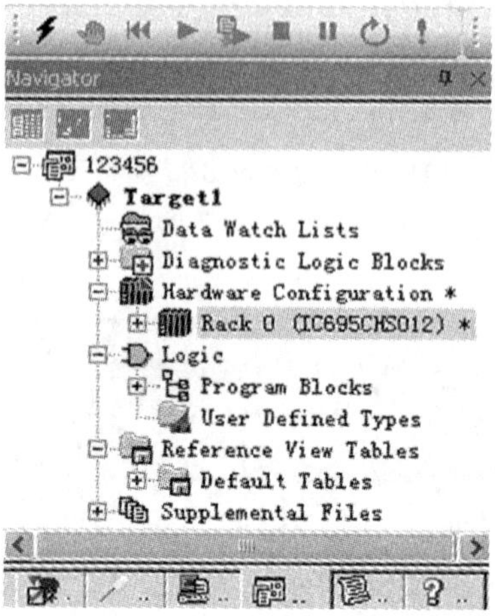

图 1-2-13　工程浏览窗口

(3)电源模块的配置(型号为 IC695PSD040)。

①系统默认模块为 IC695PSA040,右键单击"Slot 0"项弹出菜单,如图 1-2-14 所示。

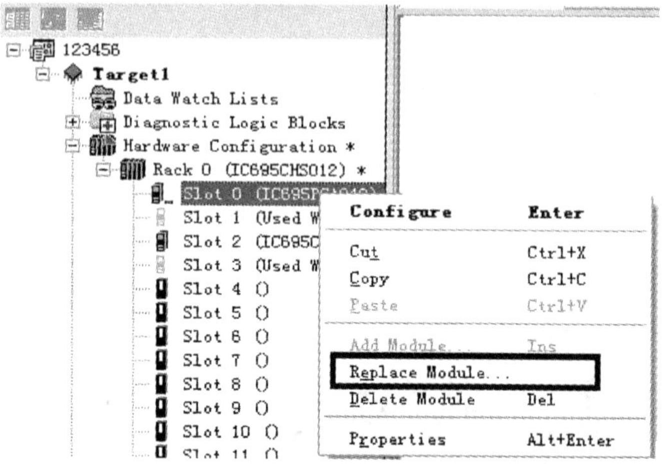

图 1-2-14　替换模块

②单击"Replace Module"项,弹出"Catalog"对话框,选中"IC695PSD040",单击"OK"按钮,如图 1-2-15 所示。

(4)CPU 模块的配置(型号为 IC695CPU315)。

①由于 CPU 模块安装在插槽 1 和插槽 2 上,系统默认其安装在插槽 2 和插槽 3 上,所以要移动 Slot 2 的信息到 Slot 1。具体移动方法是:选中 Slot 2,按下鼠标左键拖动 Slot 2 到 Slot 1 上方后松开。

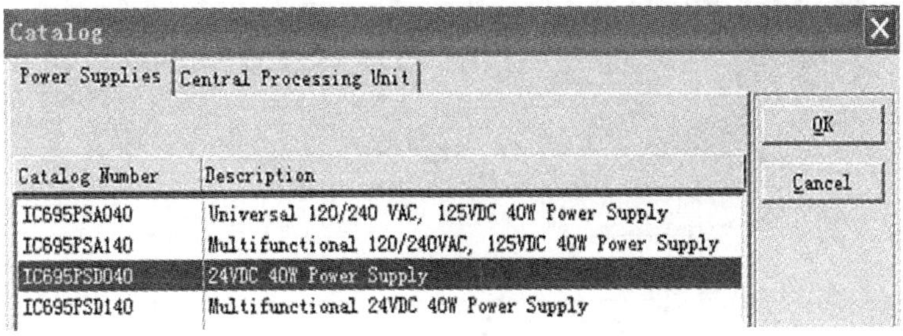

图 1-2-15　“Catalog”对话框 1

②系统默认 CPU 型号为 IC695CPU310，右键单击“Slot 1”，在弹出的菜单中选择“Replace Module”项，如图 1-2-16 所示。

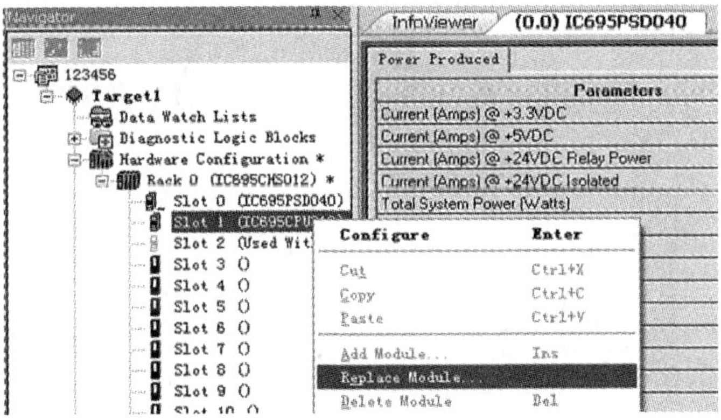

图 1-2-16　选择模块

③在“Catalog”对话框中，选择模块“IC695CPU315”，单击“OK”按钮返回，如图 1-2-17 所示。

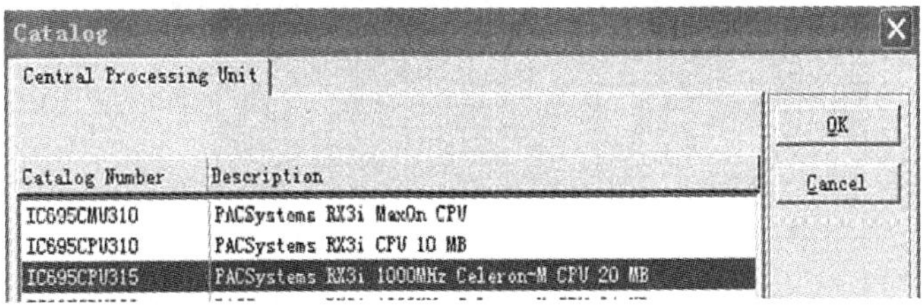

图 1-2-17　“Catalog”对话框 2

④双击“Slot 1”，打开 CPU 参数设置框，选择“Memory”选项卡，设置内存空间，按回车键完成设置，如图 1-2-18 所示。

(5)以太网通信模块的配置(型号为 IC695ETM001)。

①右键单击“Slot 3”，在弹出菜单中选择“Add Module”项，弹出“Catalog”对话框，单击“Communications”选项卡，如图 1-2-19所示。

②选择模块“IC695ETM001”双击，弹出以太网参数设置窗口。

③选择“Settings”选项卡，在“IP Address”参数栏输入 IP 地址，如“192. 168. 1. 4”，按回

车键完成设置,如图 1-2-20 所示。

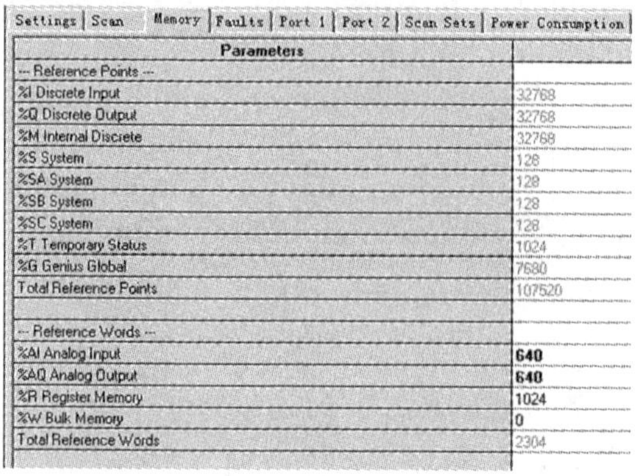

图 1-2-18　修改内存空间

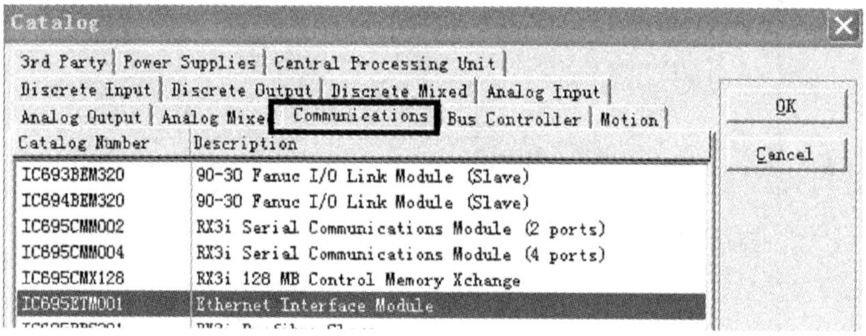

图 1-2-19　“Catalog”对话框 3

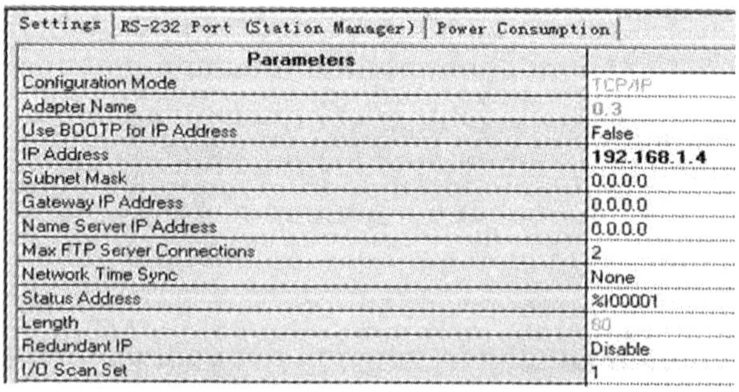

图 1-2-20　设置 IP 地址

(6)数字量输入模块的配置(型号为 IC694ACC300)。

①右键单击“Slot 4”,在弹出菜单中选择 “Add Module”项,弹出“Catalog”对话框,单击“Discrete Input”选项卡,如图 1-2-21 所示。

②选择“IC694ACC300”双击,弹出参数编辑窗口,如图 1-2-22 所示;参数“Reference Address”项给出模块默认地址,如“%I00081”,操作者可以根据需要自行修改。

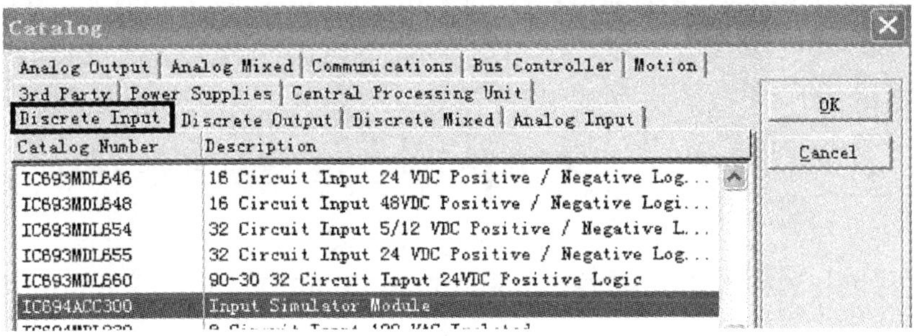

图 1-2-21　“Catalog”对话框 4

图 1-2-22　数字量输入模块的起始地址

(7)数字量输出模块的配置(型号为 IC694MDL754)。

①右键单击“Slot 5”,在弹出菜单中选择“Add Module”项,弹出“Catalog”对话框,单击“Discrete Output”选项卡,如图 1-2-23 所示。

②选择“IC694MDL754”双击,弹出参数编辑窗口,如图 1-2-24 所示;参数“Reference Address”项给出模块默认地址,如“%Q00001”,操作者可以根据需要自行修改。

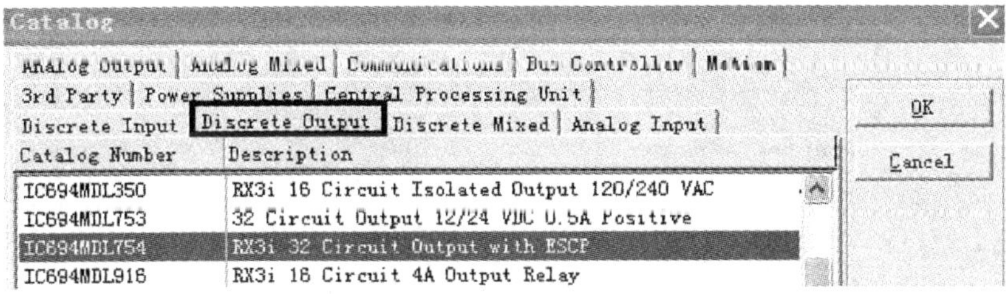

图 1-2-23　“Catalog”对话框 5

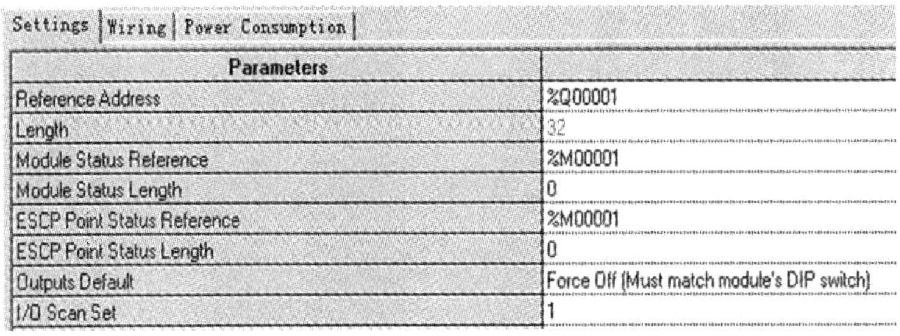

图 1-2-24　数字量输出模块的起始地址

(8)模拟量输入模块的配置(型号为 IC695ALG600)。

高速计数器模块在项目中没有应用，可以不用添加。右键单击“Slot 7”，在弹出菜单中选择“Add Module”项，弹出“Catalog”对话框，单击“Analog Input”选项卡，如图 1-2-25 所示。选择“IC695ALG600”，单击“OK”按钮返回。

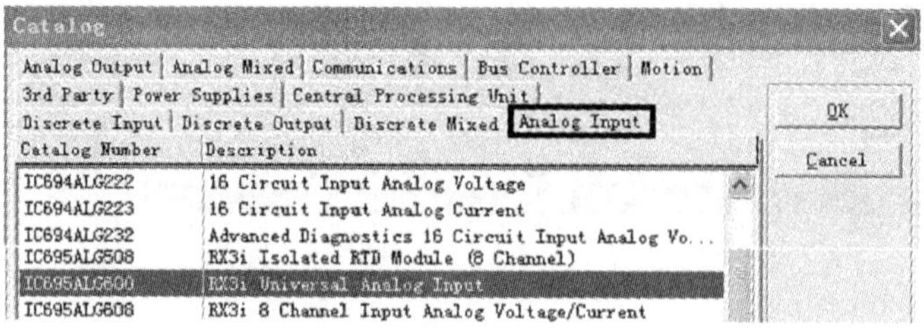

图 1-2-25　“Catalog”对话框 6

（9）模拟量输出模块的配置（型号为 IC695ALG704）。

右键单击“Slot 8”，在弹出菜单中选择“Add Module”选项后，弹出“Catalog”对话框，单击“Analog Output”选项卡，如图1-2-26所示。选择“IC695ALG704”，单击“OK”按钮返回。

（10）硬件配置完成如图 1-2-27 所示。

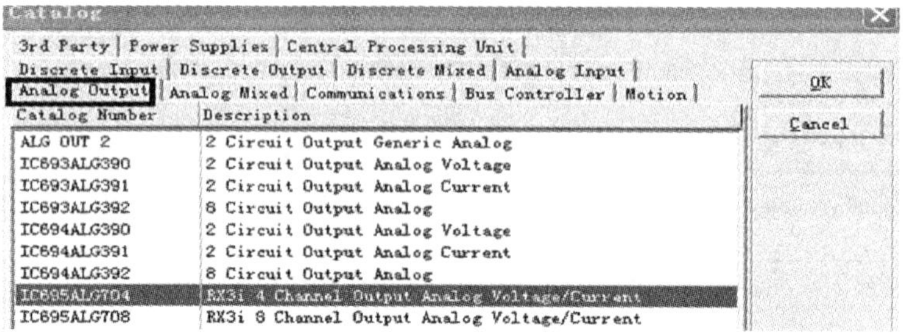

图 1-2-26　“Catalog”对话框 7

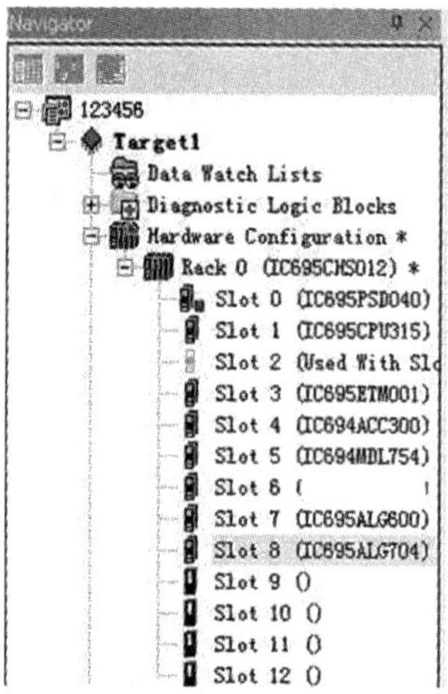

图 1-2-27　硬件配置完成

1.2.6　程序编写

电动机自锁控制逻辑简单，具体编程思想不再赘述。着重介绍如何在 PME 软件中录入梯形图程序。

单击新建工程名“123456”前面的“ + ”号，依次展开“Logic” →“Program Blocks” →“MAIN”，双击“MAIN”选项，打开梯形图编辑界面。

下面介绍两种梯形图编辑方法。

第一种：使用梯形图工具栏，单击指令拖到编写区即可，如图 1-2-28（a）所示；单击连接线拖到编写区完善梯形图，如图 1-2-28（b）所示；双击编辑区的指令输入地址“81i 或%i00081”按回车键确认，如图 1-2-28（c）所示；编写完成的梯形图如图 1-2-28（d）所示。如果在 PME 软件窗口中看不见梯形图工具栏,可在菜单栏单击“Tools”→“Toolbars”→“Logic Developer-PLC”命令,如图 1-2-29 所示。

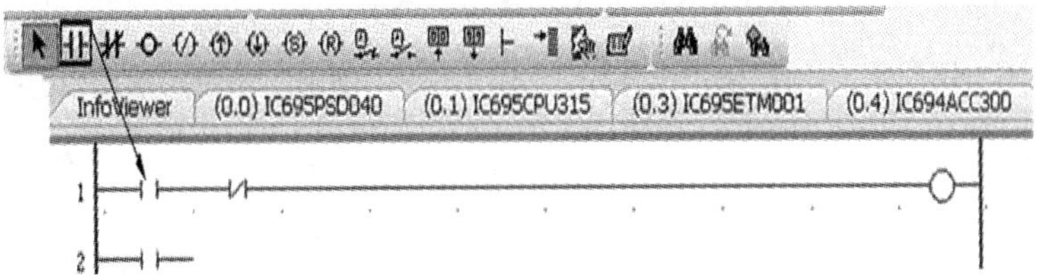

(a)

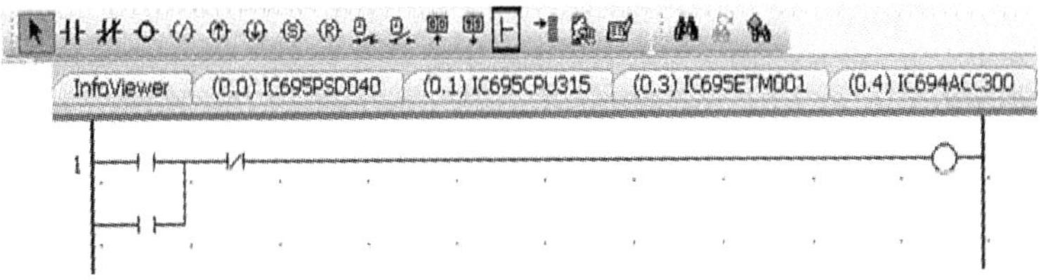

(b)

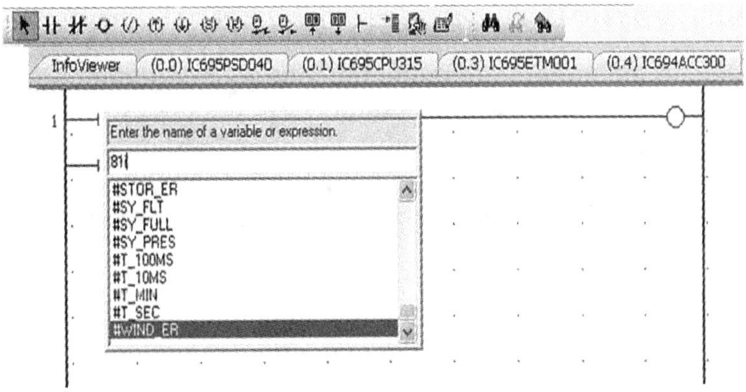

(c)

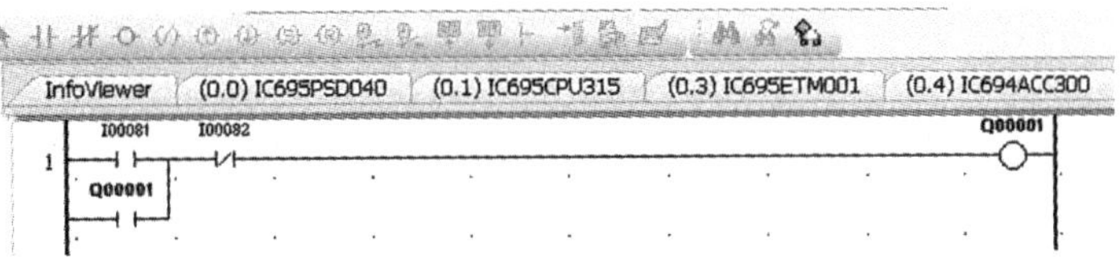

(d)

图 1-2-28　梯形图编辑

(a)添加所需指令　(b)完善梯形图　(c)输入地址　(d)编写完成

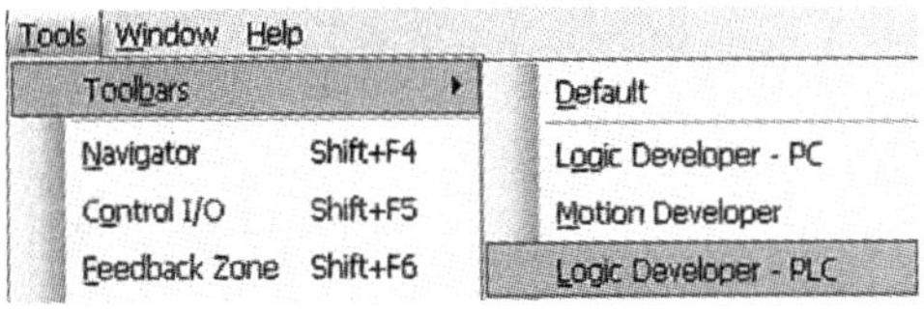

图 1-2-29　打开梯形图工具栏

第二种：单击工具栏中“百宝箱”，选择指令进行编程，具体操作如图 1-2-30 所示。

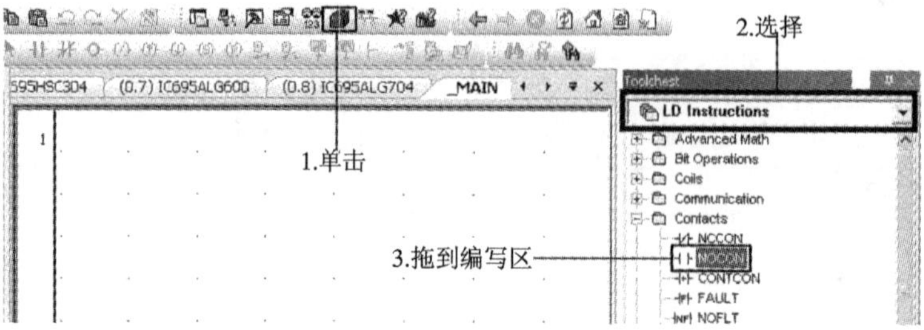

图 1-2-30　添加所需指令

1.2.7　下载调试

硬件组态和程序编写完成后，通过以太网将配置信息和程序代码下载到 PACSystems™ RX3i 系统中进行调试和执行；PACSystems™ RX3i 系统内存中的参数、程序也可以通过上传功能读出，以供参考和修改。

（1）程序编译。单击工具栏中 ✓ 图标，进行信息校对和代码编译，如图 1-2-31 所示。

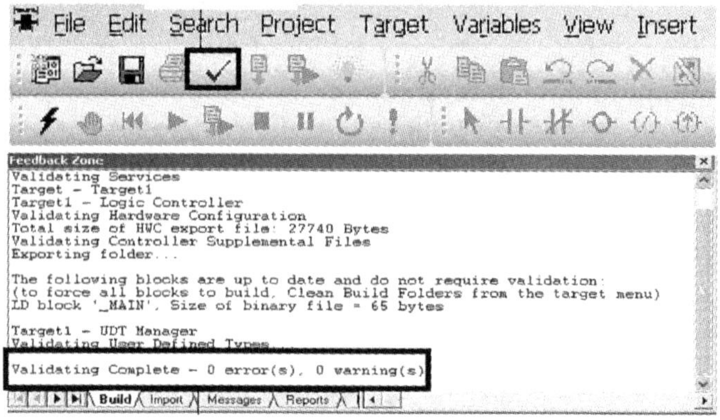

图 1-2-31　程序编译

（2）在“Navigator”浏览器窗口，右键单击“Target1”，在弹出菜单中选择“Properties”，如图 1-2-32 所示。

（3）在“Inspector”对话框中，设置通信模式。将“Physical Port”选项设置成“ETHERNET”，在“IP Address”选项中键入 IP 地址，如图 1-2-33 所示。

（4）单击工具栏上的 图标，PC 机与 RX3i 建立通信连接。连接成功后监视窗口显示“Connected to the device”，工具栏上 图标由灰色变成绿色，如图 1-2-34 所示。

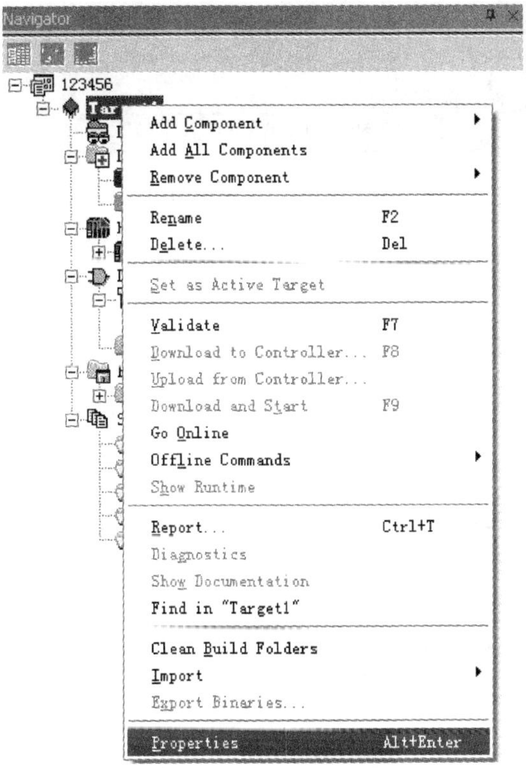

图 1-2-32　“Target1”菜单

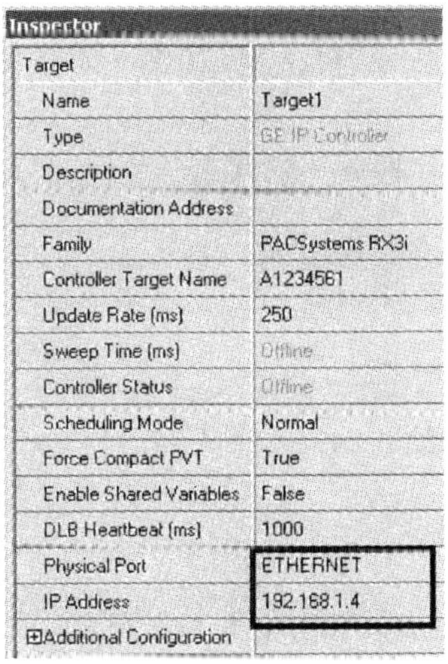

图 1-2-33　设置通信参数

图 1-2-34　信息反馈框

(5)连接成功后系统默认 PME 软件为离线监控模式,PME 软件窗口右下角给出提示信息,如图 1-2-35 所示。监控模式可以观察 PAC 运行状态和运算数据,但是不可修改。再次单击图标,就可以切换到在线编程模式,提示信息如图 1-2-36 所示。编程模式可以修改数据。PAC 运行期间,只能允许一台 PC 机对其进行在线编程,但可以同时接受多台 PC 机对其监控。

图 1-2-35　离线监控模式

图 1-2-36　在线编程模式

(6)硬件配置信息和程序代码下载。下载硬件配置信息前,将 CPU 模块上状态开关拨到"STOP"位或单击停止图标(推荐使用),使 CPU 处于"STOP"模式。单击工具栏上图标,弹出下载信息选择对话框,如图 1-2-37 所示。选择全部选项后,单击"Ok"按钮开始下载。下载结束弹出"输出使能确认"对话框,如图 1-2-38 所示,单击"OK"按钮允许输出使能。

切记！下载完成后要把 CPU 模块上的状态开关拨到"RUN"位。

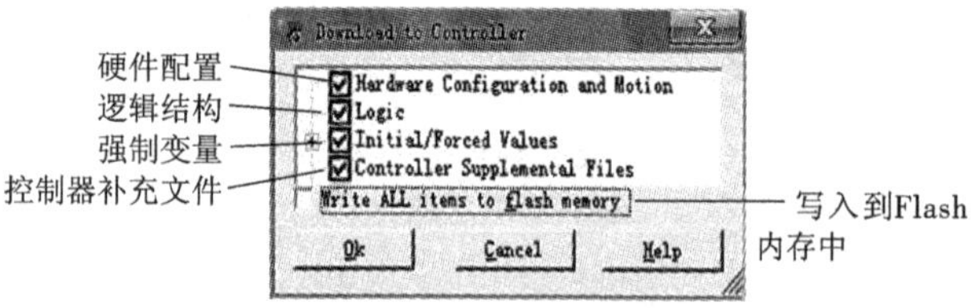

图 1-2-37　下载参数选项

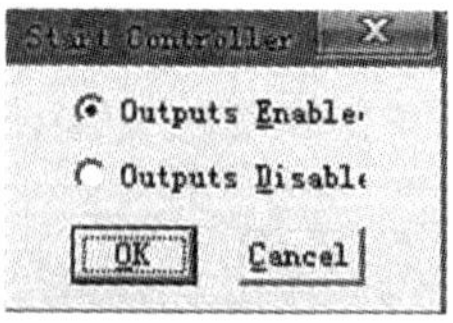

图 1-2-38　输出使能选择

(7)下载完成后,"Target1"前面的图标由灰变绿。"Target1"前面如果出现图标,则表明 PACSystems™ RX3i 系统存在错误。双击图标,弹出错误清除对话框,如图 1-2-39所示。选择"InfoViewer"选项卡,单击"Clear Controller Fault Table"按钮清除错误。清除完毕后关闭对话框,单击停止图标,单击下载图标,再次进行下载。

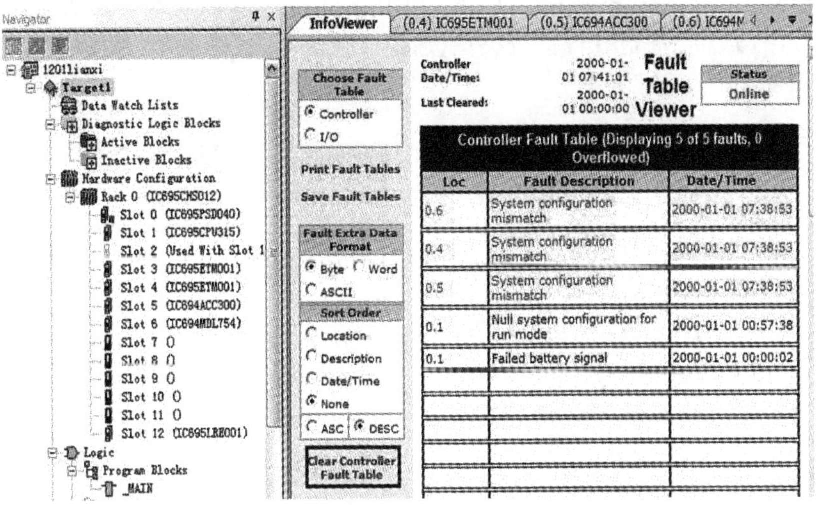

图 1-2-39　错误清除对话框

（8）工程调试。按照电机自锁控制流程进行调试，拨动模块 IC694ACC300 的“1”号开关（地址%I00081）到“ON”的位置，输入状态表（%I）产生一个逻辑 1，模块 IC694MDL754 的“1”号指示灯（地址%Q00001）亮，如图 1-2-40 所示。复位模块 IC694ACC300 的“1”号开关（地址%I00081），拨动“2”号开关（地址%I00082）到“ON”的位置，IC694MDL754 的“1”号指示灯灭。

数字量输入模块1号指示灯亮，说明数字量第一个输入点（即I00081）有输入
数字量输出模块1号指示灯亮，说明数字量第一个输出点（即Q00001）有输出
IC694MDL754

图 1-2-40　输入、输出指示灯亮

1.2.8　拓展任务

在一定范围内系统量大小是一个连续变化的数值，称之为模拟量。比如温度 0～100 ℃、压力 0～10 MPa、液位 1～5 m、电动阀门的开度 0～100% 等。显然，环境温度测试属于模拟量测试范畴。

Demo 箱中模拟量输入模块 IC695ALG600 的第二通道接有三线制热电阻，通过热电阻可以测量环境温度。前面进行了模拟量模块的组态，下面配置模块的通道参数。

1. 参数配置

双击“Slot 7（IC695ALG600）”打开设置窗口，如图 1-2-41（a）所示，系统给模块默认分配地址为%AI00057，即通道1的地址。因每个通道占两个字，所以通道2的地址为%AI00059。通道连接信号的类型由通道硬件接线决定，通道2接热电阻（铂电阻RTD 100型号385），参数配置如图1-2-41(b)所示。

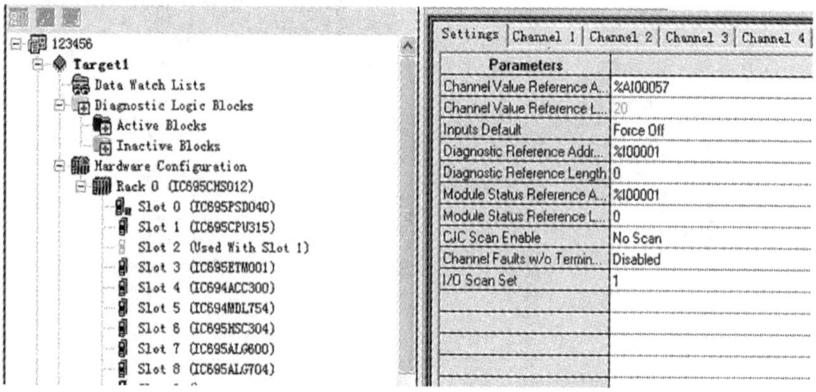

(a)

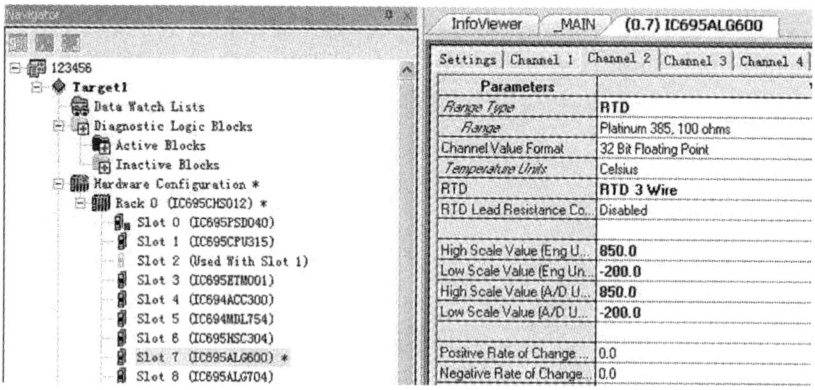

(b)

图1-2-41　模拟量通道配置

(a)模拟量通道分配的地址　(b)模拟量通道2的参数配置

2. 下载调试

(1)配置完成后，参见前面的编译下载过程，重新对工程进行编译下载运行。

(2)通过“Reference View Tables”添加数据监控表“RefViewTable10”观察数据变化情况，具体操作如图1-2-42所示。双击“RefViewTable10”，弹出信息观察窗口，输入地址观察数据具体操作，如图1-2-43所示。

(3)模拟量模块IC695ALG600转换出的数据是32位，数据显示窗口显示数据的格式是16位，因此观察数据还需要进行格式修改，修改后观察到的数据就是环境温度，具体步骤如图1-2-44所示。

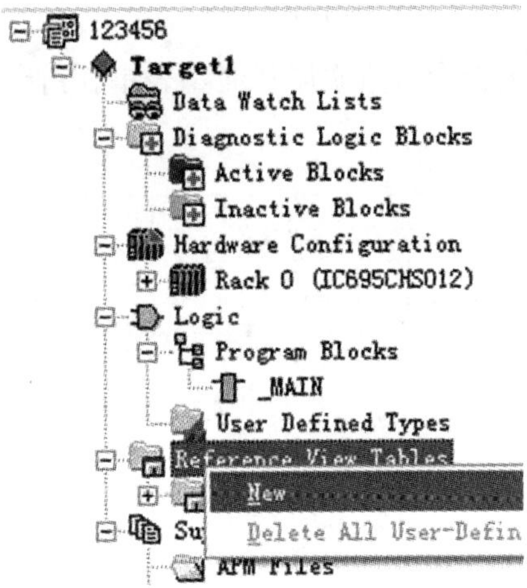

图 1-2-42　添加数据观察表

图 1-2-43　输入地址

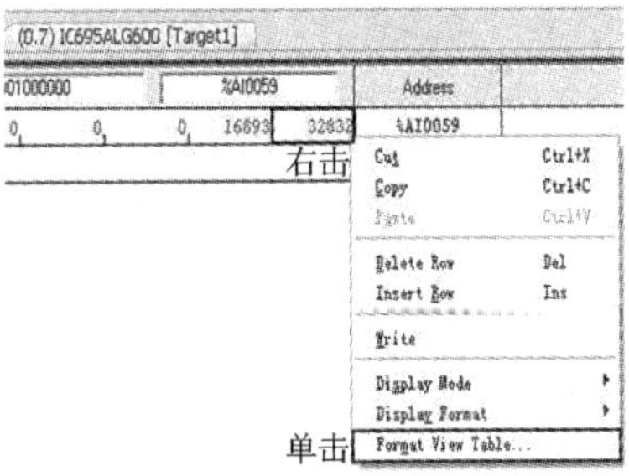

(a)

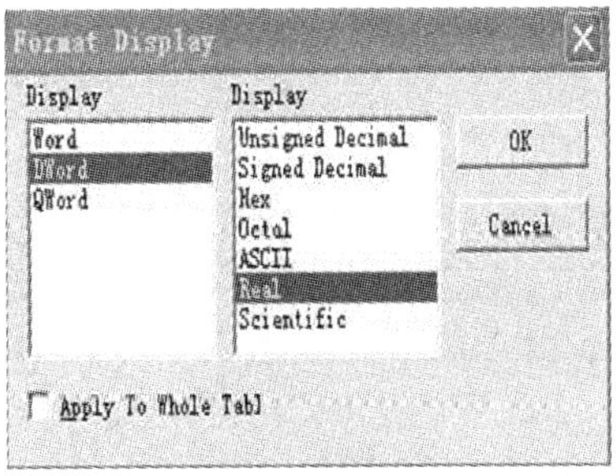

(b)

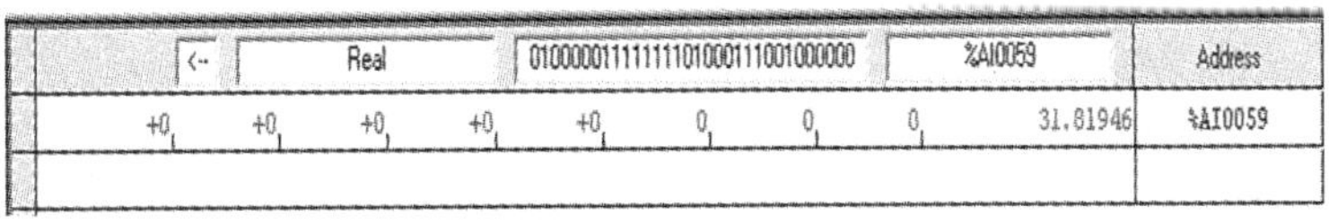

(c)

图 1-2-44　修改格式步骤

(a)选择数据　(b)修改格式　(c)观察结果

3. 添加模拟量变量

下面把检测到的环境温度作为变量添加到变量表中,方便后面的调试使用。变量添加过程如图 1-2-45 所示。

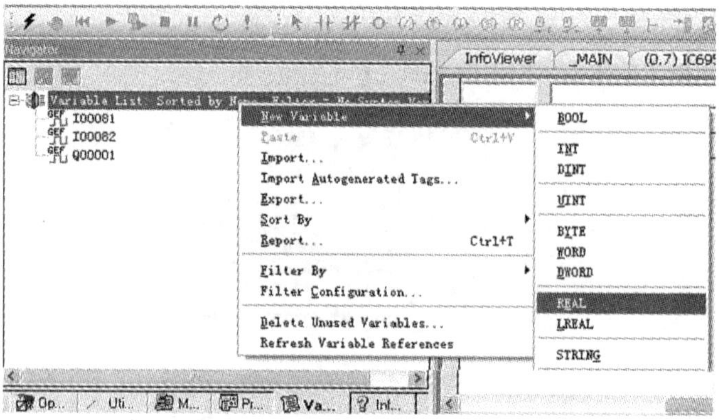

(a)

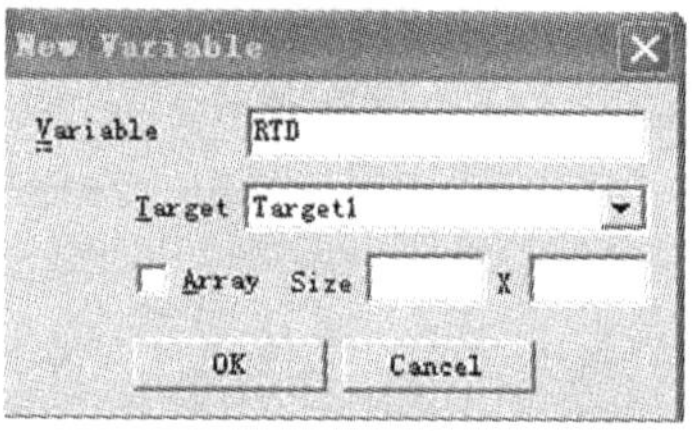

(b)

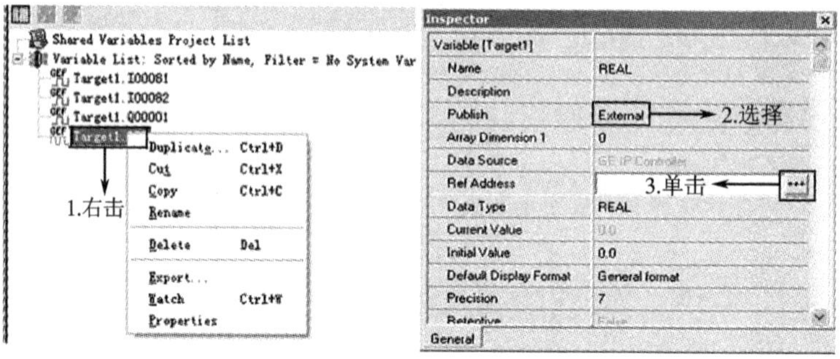

(c)

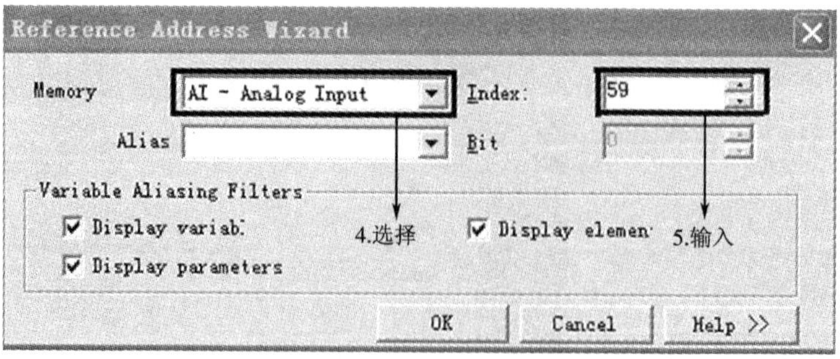

(d)

图 1-2-45 添加模拟量变量

(a)添加新变量 (b)输入变量名 (c)修改变量属性 (d)关联变量地址

4. 添加数字量变量

数字量变量的添加过程，以添加 M00001 变量为例，如图 1-2-46 所示。

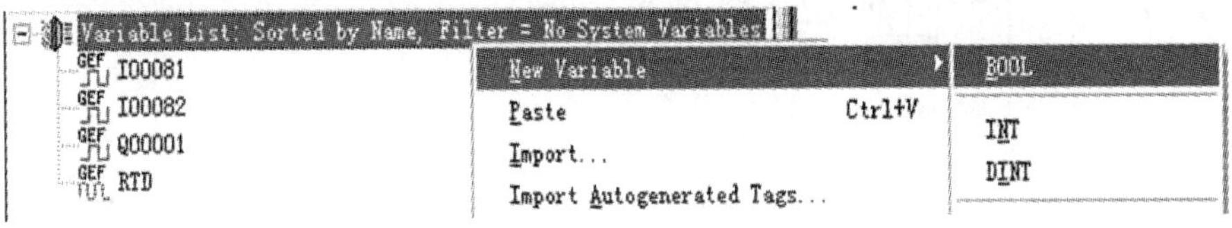

(a)

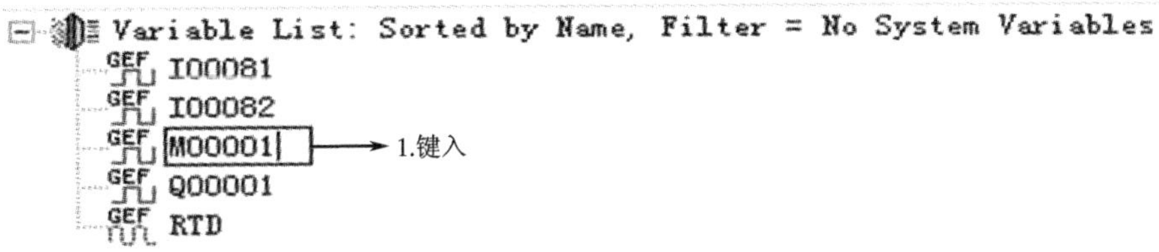

(b)

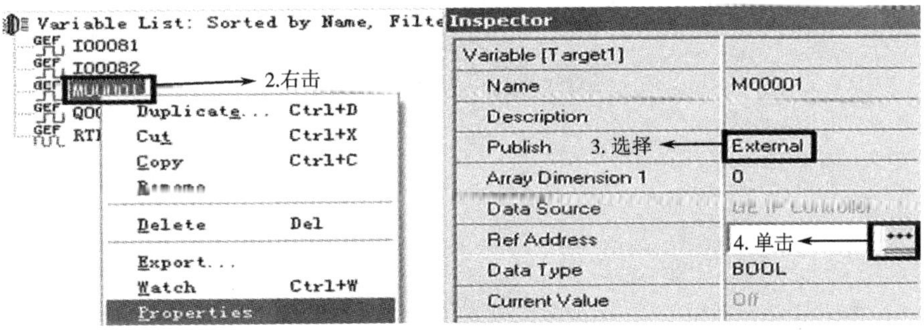

(c)

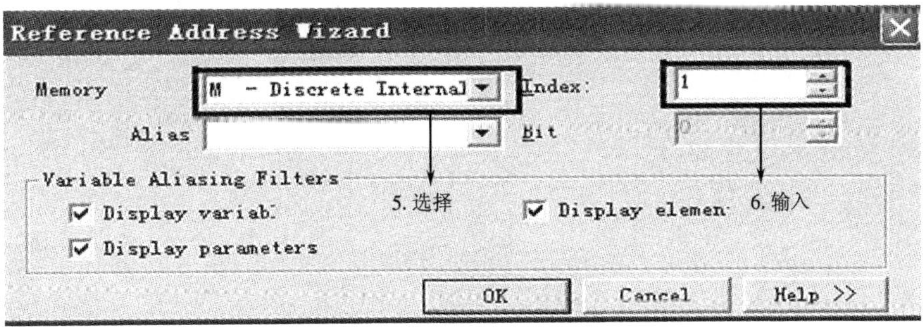

(d)

图 1-2-46 添加数字量变量

(a)添加新变量 (b)输入变量名 (c)修改变量属性 (d)关联变量地址

以同样的方法添加数字量“%M00002”，方便后面调试使用。变量添加完成效果如图 1-2-47所示。

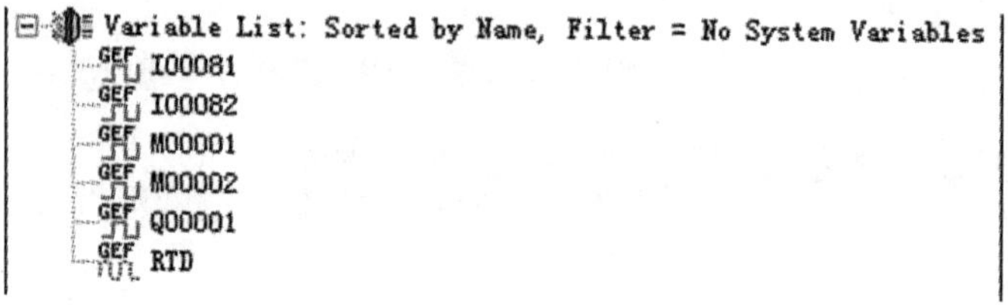

图 1-2-47　变量添加完成

项目 2　QuickPanel View/Control 系统的组态与应用

任务 1　QuickPanel View/Control 系统的配置

2.1.1　系统概述

QuickPanel View/Control(触摸屏)是当前最先进的紧凑型控制计算机。它提供多种配置来满足使用需求,既可以作为全功能的 HMI(人机界面),也可以作为 HMI 与本地控制和分布式控制应用的结合。无论是网络环境还是单机单元,QuickPanel View/Control 都是工厂级人机界面很好的解决方案。

QuickPanel View/Control 提供了 6″、8″、12″、15″四种显示尺寸,单色或彩色多种显示方式。QuickPanel View/Control 将可视化和控制结合到一个平台,是带控制功能的触摸屏。QuickPanel View/Control 采用 Windows CE. NET 作为其操作系统,是 Win32 应用编程接口的一个子集,简化了现有软件从 Windows 其他版本的移植过程。

PACSystems™ RX3i 标准培训 Demo 箱中配置的 QuickPanel View/Control 型号为 IC754CSL06CTD,如图 2-1-1 所示。

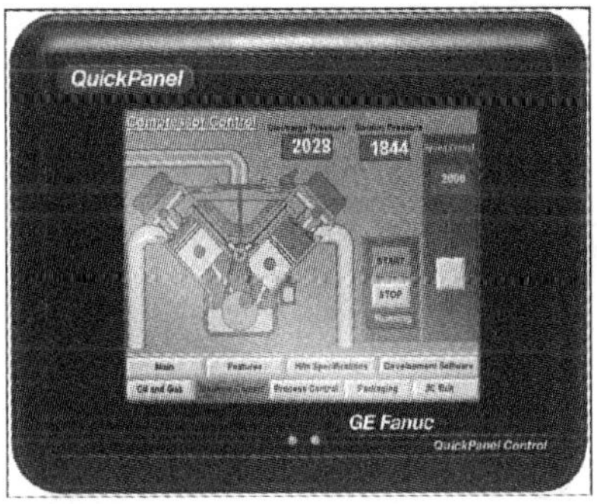

图 2-1-1　6″ QuickPanel View/Control

2.1.2　系统基本结构

QuickPanel View/Control 在触摸屏基础上支持多种通信接口,包括扩展总线,为应用提供了极大的灵活性。QuickPanel View/Control 有一个 10/100M BaseT 自适应以太网端口(IEEE 802. 3),通过外壳底部的连接器将以太网电缆连接到模块上。图 2-1-2(a)显示了以太网端口的位置、方向和外针脚。QuickPanel View/Control 有两个全速的 USB V1. 1 主机端口,可使用多种第三方 USB 外设,如接 USB 鼠标、键盘、U 盘等,如图 2-1-2(b)所示。外部提供的 DC 24 V工作电源,通过电源插孔接入,如图 2-1-2(c)所示。

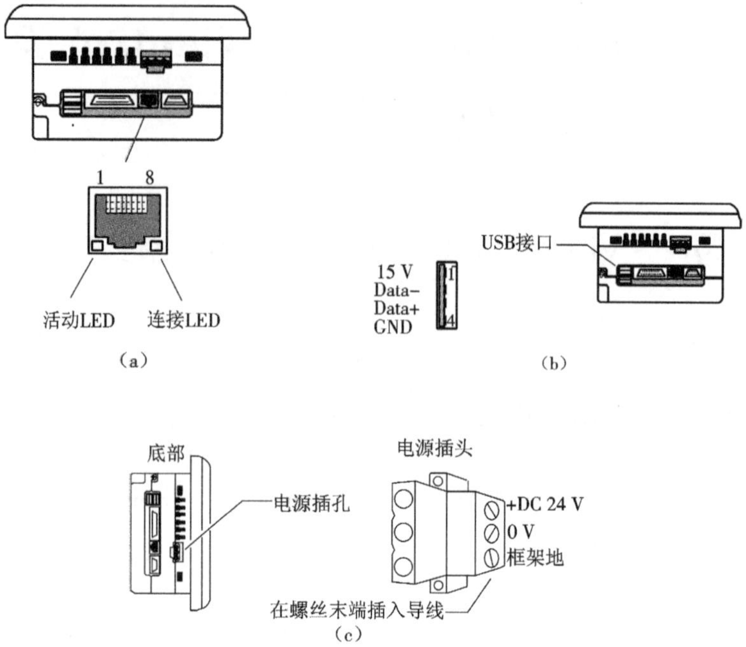

图 2-1-2　QuickPanel View/Control 接口
(a)以太网接口　(b)USB 接口　(c)电源插头接线

2.1.3　系统通信方式

QuickPanel View/Control 通过以太网、串行接口或现场总线(Profibus / DeviceNet / Genius 总线)与 PAC 建立通信,也可通过串口连接条码扫描器,如图 2-1-3 所示。

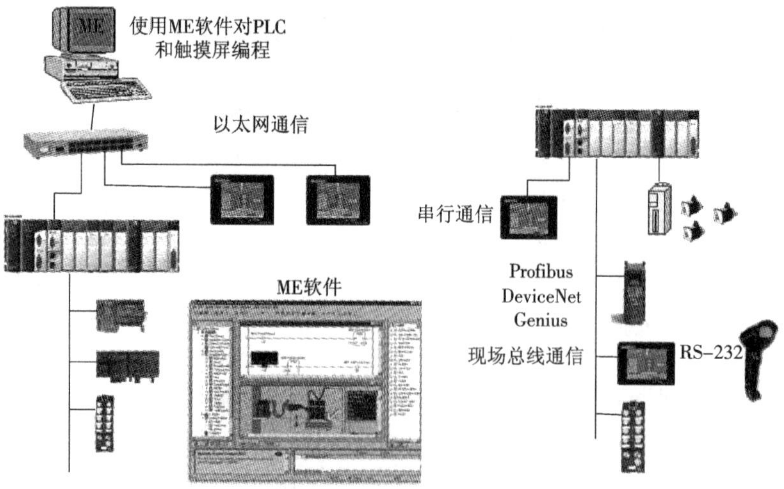

图 2-1-3　触摸屏通信方式

2.1.4　系统初始化设置

QuickPanel View/Control 电源上电后，系统开始初始化。屏幕显示启动画面如图 2-1-4 所示，5 s 后屏幕将切换为 Windows CE 桌面。用手指单击 QuickPanel View/Control 左下角图标，选择“Settings”→“Control Panel”命令，设置 LCD 显示屏、触摸屏、系统时钟和网络等参数设置。设置完成后在桌面上双击“Backup”图标保存所有最新设置。

图 2-1-4　启动画面

下面重点介绍 QuickPanel View/Control 的 IP 地址设置。

(1) 用手指单击 QuickPanel View/Control 左下角图标，选择“Settings”菜单，出现级选项，如图 2-1-5 所示。

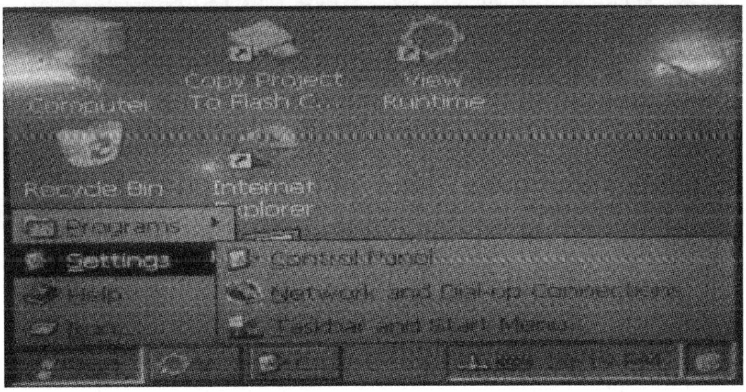

图 2-1-5　“Settings”菜单

(2) 单击“Network and Dial-up Connections”选项，显示“Connections”窗口，如图 2-1-6 所示。

图 2-1-6　“Connections”窗口

(3)双击图标,出现“Built In 10/100 Ethernet Port Settings”对话框。选择“Specify an IP address”选项 ,输入 QuickPanel 的 IP 地址(数字通过键盘输入,键盘在 QuickPanel 的右下角)。IP 地址与 PC 机和 PAC 的 IP 地址要在同一网段内。本任务 QuickPanel IP 地址设为 192. 168. 1. 5。输入完毕,单击“OK”按钮返回,如图 2-1-7 所示。

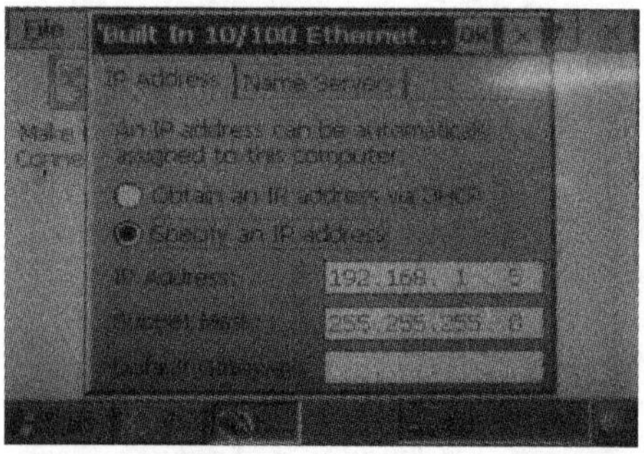

图 2-1-7　“Built In 10/100 Ethernet Port Settings”对话框

(4)用网线连接 PC 机与 QuickPanel View/Control 后,在 PC 机 DOS 窗口中输入“ping 192. 168. 1. 5”指令检查 IP 地址设置是否正确,如图 2-1-8 所示。

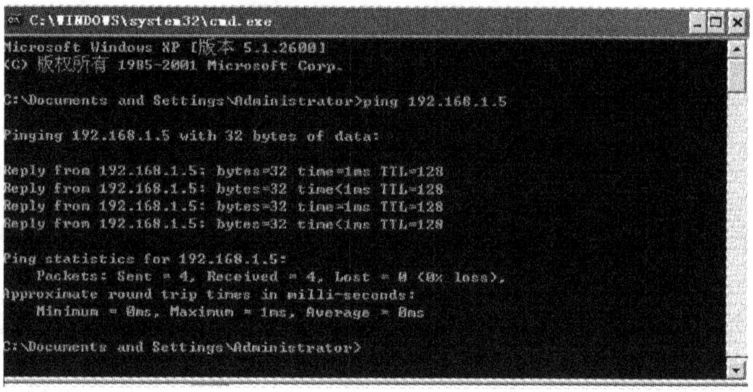

图 2-1-8　“ping”命令

任务 2　QuickPanel View 工程的创建

2. 2. 1　硬件组态

启动 Proficy Machine Edition 软件,打开项目 1 所建工程,在该工程中增加 QuickPanel 控制对象,具体操作步骤如下。

1. 添加控制对象

运行 Proficy Machine Edition 软件,右键单击已经建立的 PAC 工程,选择“Add Target”→“QuickPanel View/Control”→“QP Control 6″TFT”,如图 2-2-1(a)所示。控制对象名称默认为 Target2,如图 2-2-1(b)所示。

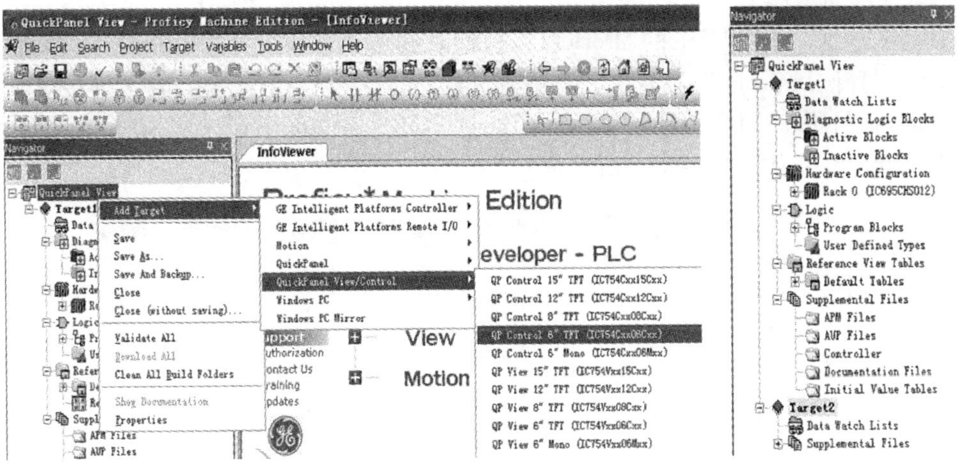

图 2-2-1　添加控制对象

(a)添加新对象　(b)添加后的效果图

2. 添加 HMI 组件

右键单击控制对象“Target2”,选择“Add Component” →“HMI”。控制对象添加的 HMI 组件是指动态画面、PLC 通信驱动等,如图 2-2-2 所示。

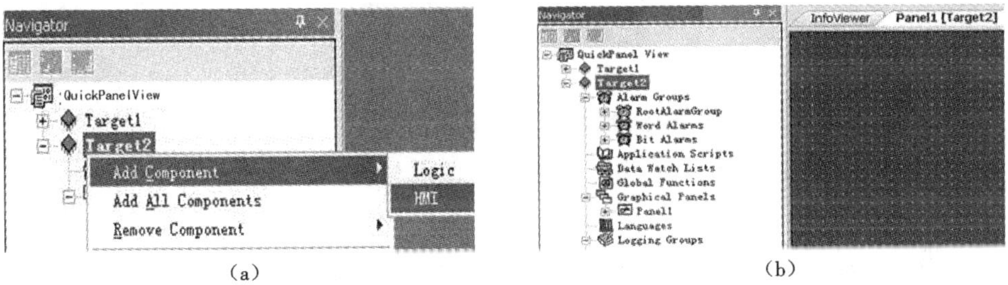

图 2-2-2　添加 HMI 组件

(a)添加 HMI 界面　(b)HMI 编辑界面

3. 添加 PLC 驱动

左键单击“PLC Access Drivers”前的“ + ”展开标签,如图 2-2-3(a)所示。右键单击“View Native Drivers”,选择“New Driver”→“GE Intelligent Platforms”→“GE SRTP”,如图 2-2-3(b)所示。

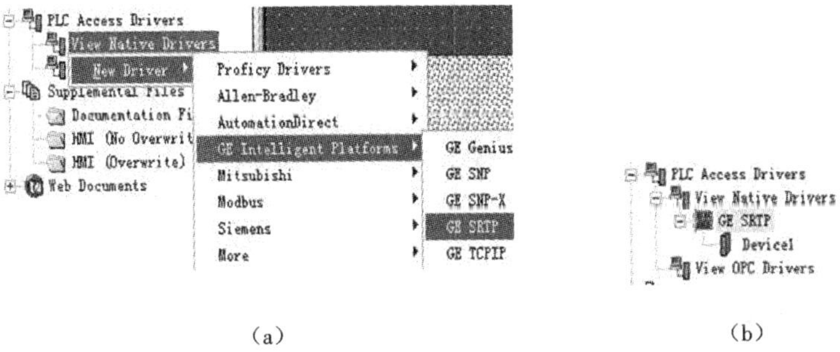

(a)　(b)

图 2-2-3　添加 PLC 驱动

(a)添加驱动命令　(b)添加驱动的效果图

4. 设置驱动属性

右键单击“GE SRTP ”下的“Device1”选项，在弹出菜单中选择“Properties”，如图 2-2-4(a)所示。打开“Inspector”窗口，本任务中 QuickPanel 与 PAC 相连，PAC 在工程中对应的名称是“Target1”，所以“PLC Target”项输入“Target1”，在“ IP Address ”栏中输入 Target1 的 IP 地址 192. 168. 1. 4，如图 2-2-4(b)所示。

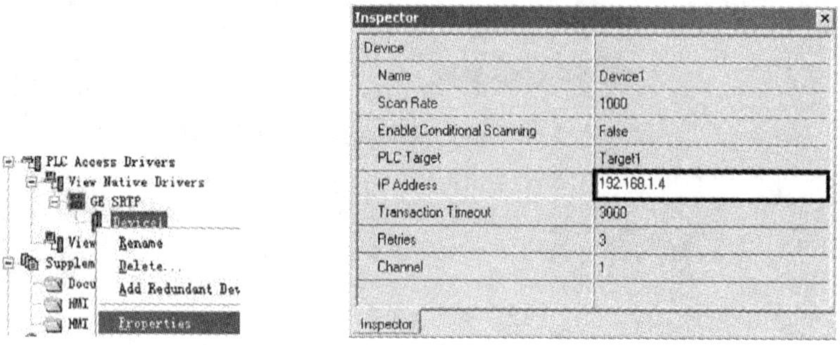

(a)　　　　(b)

图 2-2-4　设置驱动属性

(a)选择属性框　(b)填写 IP 地址

2. 2. 2　编辑画面

以插入一张图片作为背景为例来描述画面编辑的过程。

(1)打开 PME 软件，单击菜单栏中“Window”→“Apply Theme”→“View Developer”项，弹出 HMI 画面编辑工具栏，如图 2-2-5 所示。

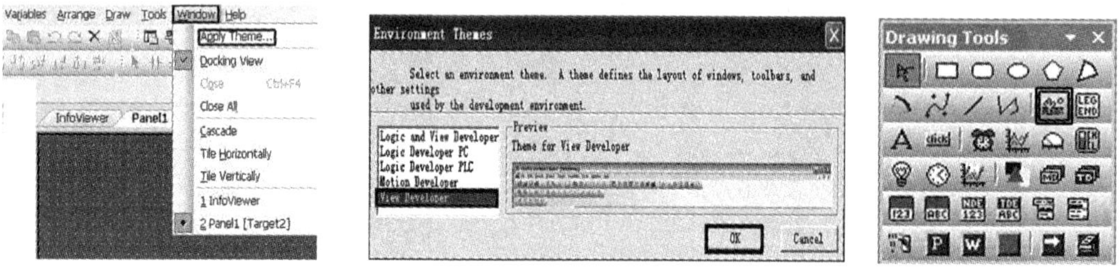

(a)　　　　(b)　　　　(c)

图 2-2-5　HMI 画面编辑工具栏

(a)“Window”菜单　(b)“Environment Themes”窗口　(c)画面编辑工具栏

(2)单击图 2-2-5(c)所示工具栏中的(位图工具)按钮，移动到绘图区；单击绘图区，出现图 2-2-6 所示的对话框(事先在电脑上应存一张需要插入的图片，图片格式为 bmp 或 jpg)。选择需要插入的图片单击打开，图片就插入绘图区，图片大小可以在编辑区调整。

(3)鼠标放在图片边缘处出现箭头，拖动该箭头，即可调整图片的大小，如图 2-2-7 所示。

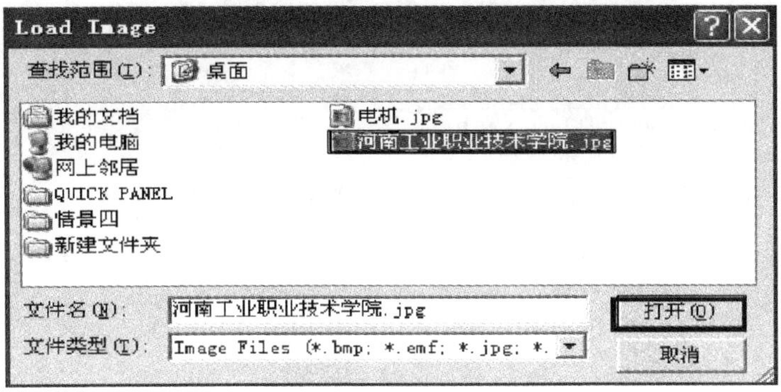

图 2-2-6　添加图片

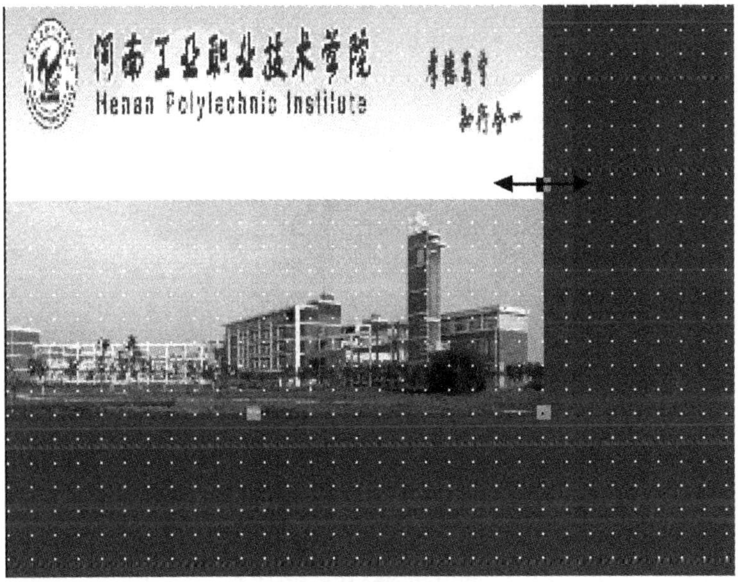

图 2-2-7　调整图片大小

2.2.3　下载调试

1. 添加 Target2 的 IP 地址

右键单击控制对象“Target2”,在弹出菜单中选择“Properties”打开属性设置窗口。将其属性栏中的“Use Simulator”(选择模拟器)项选择为“False”。如将“Use Simulator”选择为“True”,下载时画面资料不写入 QuickPanel View/Control,而使用软件在计算机上仿真运行。在“Computer Address”中填入 Target2 的 IP 地址 192. 168. 1. 5,如图 2-2-8 所示。

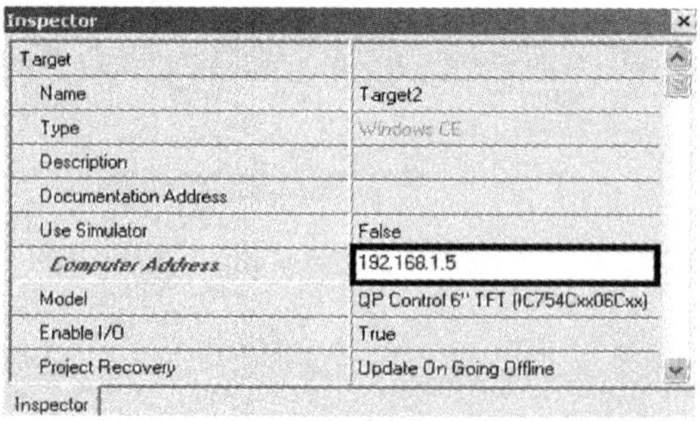

图 2-2-8　Target 2 属性设置

2. 硬件连线

用网线将 QuickPanel 与 PAC 系统的以太网通信模块连接起来，注意观察 LINK 指示灯亮，表明电路连通。

3. 将 Target2 设置为有效活动模式

在如图 2-2-9 所示窗口中，右键单击控制对象“Target2”，在弹出菜单中选择“Set as Active Target”。若其显示为灰色，则默认“Target2”为有效活动状态。单击工具栏编辑按钮 ✓ 开始编辑。编辑无误后，单击下载按钮进行下载。

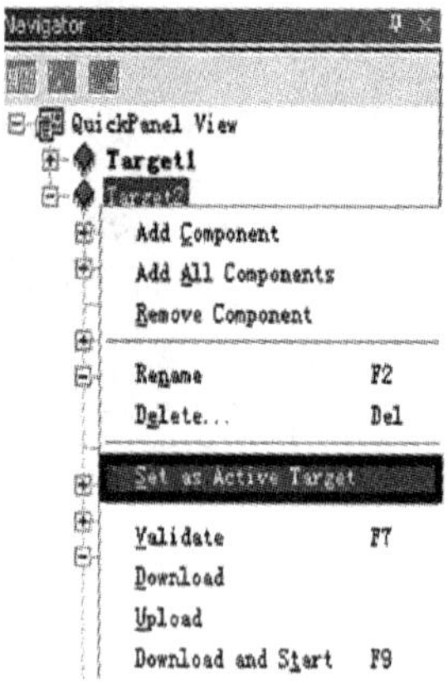

图 2-2-9　选择有效活动模式

4. 运行观察

如图 2-2-10(a)所示，用手指双击 QuickPanel 上图标，运行效果如图 2-2-10(b)所示。

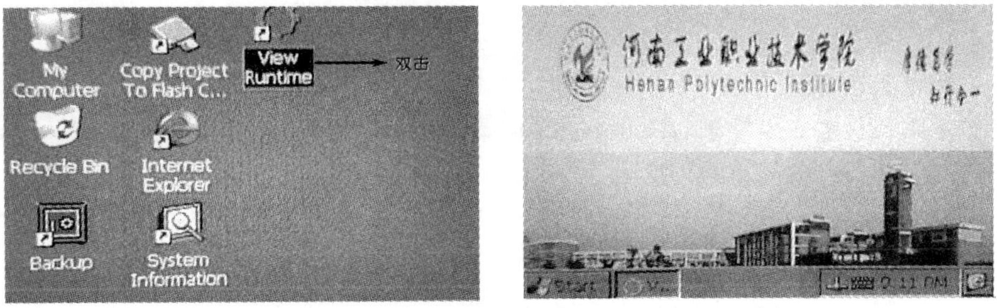

(a)　　　　(b)

图 2-2-10　运行观察

(a)操作图　(b)效果图

任务 3　基于 QuickPanel 的电机自锁控制

2.3.1　任务分析

人机界面(Human Machine Interface,HMI)就像一扇窗,是操作人员与 PAC 之间对话的接口。本任务主要介绍 PAC 与 QuickPanel 在电机自锁电路上的应用,包括任务描述、变量设置、PAC 地址分配、画面组态、PAC 程序编制、运行与调试等。

组建人机界面之前,首先分析 QuickPanel 在任务中承担的功能,然后再对功能进行具体分解。QuickPanel 通过对 PAC 内部存储器状态的读写实现实时监控 PAC 的目的。基于 PAC 的电机自锁控制是通过拨动数字量输入模块上的机械开关来实现的,现在用 QuickPanel 上的按钮代替机械开关来控制电机运行。QuickPanel 上的启动、停止按钮在 PAC 内部存储器对应的地址可临时定义为%M00001、%M00002。

如图 2-3-1 所示,QuickPanel 界面由一张电机图片、一个启动按钮、一个停止按钮和一个运行指示灯组成。要求在屏上用手指按下“RUN”按钮,指示灯显示“On”(代表电机启动);按下“STOP”按钮,指示灯显示“Off”(代表电机停止)。

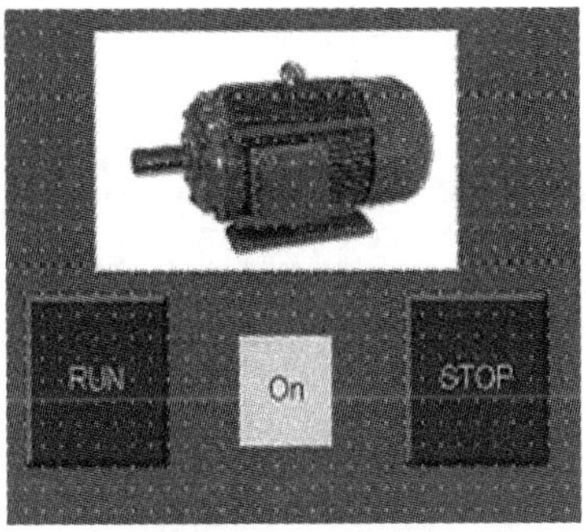

图 2-3-1　组态界面

2.3.2 组态设计

1. 添加电机运行指示灯

打开本项目任务 2 中控制对象 Target2，在菜单栏里选择“Tools”→“Toolbars”→“View”项，打开绘图工具栏，如图 2-3-2 所示。

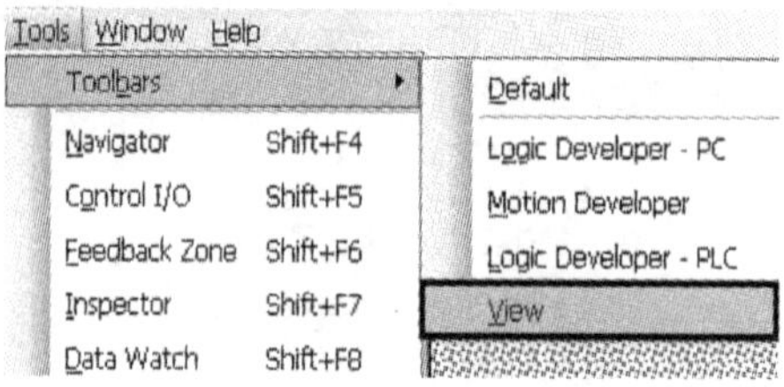

图 2-3-2 打开绘图工具栏

在绘图工具栏里找到“灯”的图标，单击选取后移动鼠标到绘图区单击确定，如图 2-3-3 所示。

图 2-3-3 添加指示灯

2. 指示灯状态关联

电机运行状态同指示灯显示状态关联，电机运行时指示灯亮，电机停车时指示灯灭。从项目 1 可知，PAC 程序中控制电机运行的输出继电器地址为“%Q00001”。双击指示灯，打开属性窗口，单击“Variable”右侧的空白区域，选择“Target1. Q00001”，双击确定，如图 2-3-4 所示。

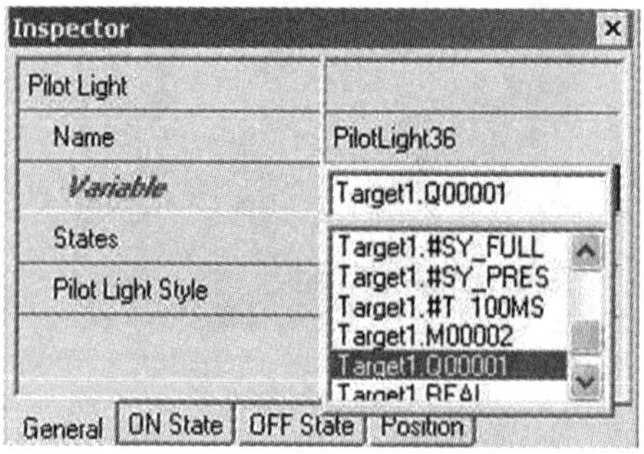

图 2-3-4 指示灯关联变量

3. 插入图片

电机图片以 jpg 或 bmp 格式保存到电脑上。在 HMI 编辑界面中插入电机图片，操作过程同本项目任务 2，效果如图 2-3-5 所示。

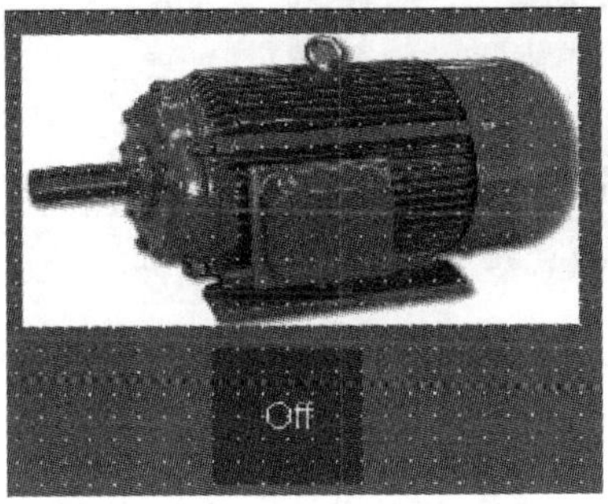

图 2-3-5　插入电机图片

4. 添加控制按钮

在 HMI 编辑界面中添加“启动”“停车”两个控制按钮。选中按钮图标移动到绘图区的合适位置单击确定，重复两次，如图 2 3 6 所示。双击左边按钮打开属性对话框，如图 2-3-7 所示，对话框中按钮关联变量选择“Target1. M00001”；单击属性窗口“Legend”选项卡，单击“Text”项，按钮名称由“Push button”改为“RUN”。右边按钮变量关联“Target1. M00002”，按钮名称修改为“STOP”，如图 2-3-8 所示。

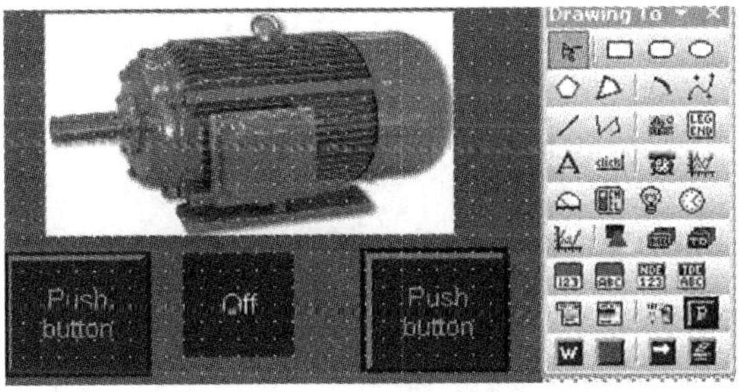

图 2-3-6　添加按钮

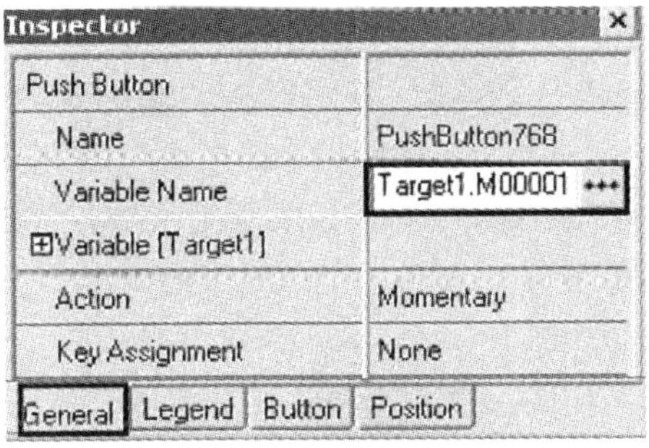

图 2-3-7　设置按钮关联项

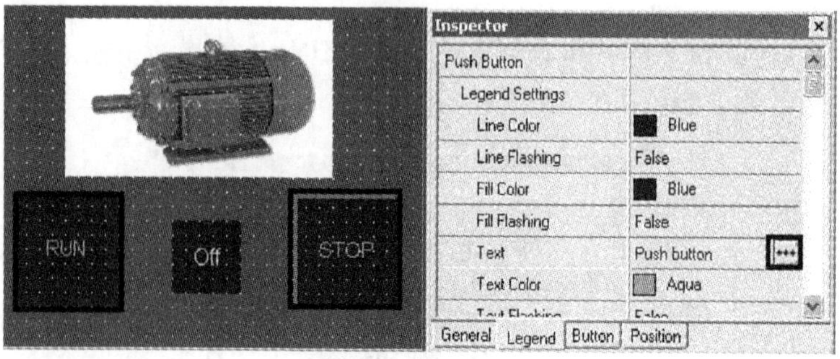

图 2-3-8 修改按钮名称

5. 下载调试

将控制对象“Target2”设置为有效活动状态，HMI 画面的下载过程参考本项目任务 2。

2.3.3 PAC 程序修改

1. 修改梯形图

选择控制对象“Target1”，找到“Logic”下面的“Program Blocks”项，双击“MAIN”或右键选择“Open”，打开梯形图编辑区。电机自锁控制程序中添加%M00001 和%M00002 两个触点（%M00001 位寄存器与 QuickPanel 上的“RUN”按钮相关联，% M00002 位寄存器与 QuickPanel 上的“STOP”按钮相关联）。修改后的程序如图 2-3-9 所示。

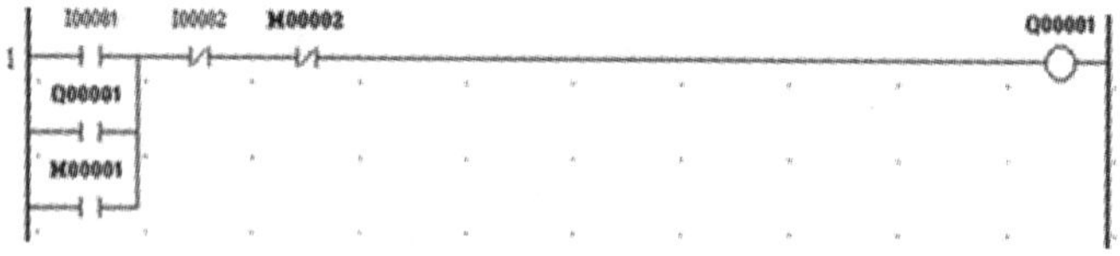

图 2-3-9 修改后的电机自锁控制程序

2. 编译下载

将控制对象“Target1”设置为有效活动状态。具体编译、下载过程参见项目 1 任务 2 部分。

2.3.4 系统调试

用手指触动触摸屏上按钮“RUN”时，等同于拨动模块 IC694ACC300 的“1”号开关，数字量输出模块上的“1”号指示灯亮，触摸屏上指示灯由“Off”变为“On”；触动按钮“STOP”时，等同于拨动模块 IC694ACC300 的“2”号开关，数字量输出模块上“1”号指示灯灭，触摸屏上指示灯由“On”变为“Off”。

任务 4　基于 QuickPanel 的温度数据采集

2.4.1　任务分析

本任务计划把检测到的环境温度以数字、柱形图、模拟表头的形式在 QuickPanel View/Control 上显示出来，给人以直观的感受。

2.4.2　数显图编辑显示

（1）单击图标，在编辑区添加数显图，拖动边框可调整大小，如图 2-4-1 所示。

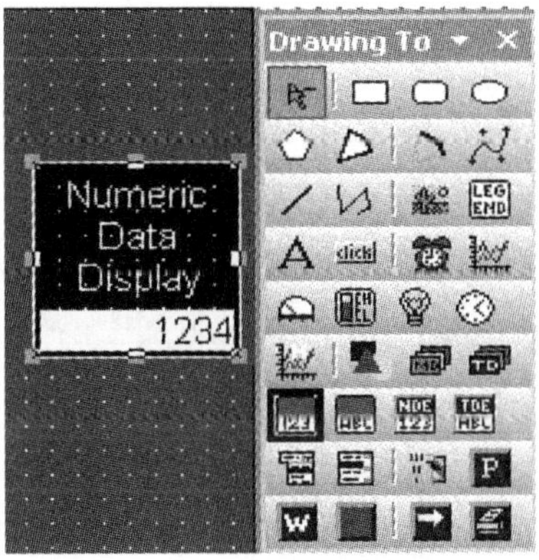

图 2-4-1　添加数显图

（2）双击数显图，进行变量关联。单击按钮，在“Variable Name”项中选择“Target1.RTD”，如图 2-4-2 所示。

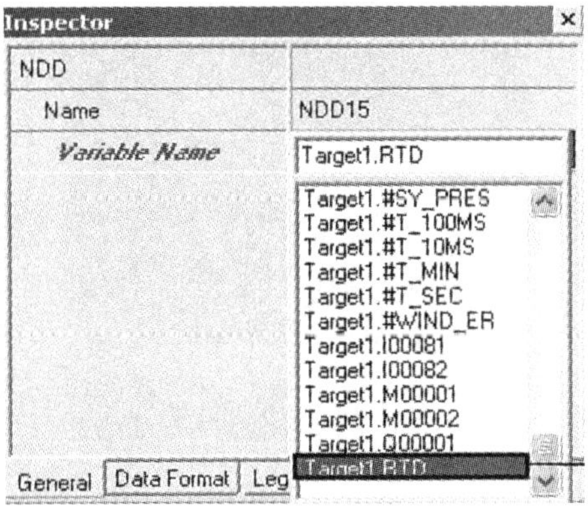

图 2-4-2　设置变量名

（3）设置精度。单击“Date Format”选项卡，如图 2-4-3 所示。单击“Number of Digits”，输入数字“5”，含义是显示位数为 5 位。单击“Decimal Position”，选择数字“3”，含义是保留小数点后三位。

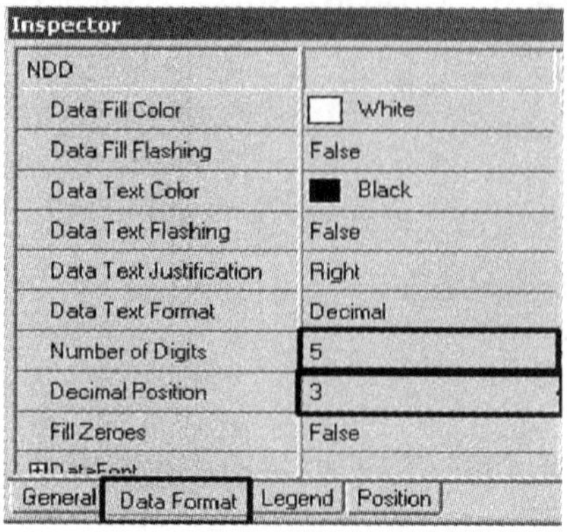

图 2-4-3　设置精度

(4)修改名称。单击“Legend”选项卡,如图 2-4-4 所示。单击“Text”项,名称修改为“temperature”,修改完成后按回车键结束。

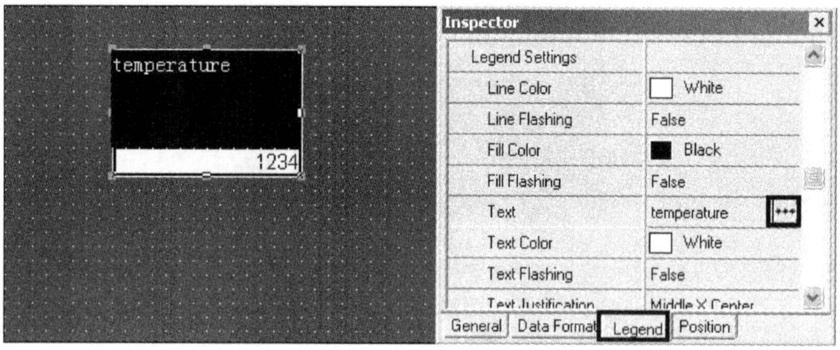

图 2-4-4　“Legend”选项卡

(5)调试运行。将控制对象“Target2”设为有效活动状态,编译下载运行,效果如图 2-4-5 所示。

图 2-4-5　效果图

2.4.3　柱形图编辑显示

(1)单击图标,在编辑区添加柱形图,拖动边框可调整大小,如图 2-4-6 所示。

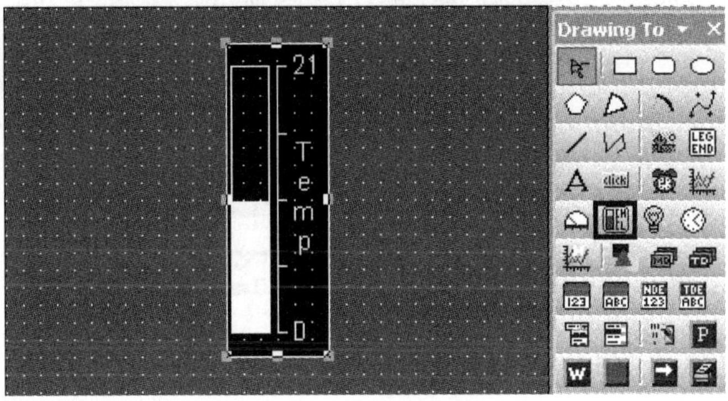

图 2-4-6　添加柱形图

(2)双击柱形图,打开属性设置窗口,进行变量关联。在"Variable Name"项选择"Target1. RTD";在"Bar Graph Color"项选择柱形图标的颜色,例如选择红色,如图 2-4-7 所示。

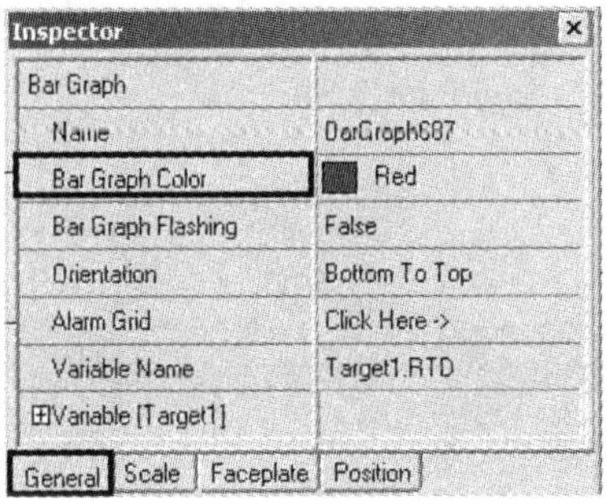

图 2-4-7　"General"属性窗口

(3)在"Scale"选项卡中调整柱形图的刻度属性。单击" Minimum Range",设最小值为 0;单击"Maximum Range",设最大值为 100;单击"Number of Ticks",设刻度为 100;单击"Scale Color",设刻度颜色为红色,如图 2-4-8 所示。

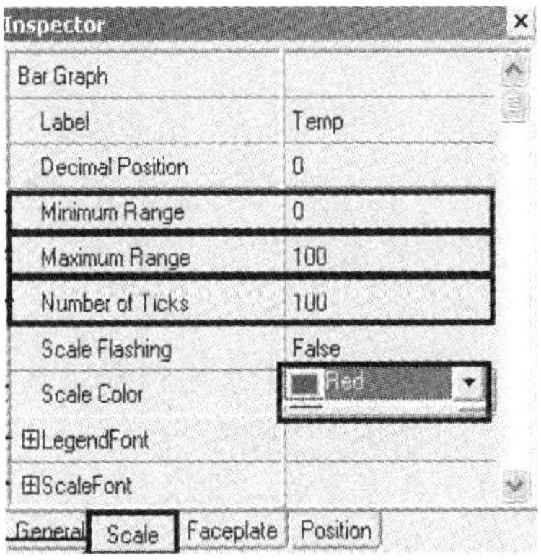

图 2-4-8　"Scale"属性窗口

(4)在" Faceplate"选项卡中调整柱形图的背景颜色。单击"Faceplate Color"项,设置为绿色；单击“Outline Color”项，设置为白色，如图 2-4-9 所示。

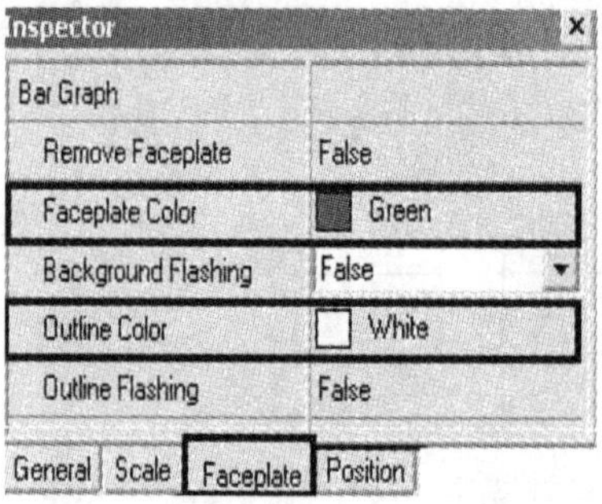

图 2-4-9　“Faceplate”属性窗口

（5）编译下载运行。效果如图 2-4-10 所示。

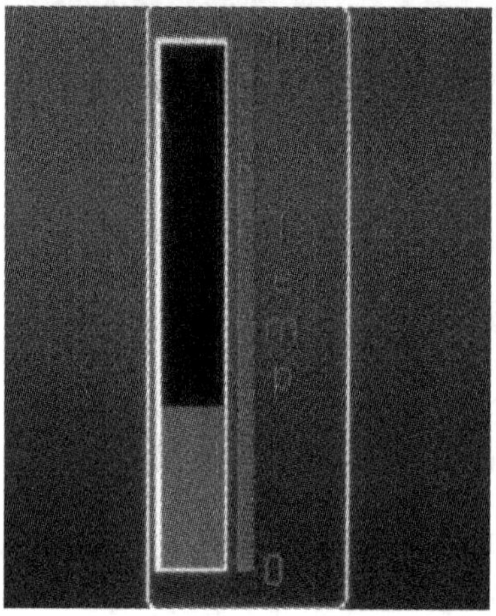

图 2-4-10　柱形图显示效果

2.4.4　模拟仪表图编辑显示

（1）单击  图标，在编辑区添加模拟仪表图，拖动边框可调整大小，如图 2-4-11 所示。

（2）双击模拟仪表图，打开属性对话框进行变量关联。在“Variable Name”项选择“Target1. RTD”；在“Bar Color”项选择仪表指针颜色，这里选择为红色；在“Shape”项选择仪表形状 180 度，如图 2-4-12 所示。

（3）在“Scale”选项卡中调整模拟仪表温度计的刻度属性。在“Tick Marks”项选择刻度标尺指向内侧或指向外侧，这里选择指向外侧；在“Minimum Range”项设置最小值为 0，在“Maximum Range”项设置最大值为 100；在“Number of Ticks”项设置刻度为 50，在“Scale Color”项设置刻度线颜色为白色，如图 2-4-13 所示。

（4）在“Faceplate”选项卡中调整模拟仪表温度计的面板颜色，在“Faceplate Color”项选择黑色，在“Outline Color”项设置边框颜色为白色，如图 2-4-14 所示。

图 2-4-11　添加模拟仪表图

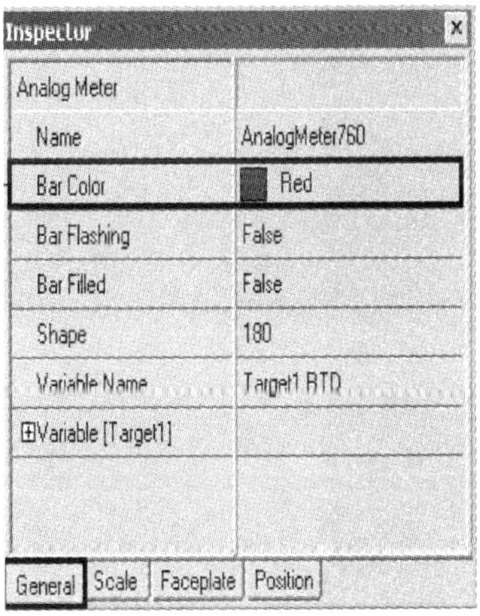

图 2-4-12　“General”属性选项

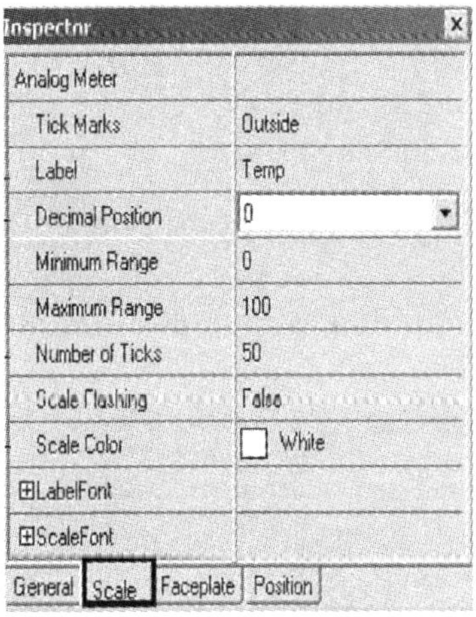

图 2-4-13　“Scale”属性选项

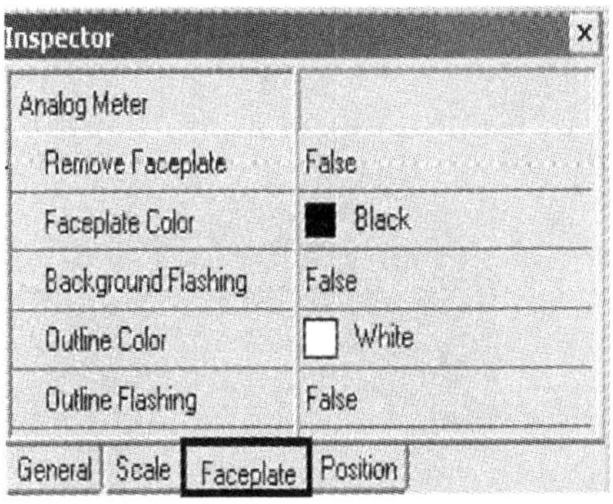

图 2-4-14　“Faceplate”属性选项

(5)运行调试。编译下载运行效果如图 2-4-15 所示。

图 2-4-15　模拟仪表图显示效果

项目3　iFIX组态软件的安装与应用

组态软件，又称组态监控系统软件，它是数据采集与过程控制的专用软件。组态软件的应用涉及电力系统、给水系统、石油、化工等领域的数据采集与监视控制以及过程控制等诸多领域。

iFIX是一套工业自动化组态软件，为用户提供一个“过程化窗口”，为操作人员和应用程序提供实时数据。iFIX的基本功能分为数据采集和数据管理两大类。数据采集是指通过I/O驱动程序和I/O设备接口与工厂I/O设备直接通信；数据管理是指处理、使用数据，包括过程监视（图形显示）、监视控制、报警、报表、数据存档等。一台运行iFIX软件的计算机称为一个节点，一个从过程硬件获取数据的节点称为一个SCADA（Supervisory Control and Data Acquisition，监视控制和数据采集）服务器。iClicent是不具有SCADA功能的节点，该节点从SCADA节点获取数据，显示图形、历史数据及执行报表，该节点也称VIEW或者HMI节点。

iFIX结构如图3-0-1所示，包括I/O驱动器、过程数据库和图形显示三部分。

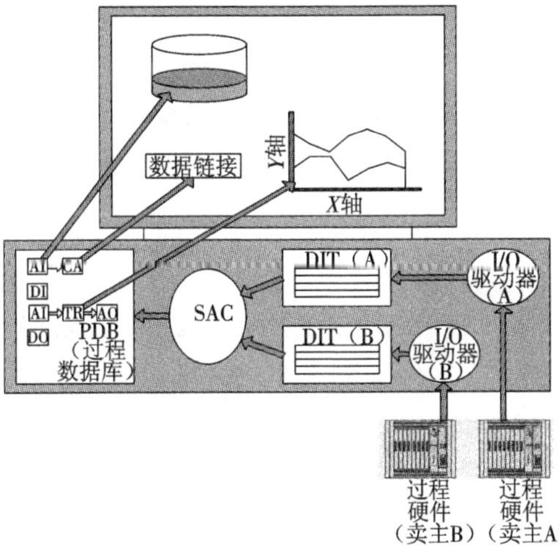

图3-0-1　iFIX基本结构图

1. I/O驱动器

iFIX和外部设备（如PLC、仪表等）之间的接口称为I/O驱动器。它是计算机与外部设备之间进行通信的基础，每一个I/O驱动器支持特定的硬件。I/O驱动器的功能：从外部设备中读（写）数据（称为轮询，Polling），将数据传送至驱动器映象表（Drive Image Table，DIT），或从驱动器映象表中获得数据。驱动器映象表是SCADA服务器内存中存储I/O驱动器轮询记录的内存区域。

2. 过程数据库（PDB）

自动化生产过程中iFIX软件从PLC、DCS、简单I/O等硬件设备的寄存器中获取数据，获取的这些数据称为过程数据。过程数据库记录外部设备实时运行状态。

3. 图形显示

图形对象实时、动态地显示过程数据库中的数据。图形对象包括图表、字母和数字表示的数据、图形动画等。Intellution 工作台以运行模式提供人机对话接口，简称 HMI 功能。

图 3-0-1 所示 SAC 是指扫描、报警和控制功能，包括：从各种数据源中检索数据；将数据转换成数据库要求的格式；根据报警限值检查数据，并产生报警信息；运行控制逻辑；检测例外事件；将被请求的数据写入数据库。

任务 1　软件的安装与配置

3.1.1　iFIX 的安装

(1) 打开 iFIX 安装程序包，如图 3-1-1 所示。

图 3-1-1　iFIX5.1 安装程序包

(2) 双击“setup. exe”图标，弹出 iFIX 5.1 安装向导，单击“下一步”按钮继续安装。

(3) 阅读安装协议后，选择“我接受许可证协议中的条款”，单击“下一步”按钮继续。

(4) 在“安装类型”对话框中选择安装类型为“典型”，单击“下一步”按钮继续。

(5) 在“安装路径”对话框中推荐使用默认路径，单击“下一步”按钮继续。

(6) 在随后出现的安装界面中单击“安装”按钮继续。

(7) 经过一段时间的等待后，在“Proficy iFIX 配置向导”对话框中，输入节点名为“FIX”，选择节点类型为“SCADA 服务器”，选择互连方式为“网络”，单击“确定”按钮继续，如图 3-1-2 所示。

(8) 在“远程 SCADA 节点列表”对话框中，单击“跳过”按钮继续。

(9) 在“历史数据库的安装选择”对话框中，单击“否”按钮继续。

(10) 在“阅读发行说明”对话框中，单击“否”按钮继续。

(11) iFIX 5.1 安装完成，单击“完成”按钮，在电脑桌面上出现 iFIX 图标。

图 3-1-2　iFIX 安装配置向导

3.1.2　I/O 驱动器的安装

iFIX 可以与多种 I/O 驱动器兼容。这里介绍 GE9 驱动器的安装与配置。

(1)打开含有 GE9 驱动的文件夹,如图 3-1-3 所示,双击“Setup”文件的图标。

图 3-1-3　GE9 安装程序包

(2)系统运行安装程序,弹出 GE9 I/O Sever 安装界面,单击“Next”按钮继续。

(3)在“GE9 版本说明”对话框中,单击“下一步”按钮继续安装。

(4)在“许可协议”对话框中,单击“下一步”按钮继续安装。

(5)在“安装路径”对话框中,单击“下一步”按钮继续安装。

(6)在“选择节点类型”对话框中,选择“Server”,单击“下一步”按钮继续安装。

(7)在“输入 SCADA 节点名称”对话框中,单击“下一步”按钮继续。

(8)在“程序文件夹安装”对话框中,单击“完成”按钮继续安装。

(9)在“安装完成”信息框中单击“Done”按钮,GE9 I/O 驱动器安装完成。

3.1.3　I/O 驱动器的配置

在保证 PME 软件与 RX3i 系统通信成功的基础上开始 GE9 驱动的配置,具体步骤如下。

(1)依次单击“开始”→“程序”→“Proficy HMI SCADA-iFIX 5.1”→“GE9 PowerTool”,运行 GE9 驱动配置程序,如图 3-1-4 所示。

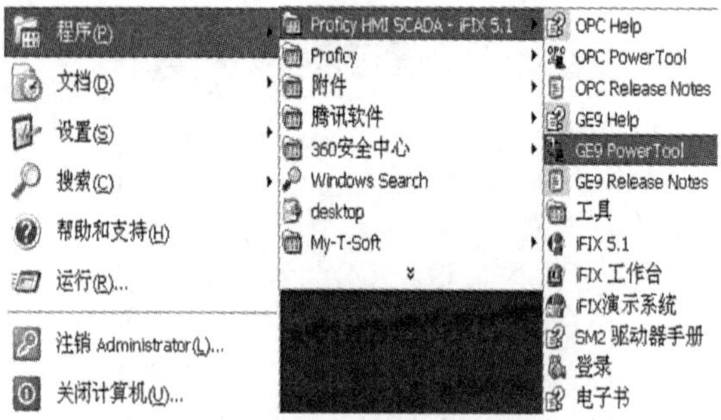

图 3-1-4　运行 GE9 驱动配置程序

(2)在“配置”对话框中,选择“Use Local Sever”,单击“Connect”按钮继续。

(3)单击 GE9 驱动配置窗口下方的 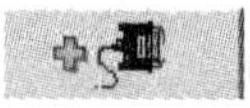 图标,添加“Channel0”,并选中“Enable”项,如图 3-1-5 所示。

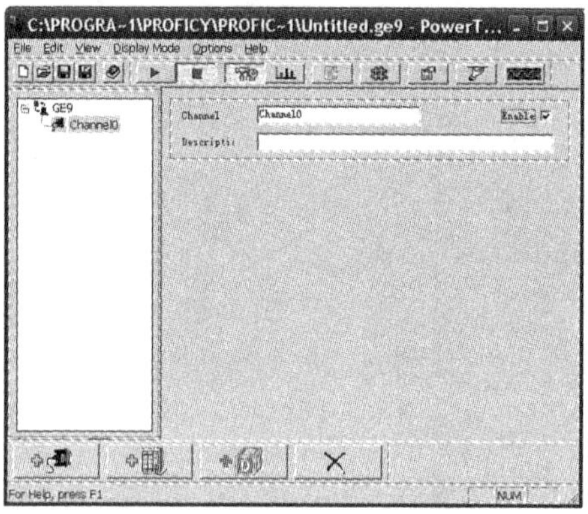

图 3-1-5　GE9 驱动配置窗口

(4)单击窗口下方的  图标,添加“Device0”项,输入“Primary IP”,如“192. 168. 1. 4”,并选中“Enable”项,如图 3-1-6 所示。

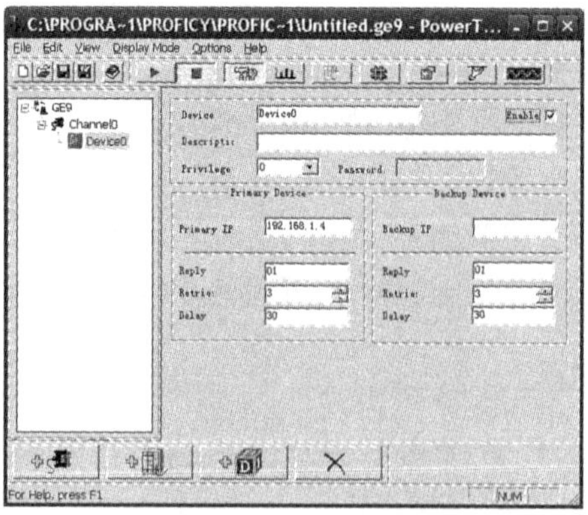

图 3-1-6　添加 Device0

(5)单击窗口下方的图标,添加“DataBlock0”,输入 I/O 地址,并选中“Enable”项,如图 3-1-7 所示;重复单击图标,分别添加“DataBlock1”“DataBlock2”“DataBlock3”,如图 3-1-8、图 3-1-9 和图 3-1-10 所示。

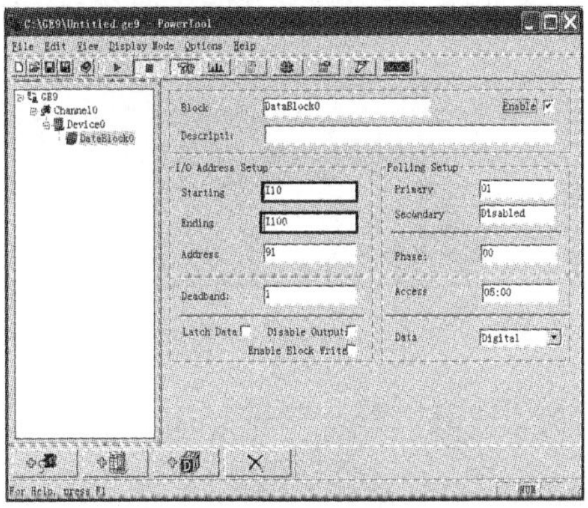

图 3-1-7　添加 DataBlock0(数字量输入配置)

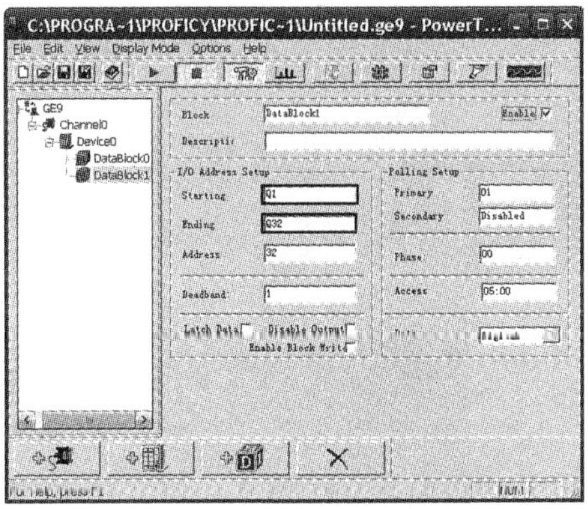

图 3-1-8　添加 DataBlock1(数字量输出配置)

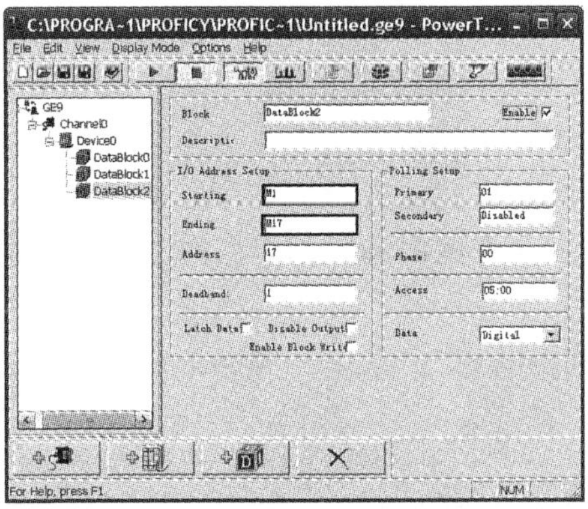

图 3-1-9　添加 DataBlock2(内部寄存器配置)

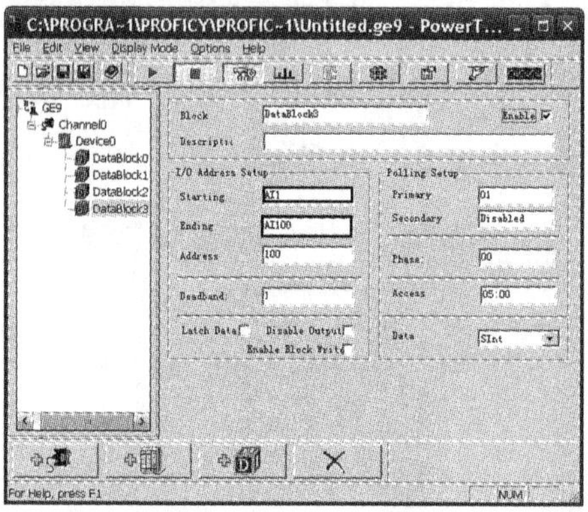

图 3-1-10　添加 DataBlock3(模拟量输入配置)

(6)单击窗口上方工具栏中  图标,弹出“PowerTool”对话框,选择“Default Path”选项卡,在“Default configuration”(默认配置)中输入“ge9. ge9”,在“Default path for”中输入“D:\ge9\”,GE9 驱动程序运行时将自动从默认路径中启动默认文件,单击“确定”按钮系统返回,如图 3-1-11 所示。

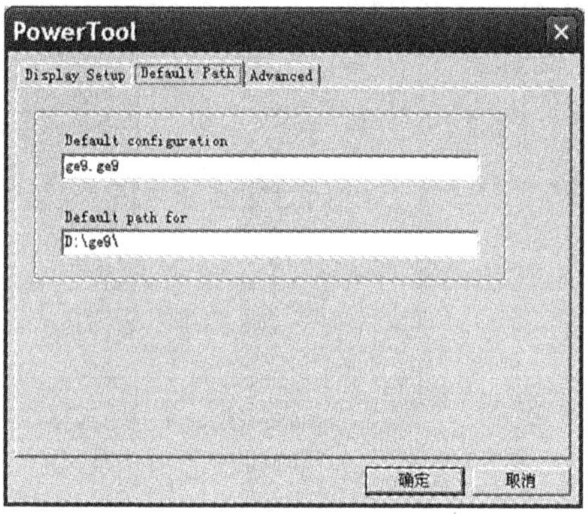

图 3-1-11　“Default Path”选项卡

(7)在菜单栏中打开“File”选项,选择“save as”项,保存配置文件于“D:\ge9\”目录下,文件名为“ge9. ge9”。

(8)修改 HOSTS 文件。

①找到 Windows 操作系统的“hosts”文件(C:\WINDOWS\system32\drivers\etc)。

②用记事本打开文件,在文件尾部输入“192. 168. 1. 4”和“Device0”,如图 3-1-12 所示,输入完毕保存文件后退出。

(9)重新回到 GE9 驱动配置窗口,单击工具栏上的  图标,运行 GE9 驱动程序。单击工具栏上  图标(必须保证 Proficy Machine Edition 软件和 PAC 通信正常),观察运行情况。“Data” 标签后面的方框内容显示为“Good”,“Transmit”“Receives”标签数值跳变表明 GE9 驱动配置成功,如图 3-1-13 所示。

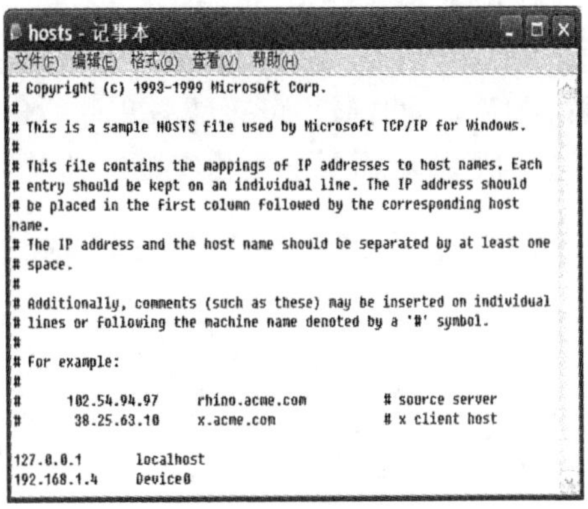

图 3-1-12　修改“hosts”文件

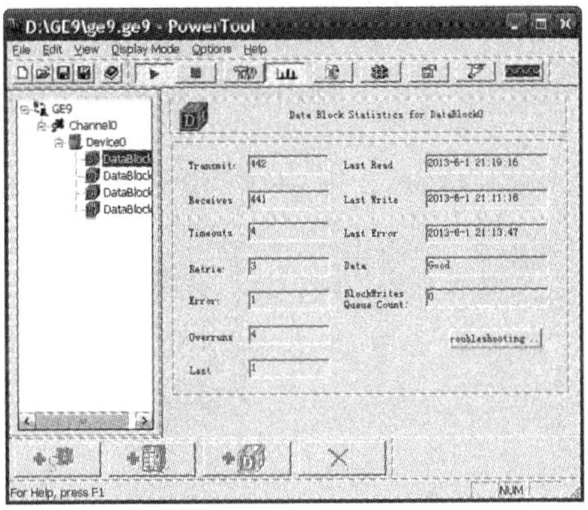

图 3-1-13　GE9 运行成功

3.1.4　SCU 配置

iFIX 软件运行需要一个决定本地配置的文件。该文件包含特定程序和选项方面的内容，其对 iFIX 节点来说是独一无二的，要完成这些设定必须使用 SCU 系统配置应用程序，配置内容包括：文件路径配置，网络连接、报警和信息配置以及其他启动任务配置。SCU 配置本地节点，并生成一个后缀为“. SCU”的配置文件，有关节点的所有信息存储在 SCU 文件中。

单击“开始”→“程序”→“Proficy HMI SCADA-iFIX 5. 1”→“系统配置”，运行 SCU 配置，如图 3-1-14 所示。

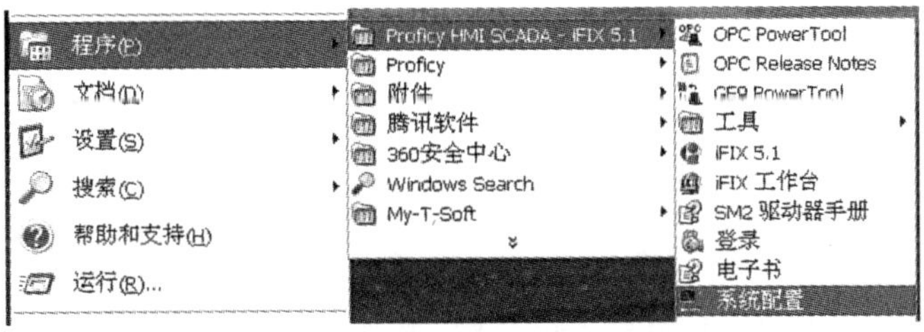

图 3-1-14　打开系统配置

在如图 3-1-15 所示的 SCU 配置对话框中，单击“配置”菜单选择“SCADA”选项，打开“SCADA 配置”对话框，如图 3-1-16 所示。在 SCADA 服务器与过程硬件通信前，需要定义并配置至少一种 I/O 驱动器，iFIX 启动时最多可以装载 8 种 I/O 驱动器。一些驱动器使用接口卡与过程硬件通信，在这种情况下，需要配置相应接口卡。

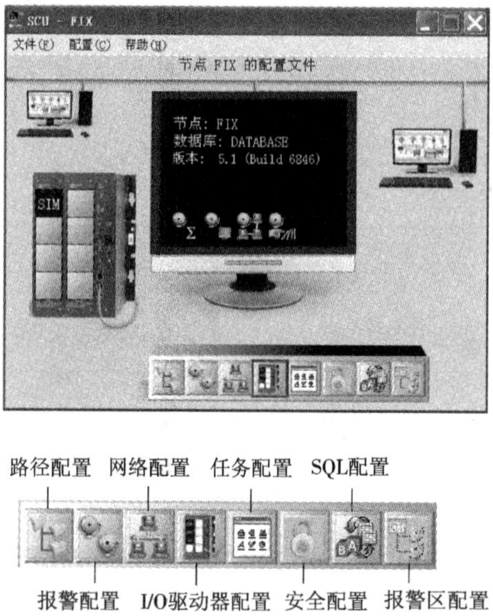

图 3-1-15　SCU 配置

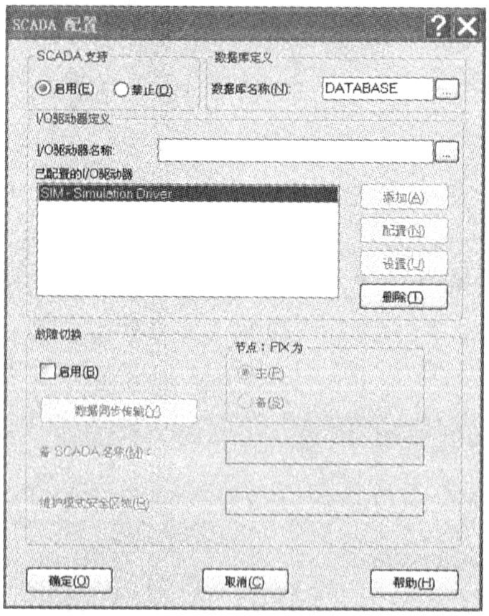

图 3-1-16　“SCADA 配置”对话框 1

SIM 驱动器为仿真驱动器，基本功能包括：产生临时值(提供 2 000 个 16 位寄存器)、产生仿真值(14 个信号发生器)、提供系统信息(报警及系统计数器)等。

(1)在“SCADA 配置”对话框中，单击“I/O 驱动器名称”后面的 [...] 图标，弹出可加载的驱动器名称对话框，选择 GE9 驱动器，单击“确定”按钮，如图 3-1-17 所示。

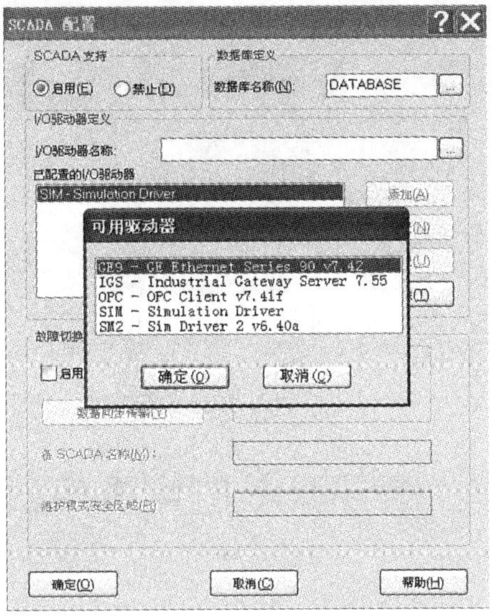

图 3-1-17　“SCADA 配置”对话框 2

(2) GE9 驱动器添加后，单击“确定”按钮返回，如图 3-1-18 所示。

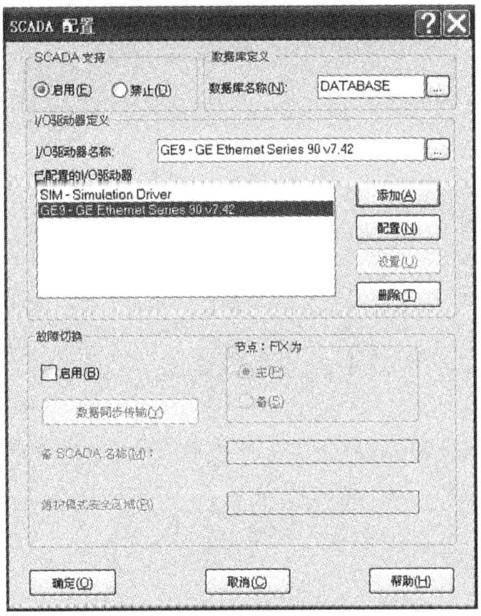

图 3-1-18　添加 GE9 驱动

(3) 在菜单栏单击“文件” →“保存”项，保存文件后关闭窗口，如图 3-1-19 所示。

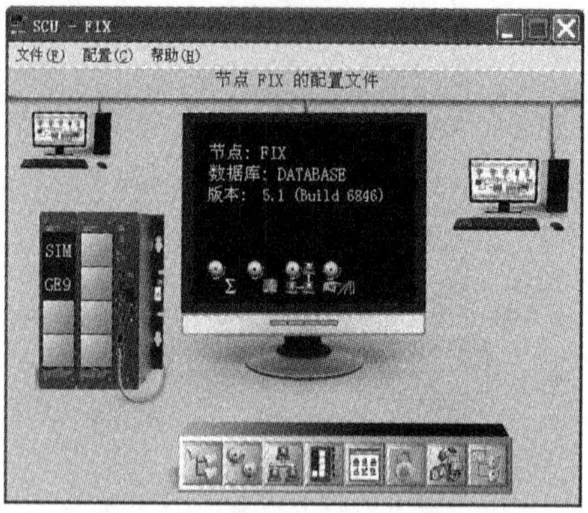

图 3-1-19　SCU 配置后效果图

任务 2　基于 iFIX 的电机自锁控制

3.2.1　任务分析

本任务利用 iFIX 组态软件完成数据库构造、画面编辑、动画连接，实现电机自锁运行远程控制。

3.2.2　任务准备

iFIX 工程实现的一般过程如下：

(1) I/O 驱动器配置；

(2) 数据库构造；

(3) 组态画面建立；

(4) 动画连接建立；

(5) 运行与调试。

需要说明的是，以上几个步骤并不是完全独立的。创建工程时主要考虑以下三方面。

1. 图形

用户希望得到什么样的图形画面？也就是怎样用抽象的画面来模拟实际的工业现场和相应的工控设备。以电机自锁为例，通过画面上的开关可以控制电机运行，通过指示灯可以观察电机的运行状态。图形画面如图 3-2-1 所示。

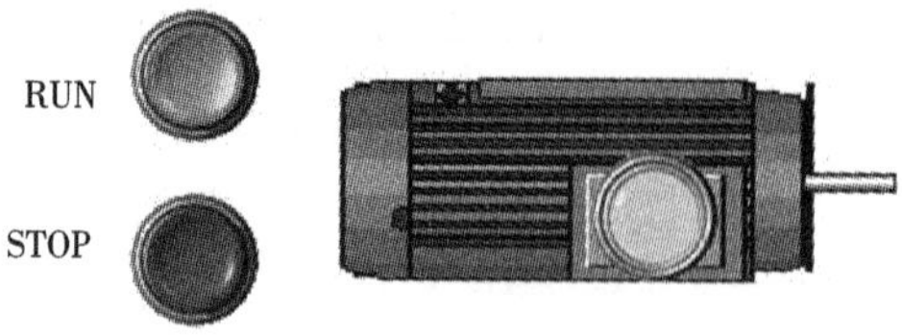

图 3-2-1　电机运行状态图

2. 数据

创建一个具体的数据库，此数据库中的变量反映了工控对象的各种属性，例如温度、压力、运行状态等。以电机自锁控制为例，分别创建标签名为“MOTOR”“STOP”和“RUN”的数据来反映电机的运行状况、开关的断开和闭合状态。数据标签分配见表 3-2-1。

表 3-2-1　数据标签分配

标签名	数据类型	扫描时间/s	I/O 设备	I/O 地址
MOTOR	DI	1	GE9	Device0:Q1
STOP	DI	1	GE9	Device0:M1
RUN	DI	1	GE9	Device0:M2

3. 连接

数据和图形画面中的图素的连接关系是什么？也就是画面上的图素以怎样的动画来模拟现场设备的运行以及怎样让操作者输入控制设备的指令。以电机自锁为例，“RUN”和“STOP”按钮来控制电机的启动和停止，“MOTOR”指示灯的亮灭来反映电机的运行状态。

3.2.3　任务实施

1. I/O 地址的分配

参见项目 2 的任务 3，PAC 具体 I/O 地址分配见表 3-2-2。

表 3-2-2　I/O 地址分配

数字量输入		数字量输出	
启动按钮	M00001	KM 接触器线圈	Q00001
停止按钮	M00002		

2. 打开 Intellution 工作台

双击电脑桌面图标，启动 iFIX 程序；单击“启动”对话框中的图标，如图 3-2-2 所示；进入 Intellution 工作台，如图 3-2-3 所示。Intellution 工作台的布局分为四大区域：系统树、工作区、菜单栏和工具栏。

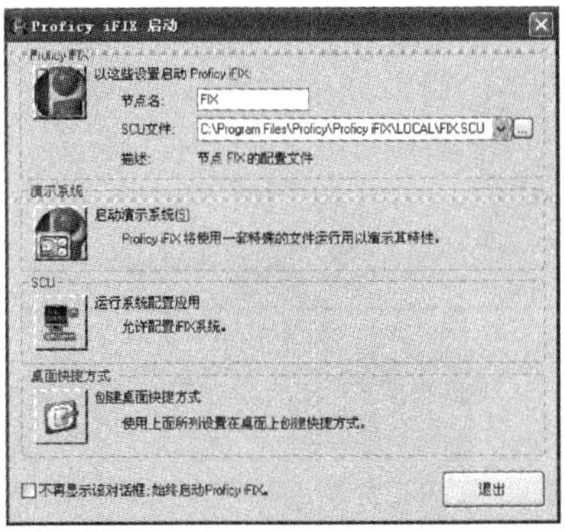

图 3-2-2　启动 iFIX 程序

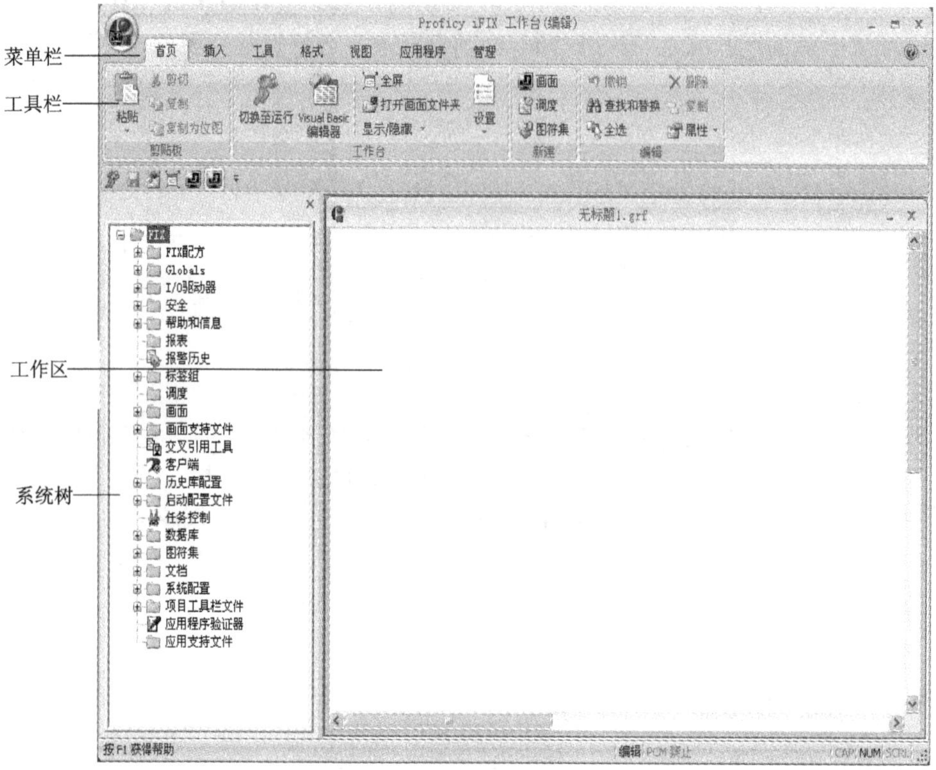

图 3-2-3　Intellution 工作台

Intellution 工作台是使用 iFIX 的起点。此工作台可以添加图形,创建报表或修改脚本,从其他程序中集成 ActiveX 控件,显示应用数据的层次结构。此工作台有两种工作模式:编辑模式和运行模式,两者可通过组合键“Ctrl + W”来切换。

3. 数据库的建立

(1)在 Intellution 工作台系统树中选择“数据库”,单击“ + ”展开数据库标签,或者单击菜单栏中的“应用程序”,选择“数据库管理器”,双击打开“数据库管理器”窗口,选择“打开本地节点”,如图 3-2-4 所示。单击“确定”按钮,出现如图 3-2-5 所示窗口。

过程数据库是 iFIX 系统的核心,它从硬件中获取或给硬件发送过程数据。过程数据库由标签(块)组成,数据库标签(块)是独立单元,可以接收、检查、处理并输出过程值。数据块的部分类型见表 3-2-3。

表 3-2-3　数据块类型

数据块类型	类型描述
模拟量输入(AI)	每扫描一次,模拟量报警模块从 DIT 表中的 I/O 地址中读取模拟量数据,并使用该数据进行报警控制
模拟量输出(AO)	每接收到一个值,模拟量输出模块把一模拟信号送入 DIT 表中的 I/O 地址
计算(CA)	进行数学计算,最多可有八个值参与计算
设备控制(DC)	基于用户控制的条件,打开工业现场的开关设备

续表

数据块类型	类型描述
数字量报警(DA)	每扫描一次,数字量报警模块从 DIT 表中的 I/O 地址中读取数字量数据,并使用该数据进行报警控制
数字量输入(DI)	每扫描一次,数字量报警模块从 DIT 表中的 I/O 地址中读取数字量数据
数字量输出(DO)	每接收到一个值,数字量输出模块把一数字信号送入 DIT 表中的 I/O 地址
数字量寄存器(DR)	使用最小的内存,数字量寄存器从 DIT 表中的 I/O 地址读取数字量数据,或把一数字量信号送入 DIT 表中的 I/O 地址

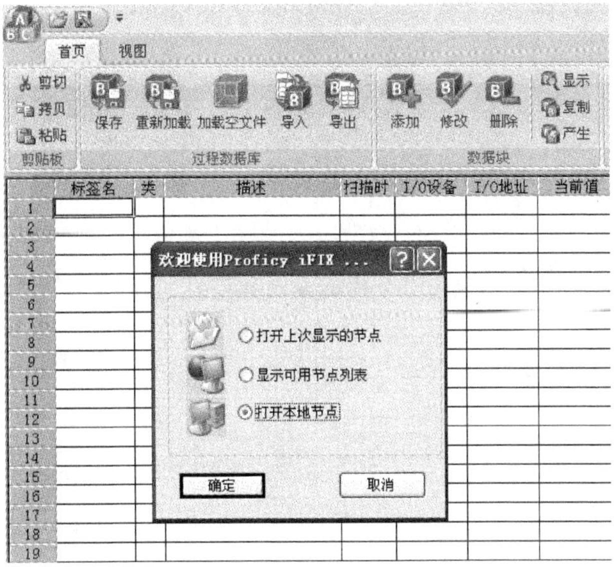

图 3-2-4　“数据库管理器”窗口

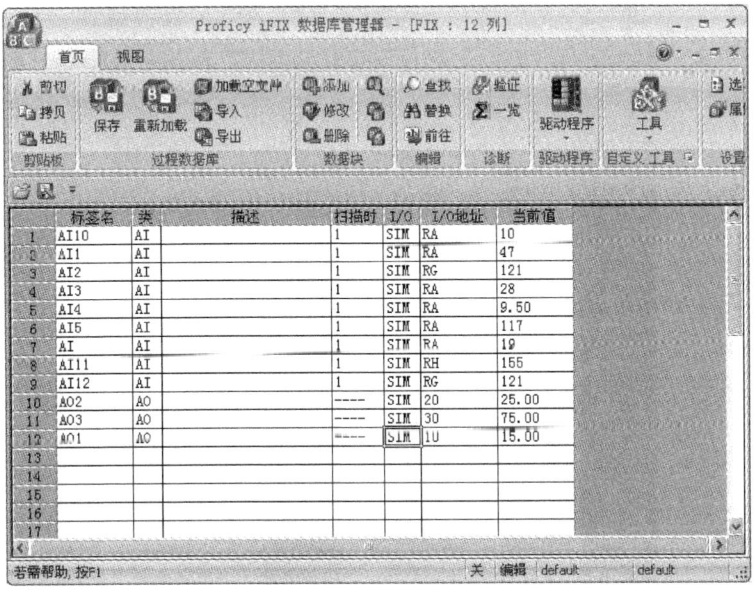

图 3-2-5　过程数据库类型

数据库管理器用来创建和编辑数据库块，在数据库管理器里，数据库块以电子数据表的格式出现，每一行是一个独立数据库标签，每一列是一个域，如图 3-2-5 所示。数据库管理器可以打开节点列表中任何 SCADA 节点的数据库。在数据库管理器中操作可实现数据库自动刷新、多行复制、多行删除、冻结列、在数据库管理器和 Excel 表格之间导入/导出文件等功能。导入和导出数据库功能可以把当前屏幕上的块导入/导出到一个 CSV 文件里，然后使用电子表格编辑器完成较大的编辑任务。除了可导入/导出 CSV 文件，还可导入/导出 GBD 文件。

(2)过程数据库由标签组成。单击图 3-2-5 中工具栏的“加载空文件”项，出现如图 3-2-6所示窗口。

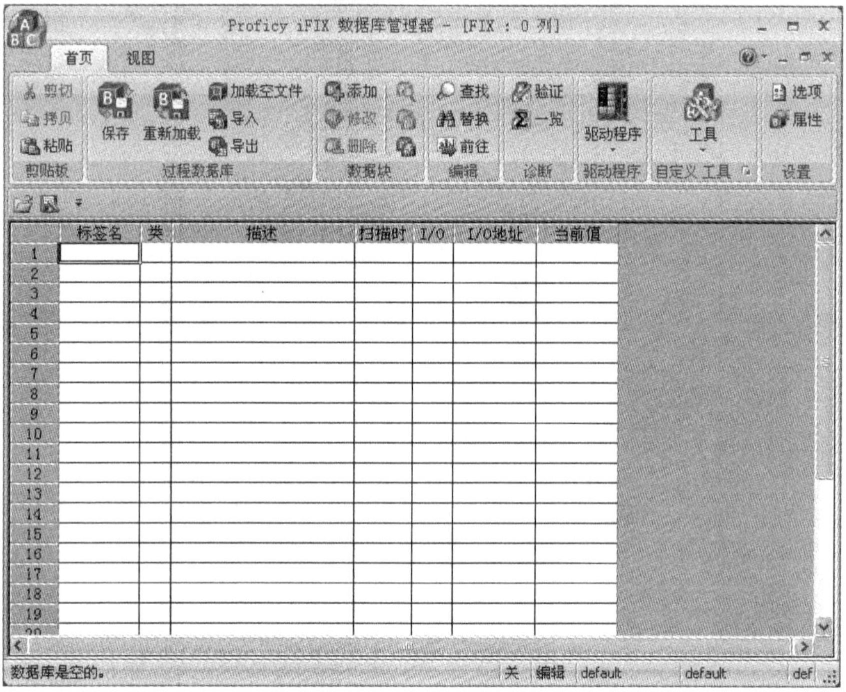

图 3-2-6　加载空文件

双击图中的任意单元格，打开“选择数据块类型”对话框，如图 3-2-7 所示。根据电机自锁控制电路分析可知，启动、停止按钮和电机运行指示灯均为数字量，所以选择 DI(数字量输入标签)。单击“DI”，打开“数字量输入”对话框，如图 3-2-8 所示。

图 3-2-7　“选择数据块类型”对话框

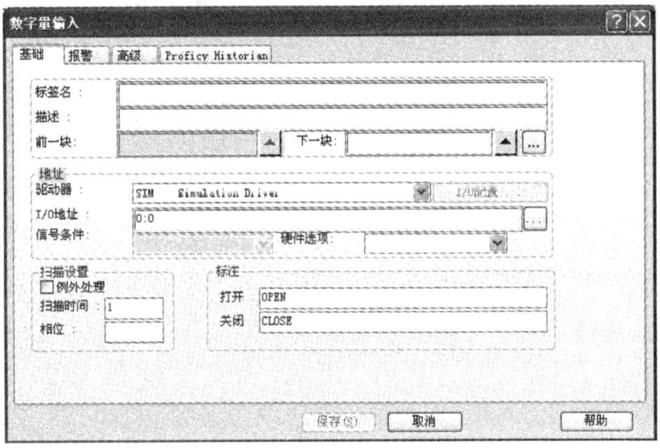

图 3-2-8　“数字量输入”对话框

小知识：“基础”选项卡说明

(1)“标签名”在数据库中必须是唯一的，最多可达30个字符，在标签名中必须有一个非数字字符(其开头可以是数字)，有效字符包括：“-”“_”“!”“#”“%”“\”“/”“|”“[”“]”，不允许有空格。

(2)“描述”最多可以有40个字符。

(3)“前一块”指链接中前一个标签的标签名，在数字量输入块中，该字段一般为空。“下一块”指链接中下一个标签的标签名。

(4)“驱动器”指I/O驱动器的名称，共有300多个可用的驱动器。

(5)“I/O地址”指该标签的数据存储位置，对输入标签指数据的来源地址，对输出标签指输出的目的地址。

(6)“硬件选项”用于填写一些I/O驱动器的额外信息，该字段一般为空白，如果需要该字段，需查阅驱动器指南。

(7)“扫描时间”指扫描并处理标签的时间间隔。

(8)“标注”最多有16个字符。缺省标注：打开为0，关闭为1。

创建“数字量输入”标签，以“启动”为例，标签名输入“RUN”，驱动器选择“GE9”驱动，I/O 地址为“Device0:M1”，如图 3-2-9 所示。单击“高级”选项卡，选中“启用输出”项，如图 3-2-10 所示。“启用输出”用于在过程需要时进行输出，目的是节约 iFIX 的 I/O 点数。单击“保存”按钮后，弹出扫描数据块对话框，如图 3-2-11 所示，单击“是”按钮，扫描该数据块。

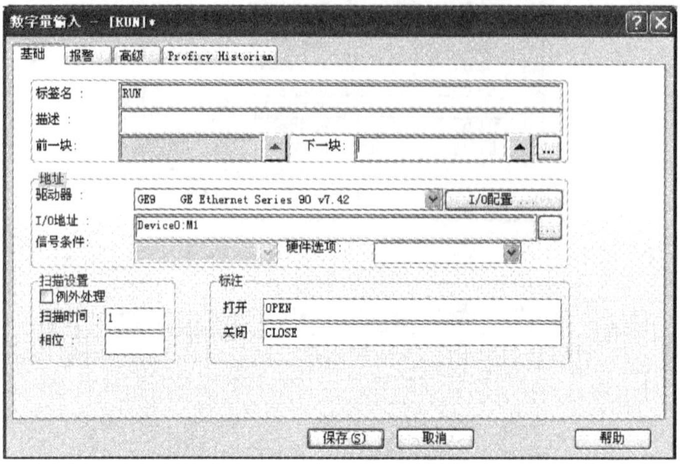

图 3-2-9　创建一个开关量

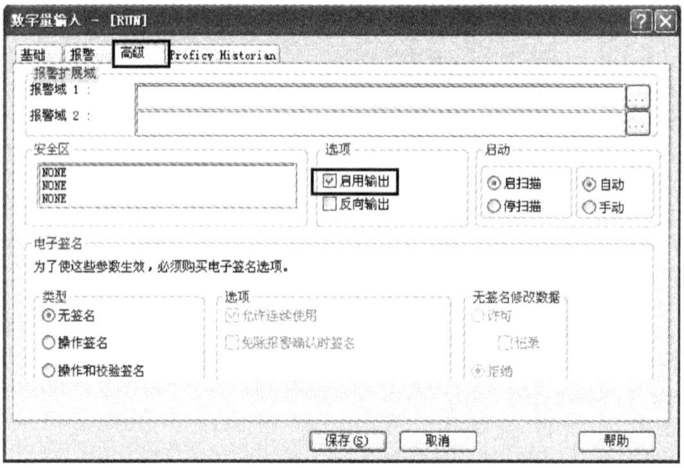

图 3-2-10　“高级”选项卡

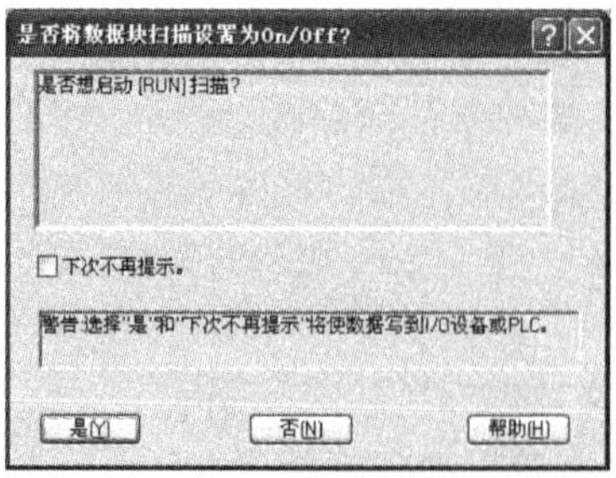

图 3-2-11　扫描数据块对话框

以同样的方法创建停止标签，标签名为“STOP”，驱动器选择“GE9”驱动，I/O 地址为“Device0:M2”，设置高级栏中的“启用输出”项；继续创建电机运行状态指示标签 Q1，标签名为“MOTOR”，驱动器选择“GE9”驱动，I/O 地址为“Device0:Q1”，指示灯标签不需要“启用输出”项。添加完成后数据库如图 3-2-12 所示。

	标签名	类	描述	扫描时	I/O设备	I/O地址	当前值
1	MOTOR	DI		1	GE9	Device0:(	????
2	STOP	DI		1	GE9	Device0:I	????
3	RUN	DI		1	GE9	Device0:I	????
4							

图 3-2-12　数据库建立

右键单击任意单元格选择“刷新”，数据库中“当前值”一列由“????”变为“OPEN”或“CLOSE”，如图 3-2-13 所示。（此处应在项目 2 的任务 3 完成的基础上进行。）

	标签名	类	描述	扫描时	I/O设备	I/O地址	当前值
1	MOTOR	DI		1	GE9	Device0:Q1	OPEN
2	RUN	DI		1	GE9	Device0:M1	OPEN
3	STOP	DI		1	GE9	Device0:M2	OPEN
4							

图 3-2-13　数据库刷新

完成后，最小化“数据库管理器”窗口返回到 Intellution 工作台。

4. 在 iFIX 工作台中建立组态画面

组态画面的建立分为图片的导入、指示灯的关联和按钮开关的切换三大部分。

1）图片的导入

图片的导入要用到图符集，图符集中包含了在开发过程中使用率较高的对象帮助创建类似的画面。从系统树图符集文件夹中，选择添加图符，本项目需添加一个指示灯、一台电机、两个中号面板按钮。找到“电机”，选择，双击，再选中一台电机图片，将其拖入画面即可，如图 3-2-14 所示。

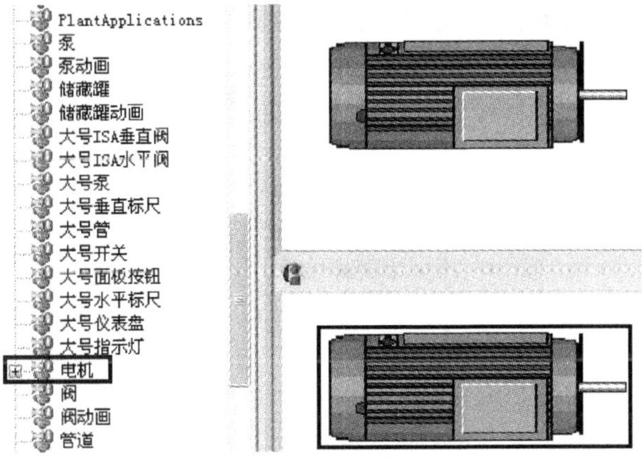

图 3-2-14　添加电机图片

2)指示灯的关联

(1)按照上述方法在图符集中找到“中号指示灯”选项,添加一个绿色指示灯放到电机接线盒处(表示电机是否正常工作),如图 3-2-15 所示。

图 3-2-15　添加指示灯

(2)指示灯添加后,双击指示灯弹出关联数据源窗口,如图 3-2-16 所示。

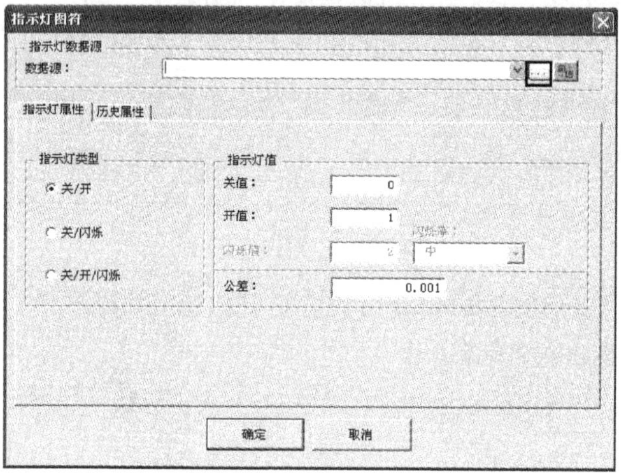

图 3-2-16　关联指示灯的数据源

(3)单击“数据源”项后面的[...]按钮,出现“表达式编辑器”对话框,单击“FIX”→“MOTOR”→“F _ * ”→“F _ CV”,单击“确定”按钮,完成指示灯的数据源查找,如图 3-2-17 所示。

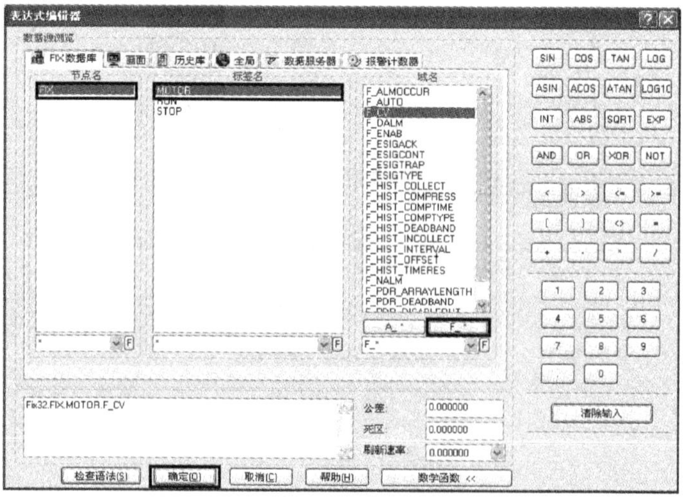

图 3-2-17　“表达式编辑器”对话框

(4)单击“确定”按钮,完成数据源关联,如图 3-2-18 所示。

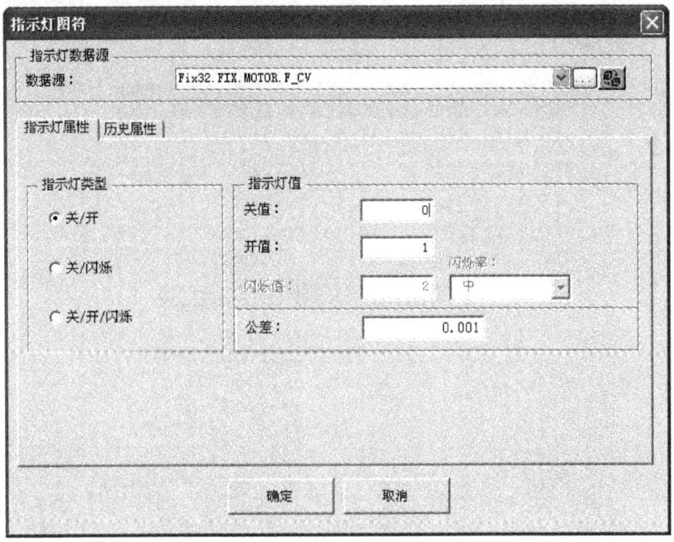

图 3-2-18　指示灯的数据源关联

3)按钮添加与命令脚本

(1)在图符集中查找“中号面板按钮”选项,选择一个绿色按钮和一个红色按钮放置到工作区,如图 3-2-19 所示。

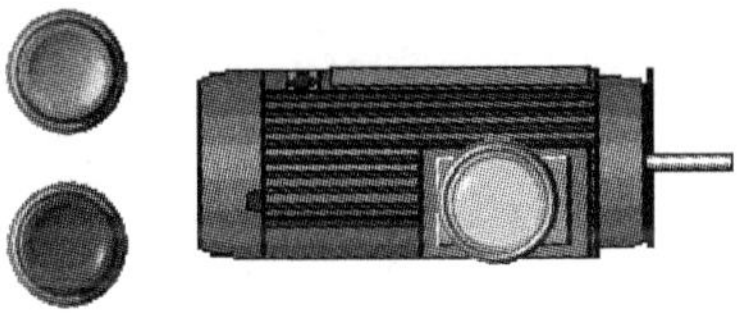

图 3-2-19　添加按钮

(2)双击工作区的“绿色”按钮,弹出“基本动画对话框”,如图 3-2-20 所示。

图 3-2-20　基本动画对话框

(3)单击“命令”项中按钮,弹出“多命令脚本向导”对话框,单击按钮,选择“切换数字量标签专家”选项,如图 3-2-21 所示。

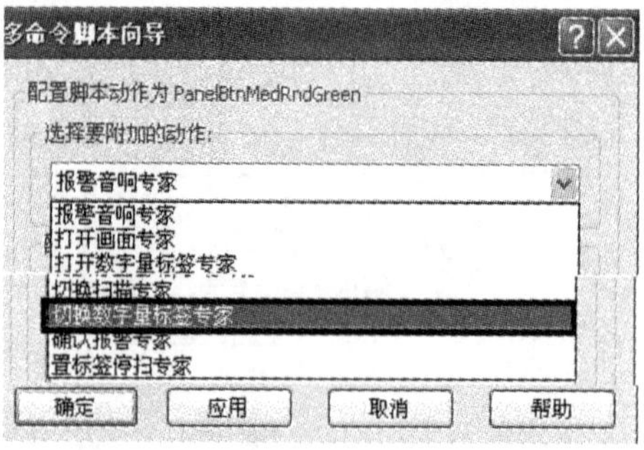

图 3-2-21 “多命令脚本向导”对话框 1

(4)系统自动弹出“切换数字量点专家”对话框,如图 3-2-22 所示。

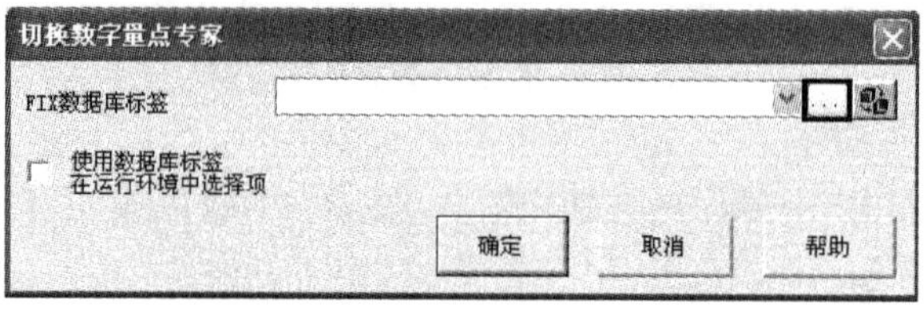

图 3-2-22 “切换数字量点专家”对话框 1

(5)单击“FIX 数据库标签”后的按钮,弹出“表达式编辑器”对话框,依次单击“FIX”→“RUN”→“F _ˣ”→“F _ CV”后,单击“确定”按钮,如图 3-2-23 所示。

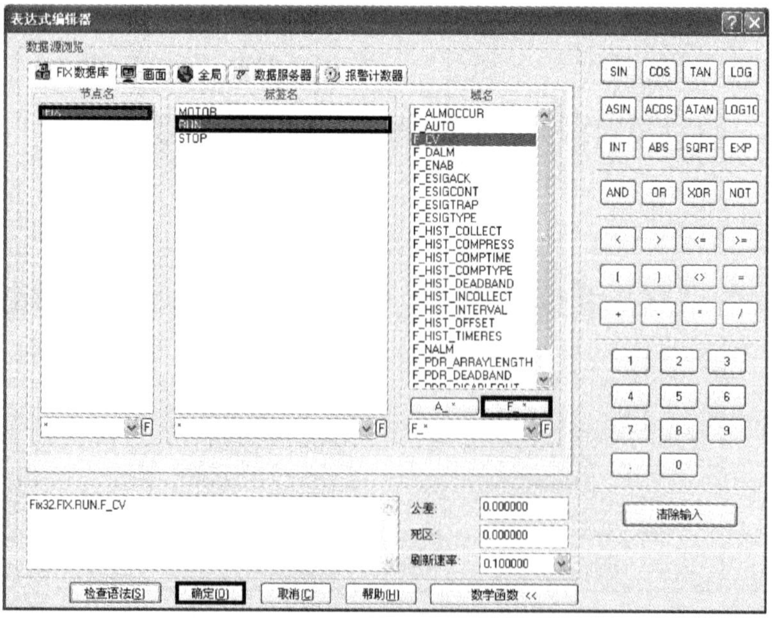

图 3-2-23 “表达式编辑器”对话框 1

（6）系统返回到“切换数字量点专家”对话框，单击“确定”按钮，如图 3-2-24 所示。

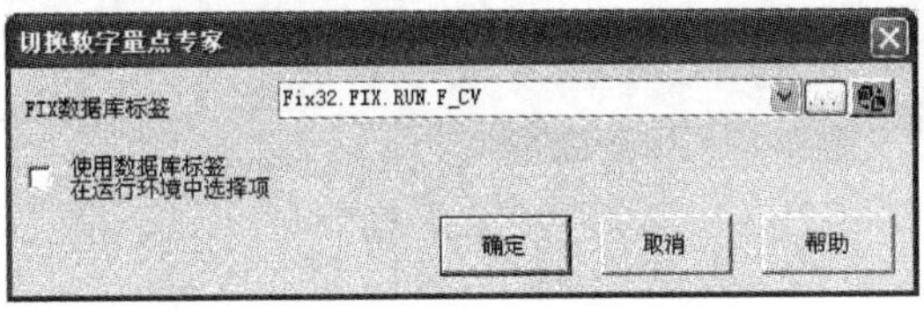

图 3-2-24　“切换数字量点专家”对话框 2

（7）系统返回到“多命令脚本向导”对话框，再次单击按钮，选择“打开数字量标签专家”选项，如图 3-2-25 所示。

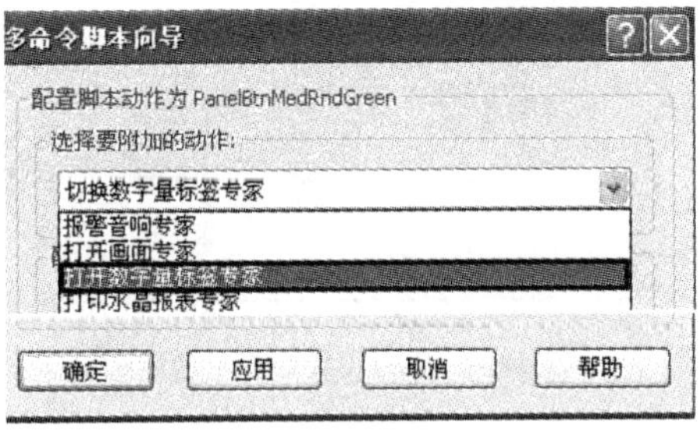

图 3-2-25　“多命令脚本向导”对话框 2

（8）系统自动弹出“切换数字量点专家”对话框，如图 3-2-26 所示。

图 3-2-26　“切换数字量点专家”对话框 3

（9）单击“FIX 数据库标签”后的按钮，弹出“表达式编辑器”对话框，依次单击“FIX”→“RUN”→“F_*”→“F_CV”后，单击“确定”按钮，如图 3-2-27 所示。

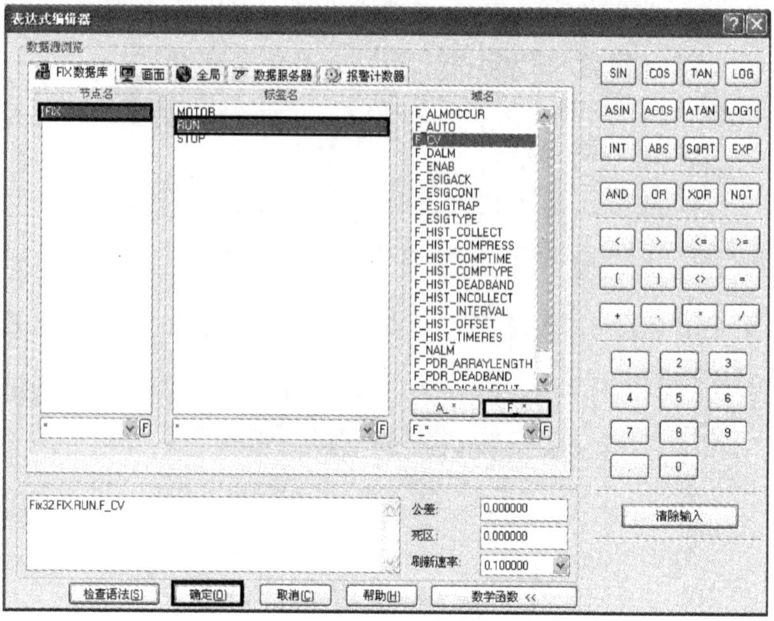

图 3-2-27 “表达式编辑器”对话框 2

(10)系统返回到“打开数字量标签专家”对话框,单击“确定”按钮,如图 3-2-24 所示。
(11)系统返回到“多命令脚本向导”对话框,单击“确定”按钮,如图 3-2-28 所示。

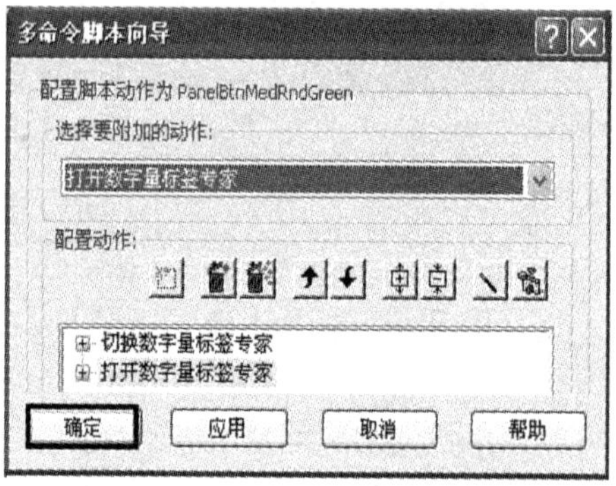

图 3-2-28 “多命令脚本向导”对话框 3

(12)系统返回到“基本动画对话框”,单击“确认”按钮,如图 3-2-29 所示。

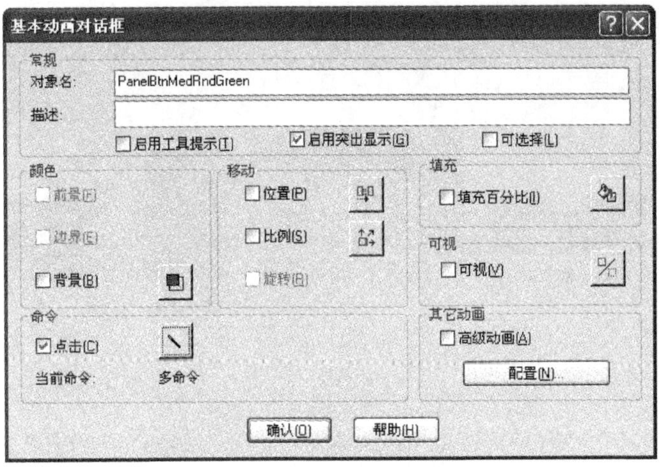

图 3-2-29　“打开数字量标签专家”设置完成

(13)双击工作区的“红色”按钮,重复步骤(3)~(12),数据源关联“FIX”→“STOP”→“F_×”→“F_CV”。

4)编辑画面添加标题

(1)添加标题“电机运行控制监控画面”。调出图形工具箱,单击 Aa 按钮后在编辑界面内输入“电机运行控制监控画面”,右键单击字体后可对字体的大小进行修改,如图 3-2-30 所示。

(2)绿色按钮、红色按钮和指示灯下面分别添加“RUN”“STOP”和“MOTOR”字体。

图 3-2-30　编辑界面

5)运行与调试

按“Ctrl + W”键或单击“切换至运行”按钮,进入运行状态,单击“RUN”按钮(相当于拨动模块 IC694ACC300 上的“1”号开关),“MOTOR”指示灯亮(代表电机运行),如图 3-2-31 所示;单击“STOP”按钮(相当于拨动模块 IC694ACC300 上的“2”号开关),“MOTOR”指示灯灭(代表电机停止),如图 3-2-32 所示。

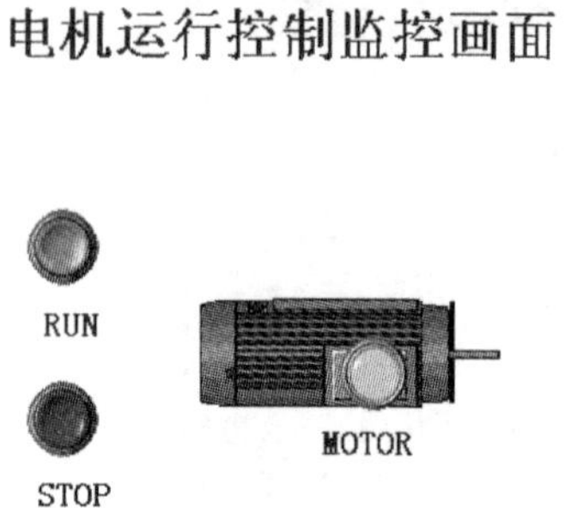

图 3-2-31　运行状态

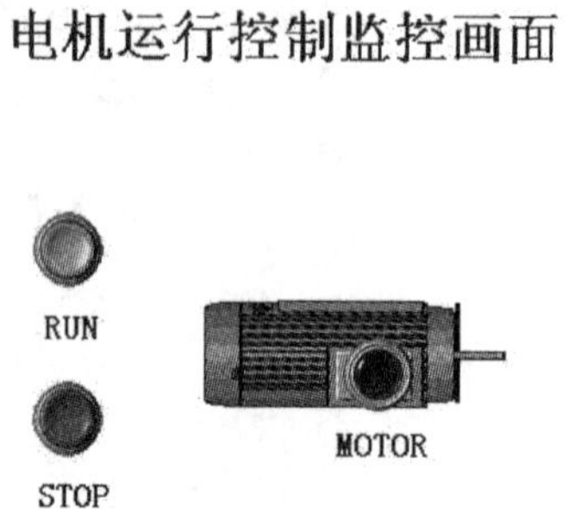

图 3-2-32　停止状态

小知识:“RUN”“STOP”按钮均为自锁开关,上面已经把这两种按钮的脚本动作配置为“切换数字量标签专家”和“打开数字量标签专家”,目的是使自锁开关具有点动开关的功能,如果只将按钮的脚本动作配置为“切换数字量标签专家”控制效果如何? 读者可以试一试。

任务 3　基于 iFIX 的温度数据采集

结合项目 1 中的拓展任务,RX3i 系统采集了环境温度数据,这里用数字表头、模拟表头和柱形图的形式把环境温度在计算机界面上实时显示出来,给人以直观的感受。

3.3.1　任务分析

本任务利用在过程数据库中添加模拟量输入标签,图形上采用数字表头、模拟指针和柱形图来实现环境温度的显示。

3.3.2　任务准备

(1)本任务需要在项目 2 任务 4 模拟量运行的基础上建立。

(2)在过程数据库中添加模拟量输入标签。

(3)在画面中添加动画对象并为其添加数据连接。

3.3.3　任务实施

1. I/O 地址的分配

I/O 地址分配见表 3-3-1。

表 3-3-1　I/O 地址分配

标签名	类型	I/O 设备	I/O 地址
AI59	AI	GE9	Device0:AI59

2. 数据库的建立

"模拟量输入"标签用于把过程数据读到数据库中，如温度、压力、速率等，一般来说，数据值被限制在高限和底限的范围内。

(1)按照本项目任务2中添加数字量数据块的方法，添加模拟量数据块。打开"数据库管理器"窗口，双击任意单元格，出现"选择数据块类型"对话框，添加模拟量输入标签，如图3-3-1所示。

图3-3-1　"选择数据块类型"对话框

(2)选择"AI模拟量输入"项，单击"确定"按钮，弹出"模拟量输入"对话框，对话框中"标签名"改为"AI59"，"驱动器"选择"GE9"，"I/O地址"改为"Device0:AI59"，"硬件选项"改为"Float"，如图3-3-2所示。

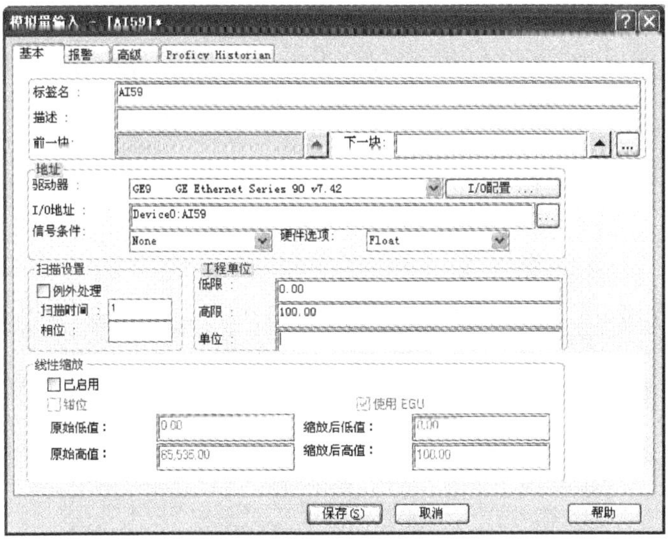

图3-3-2　"模拟量输入"对话框的"基本"选项卡

(3)单击"保存"按钮，弹出数据块扫描窗口，如图3-3-3所示。

(4)单击"是"按钮后，返回到"数据库管理器"窗口，如图3-3-4所示。

(5)最小化"数据库管理器"窗口，返回到Intellution工作台编辑画面。

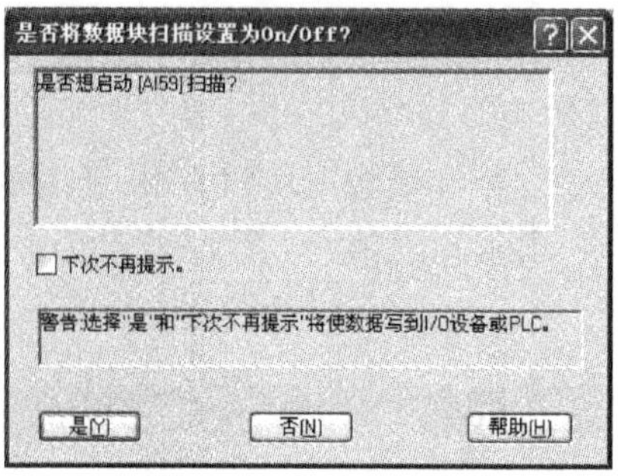

图 3-3-3　数据块扫描窗口

	标签名	类	描述	扫描时	I/O设	I/O地址	当前值
1	AI59	AI		1	GE9	Device0:AI59	31.26
2							

图 3-3-4　完成数据库刷新

小知识:“模拟量输入”对话框中“基本”选项卡中各选项的含义如下。

(1)“低限”定义该标签将显示的最低值,十进制的数字定义了有符号数据。

(2)“高限”定义该标签将显示的最高值,十进制的数字定义了有符号数据。

(3)“单位”是用户定义的字段,用来定义工程单位,最多有 32 个字符。

(4)“信号条件”用来让 I/O 驱动器调整从设备来的数据,控制设备和 FIX 之间的比例调整信号,特定的过程硬件可能有相应设备的信号条件。

3. 画面编辑

(1)在图符集中打开“大号仪表盘”选项选择第五个表盘,将表盘拖至 Intellution 工作台编辑界面中,自动弹出“表计图符”对话框,如图 3-3-5 所示。

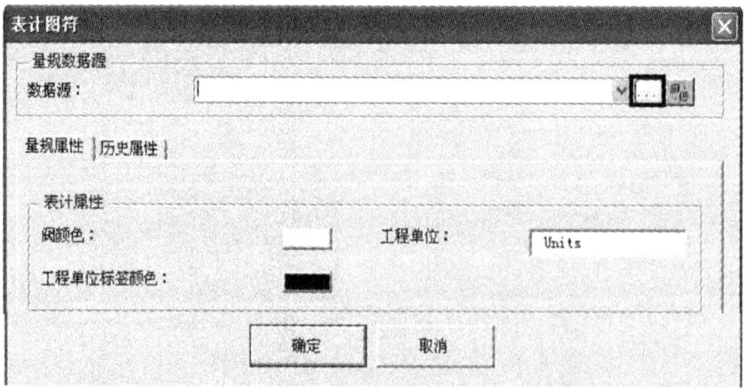

图 3-3-5　“表计图符”对话框 1

(2)单击[...]按钮,弹出“表达式编辑器”对话框,依次单击“FIX”→“AI59”→“F _ ×”→“F _ CV”后,单击“确定”按钮,如图 3-3-6 所示。

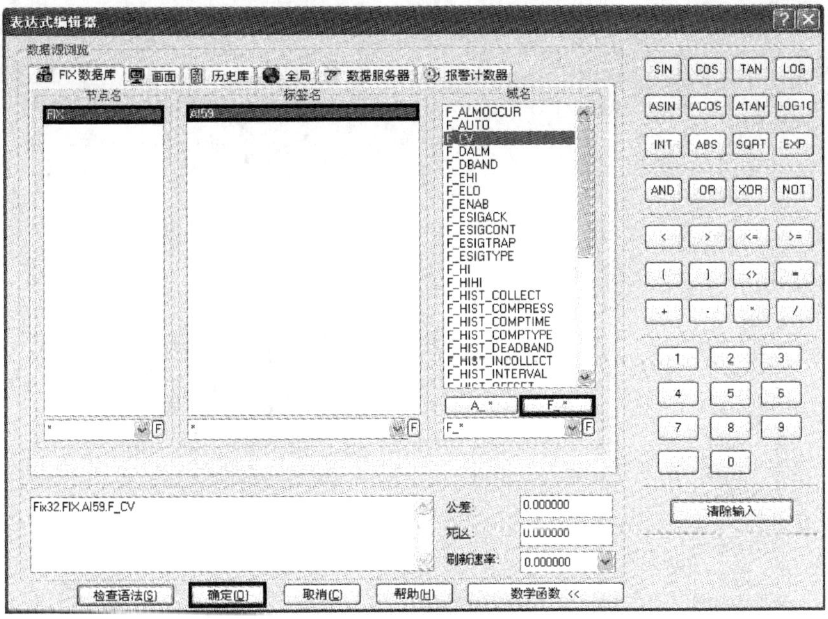

图 3-3-6 “表达式编辑器”对话框

(3)查找到数据源后,“表计属性”的“阀颜色”“工程单位标签颜色”和“工程单位”都能自定义修改。工程单位“Units”改为“℃”,如图 3-3-7 所示。

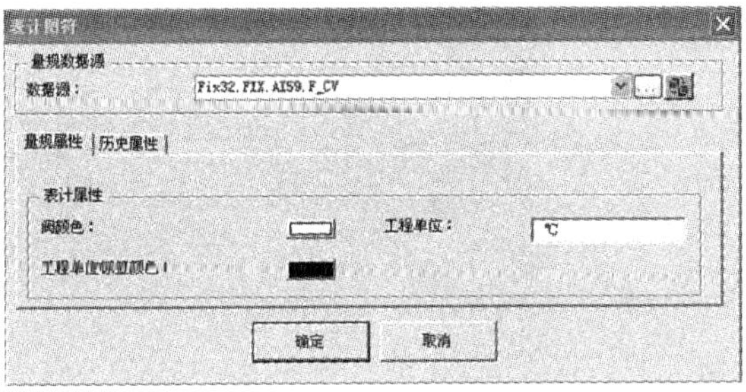

图 3-3-7 “表计图符”对话框 2

(4)单击“确定”按钮,完成数据关联,回到 Intellution 工作台编辑区,如图 3-3-8 所示。

(5)按“Ctrl + W”或单击“切换至运行”按钮,仪表盘中的数据将会随环温变化而跳变,如图 3-3-9 所示。

(6)运行成功后,还可以添加不同类型仪表来显示温度,在图符集中的“大号仪表盘”“大号垂直标尺”选项中选择不同类型的表盘,数据源关联同前,运行效果如图 3-3-10 所示。

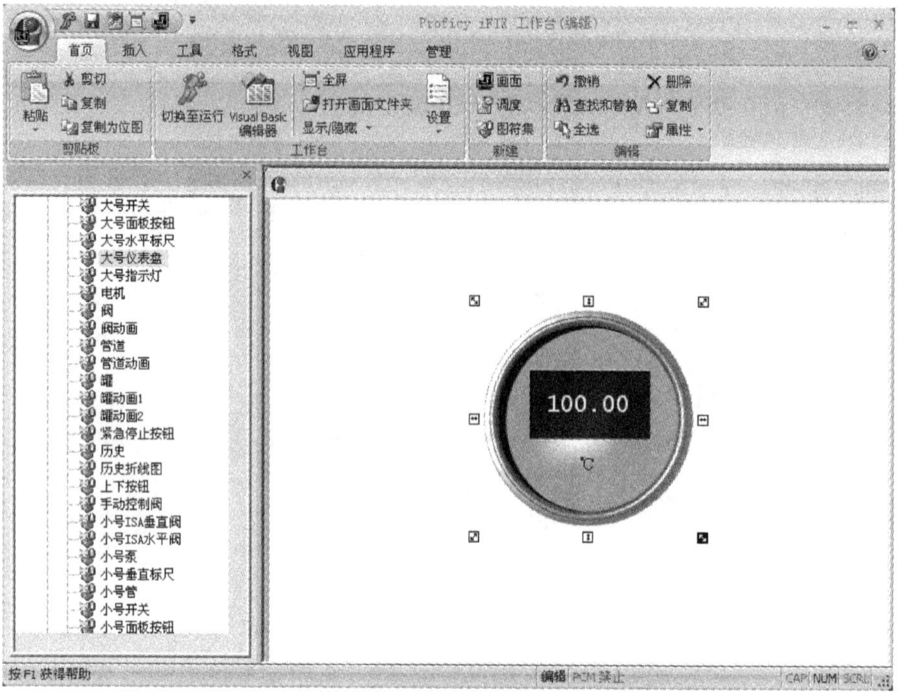

图 3-3-8　仪表盘关联完成

图 3-3-9　环境温度显示

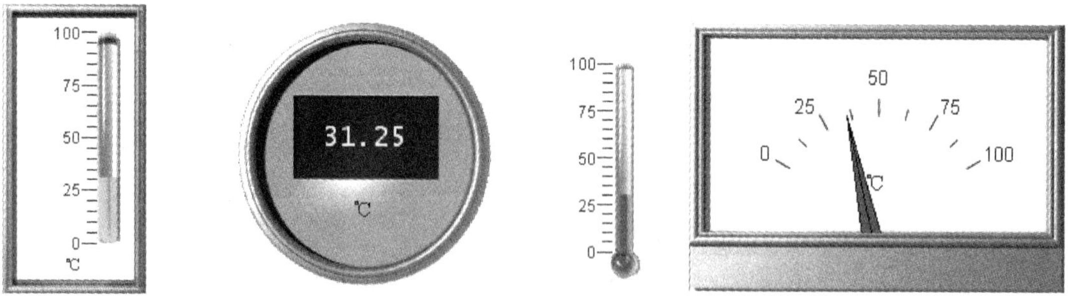

图 3-3-10　不同仪表显示环境温度

项目 4　VersaMax 远程 I/O 模块的组态与应用

任务 1　VersaMax 系列产品的认识

4.1.1　VersaMax 产品概述

VersaMax 是 GE 公司推出的新一代控制系统，设计新颖、结构紧凑、通用性强、配置灵活、经济实用，为自动化控制系统提供了功能强大的系列产品。VersaMax 具有“三合一”功能，既可以作为单独的 PLC 控制机，具有价格合理、性能优越的特点；又可以作为 I/O 子站，通过现场总线受控于其他主控设备，诸如 PACSystems™ RX3i 以及第三方 PLC、DCS 或计算机系统；还可以构成由多台 PLC 组成的分布式大型控制系统。VersaMax 产品为模块化可扩展结构，构成的系统可大可小，为现代开放式控制系统提供了一套通用的、便于实施的、经济的解决方案。VersaMax 外观如图 4-1-1 所示。

图 4-1-1　VersaMax 外观图

4.1.2　VersaMax 基本系统结构

VersaMax 主要由六个基本单元组成，如图 4-1-2 所示。

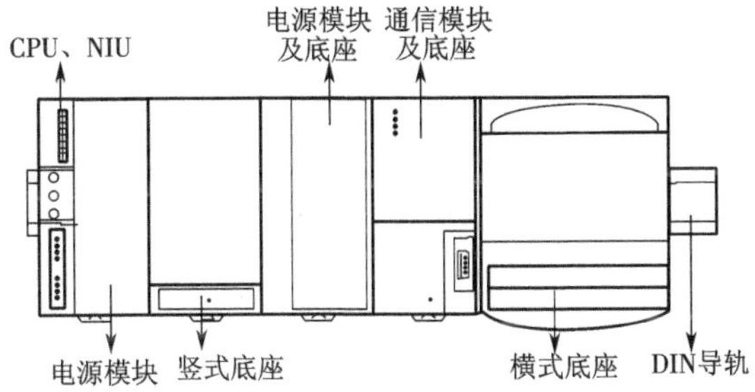

图 4-1-2　VersaMax 单元组成图

1. CPU 模块

CPU 模块执行用户程序,直接控制本地 I/O 模块或通过现场总线控制分布 I/O 模块,还可以与其他 PLC 进行通信。

2. NIU(Network Interface Unit,网络接口单元)模块

NIU 模块提供从站通信协议将 I/O 模块和主机通过现场总线连接起来,主机可以是 PLC,也可以是一台 PC 机或 DCS 系统。

3. I/O 模块

VersaMax 产品提供了多种类型的 I/O 模块,除了常规的开关量、模拟量模块外,还有热电阻(RTD)、热电偶(TC)和高速计数器(HSC)等特殊模块,以满足用户的广泛需求。

4. I/O 底座

I/O 底座支持所有类型的 VersaMax I/O 模块的安装,提供背板总线通信和现场接线端子,I/O 模块装卸时无须变动现场接线。

5. 通信模块

通信模块提供了 VersaMax PLC 与其他设备的通信。

6. 电源及电源辅助底座

电源模块通过背板总线向 I/O 模块供电。在系统配置中,当电源模块不能满足配置的 I/O 模块负载电流需要时,可增加一个或多个电源,并将其安装在电源辅助底座上。

4.1.3 VersaMax CPU 模块

VersaMax PLC 由 VersaMax CPU 模块及装配在 CPU 上的电源模块和一组 VersaMax I/O 模块构成。VersaMax CPU 最多可以支持 64 个模块,2 048 个开关量 I/O 点。VersaMax CPU 模块如图 4-1-3 所示,参数见表 4-1-1,基本特性如下:

(1)以梯形图、顺序功能图和指令语句等多种方式编程;

(2)支持高速计数器 HSC、脉宽调制输出 PWM、脉冲串输出;

(3)支持浮点数运算、PID 功能、子程序、实时时钟日期;

(4)无冲击运行状态存储程序;

(5)可用非易失快闪内存(Flash Memory)存储程序、配置和数据;

(6)四个等级密码程序保护,OEM 密码设置,子程序加密;

(7)强大诊断功能,通过内置的 PLC 和 I/O 两个故障表,清晰地指出故障的时间、部位和内容;

(8)带有运行/停止操作开关,直观的 LED 指示灯显示运行、故障、强制、通信状态;

(9)内置 RS-232 和 RS-485 通信口,每个端口都支持 SNP、Modbus RTU 和系列 I/O 协议,其中 I/O 协议能进行 ASCII 读/写、Modem 自动拨号等。

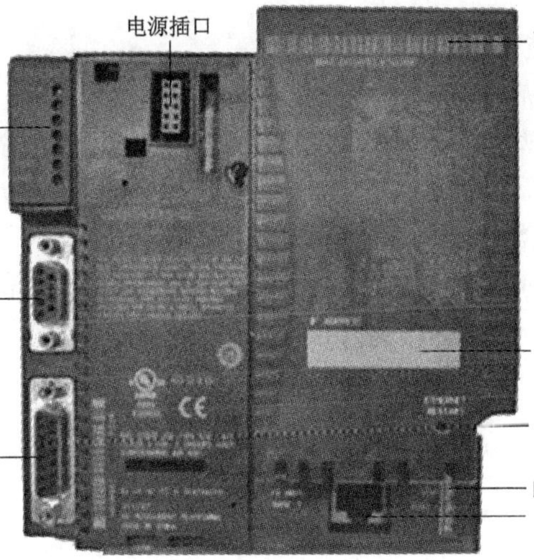

图 4-1-3　CPU 模块图

表 4-1-1　CPU 参数一览表

型号	IC200CPU001	IC200CPU002	IC200CPU005	IC200CPUE05
I/O 开关量点	2 048IN / 2 048OUT			
I/O 模拟量通道	16 ~ 128 KB	20 ~ 128 KB	32 ~ 128 KB	
寄存器字	128 ~ 2 048 B	128 ~ 2 048 B	32 ~ 128 KB	
离散型内部位	1 024 点			
离散型临时位	256 点			
全局离散位	1 280 点			
程序内存	34 KB	42 KB	64 KB	64 KB
浮点运算	支 持			
强制 I/O	支 持			
内置通信端口	RS - 232, RS - 485		RS - 232, RS - 485, RJ - 45 以太网	
内置通信协议	SNP 从站, RTU 主/从站, 串行 I/O		SNP 从, RTU 主/从, 串行 I/O, SRTP, EGD	
存储器类型	系统 Flash, 电池后备 RAM			
实时时钟	精度 100 ppm(0.01%)或 ±9 s/d (用于计时器或时间接点)			
功耗	40 mA 最大(5 V 输出), 100 mA(3.3 V 输出)		80 mA 最大(5 V 输出), 290 mA(3.3 V 输出)	160 mA 最大(5 V 输出), 650 mA(3.3 V 输出)

4.1.4　VersaMax 开关量 I/O 模块

VersaMax 开关量 I/O 模块分为输入、输出和混合三种模块，输入模块作为 PLC 的输入接口可以接收各种开关量信号，如按钮、开关；输出模块作为 PLC 的输出接口可以向指示灯、中间继电器和接触器等设备发出信号；开关量混合模块既有输入又有输出，可以灵活使用。

开关量 I/O 模块的特点如下：

(1)适用于不同的电压范围、电压类型、电流容量；

(2)均可安装在各种类型的 VersaMax I/O 底座上，都支持带电热插拔；

(3)每个输入、输出通道均有 LED 指示灯显示该点的 ON/OFF 状态，同时还有用于显示模块本身电源状态和外接电源状态的 LED 指示灯。

开关量输入模块 IC200MDL640 外观如图 4-1-4 所示，特性见表 4-1-2，端子接线如图 4-1-5 所示；开关量输出模块 IC200MDL740 外观如图 4-1-6 所示，模块端子接线如图 4-1-7 所示，模块特性见表 4-1-3。

表 4-1-2　开关量输入模块特性

型号		IC200MDL640
说明		DC 24 V 正逻辑
点数		16
每组点数		8 点/1 组,2 组
输入电压/V	ON	15 ~ 30
	OFF	0 ~ 5
输入电流/mA	ON	2 ~ 5.5
	OFF	0 ~ 0.5
响应时间/ms	ON	≤0.25
	OFF	
输入阻抗/kΩ		10
滤波时间/ms		0,1,7

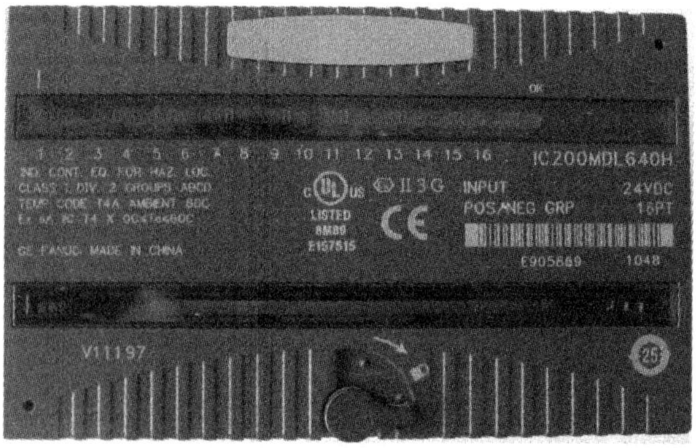

图 4-1-4　输入模块 IC200MDL640

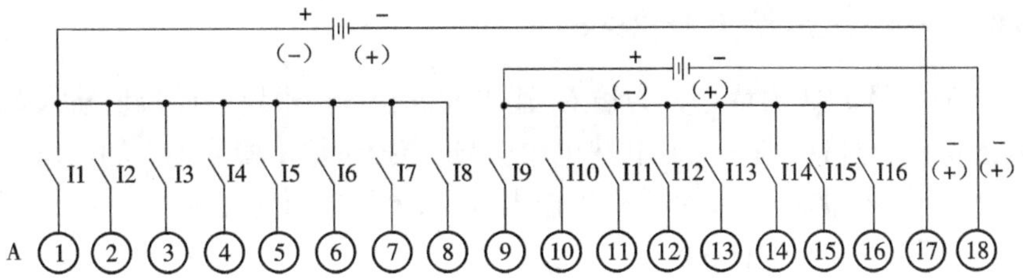

图 4-1-5　IC200MDL640 模块端子接线图

表 4-1-3　开关量输出模块特性

型号		IC200MDL740
说明		DC 12/24 V 正逻辑
点数		16
每组点数		16 点/1 组,1 组
输出电源/V		DC 10. 2 ~ 30
每点负载电流/A		0. 5
响应时间/ms	ON	≤0. 2
	OFF	≤1. 0

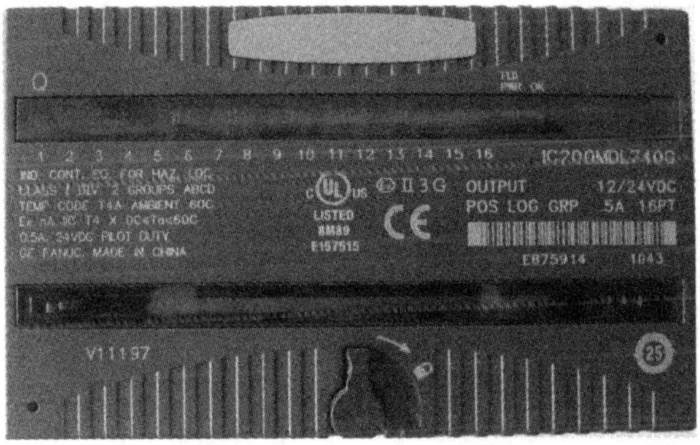

图 4-1-6　输出模块 IC200MDL740

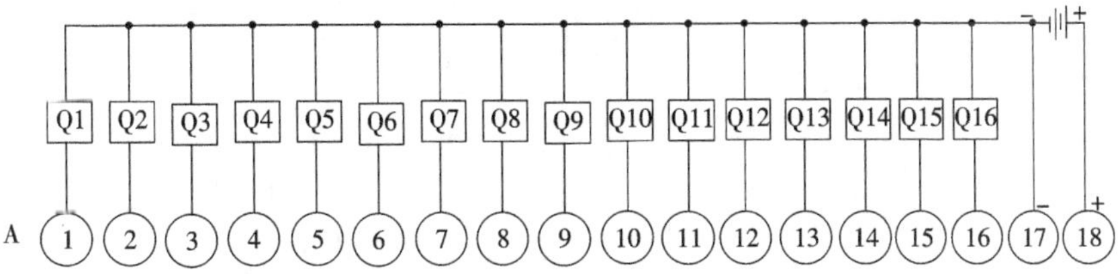

图 4-1-7　IC200MDL740 模块端子接线图

4.1.5 VersaMax 模拟量 I/O 模块

VersaMax 模拟量 I/O 模块也分为输入、输出和混合三种模块。模拟量输入模块接收电流和电压输入信号,也可处理热电阻和热电偶信号;模拟量输出模块用于输出电压或电流信号,混合模块既有模拟量输入,又有模拟量输出,可以灵活运用到现场。

模拟量 I/O 模块的特点如下:

(1)适用于各种过程控制,如流量、压力和温度;

(2)提供热电偶和热电阻输入模块;

(3)具有 12 ~ 16 位的分辨率;

(4)AC 250 V 连续,AC 1 500 V 一分钟隔离(用户输入侧到逻辑侧和框架地以及组间和隔离点间,取决于模块类型);

(5)可以和 VersaMax PLC 和 Genius、Profibus、Ethernet 总线 NIU 一同使用;

(6)均可安装在任何类型的 VersaMax I/O 底座上,都支持带电热插拔。

模拟量输入模块 IC200ALG264 外观如图 4-1-8 所示,模块端子接线如图 4-1-9 所示,模块特性见表4-1-4;模拟量输出模块 IC200ALG326 外观如图 4-1-10 所示,模块端子接线如图 4-1-11 所示,模块特性见表 4-1-5。

表 4-1-4 模拟量输入模块特性

型号	IC200ALG264
说明	电流输入模块
通道数	15 路/1 组,单端
分辨率	15 位
输入范围/mA	4 ~ 20/0 ~ 20
刷新速率/ms	7.5
输入阻抗误差	±0.3%
外部电源	—

图 4-1-8 模块 IC200ALG264

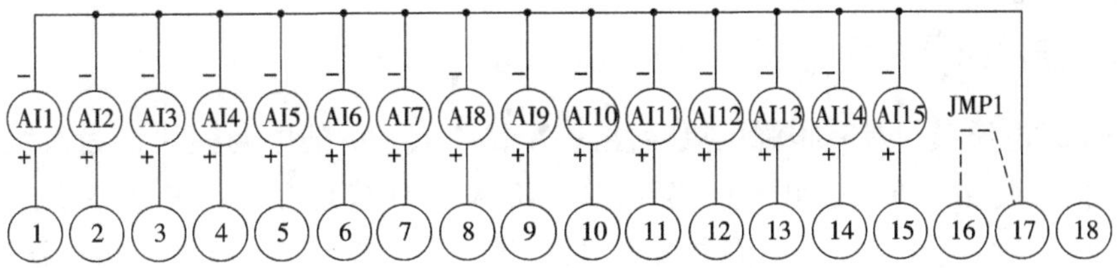

图 4-1-9　IC200ALG264 模块端子接线图

表 4-1-5　模拟量输出模块特性

型号	IC200ALG326
说明	模拟量电流输出模块
通道数	8 路/1 组
分辨率	13 位
输出范围/mA	4～20/0～20
负载/Ω	800
更新速率/ms	15
通道之间串扰抑制/dB	≥70
外部电源	DC 24 V,185 mA

图 4-1-10　模块 IC200ALG326

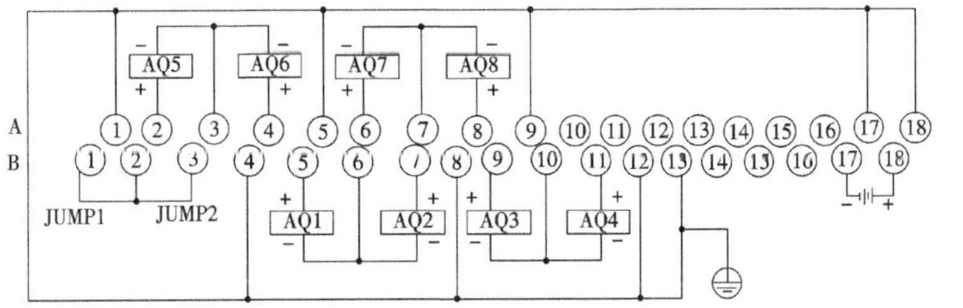

图 4-1-11　IC200ALG326 模块端子接线图

4.1.6 电源模块

VersaMax 电源模块具有很强的灵活性，一个 AC 或 DC 的电源模块作为系统主供电电源模块，直接安装在 CPU 或 NIU 上，为 CPU、NIU 和 I/O 模块提供 5 V 和 3.3 V 的背板电源。当一个系统的模块背板电流需求较大时，可增加一个电源模块作为供电电源，辅助电源必须安装在辅助电源底座上。

一般而言，对于常规 I/O 模块，无须增加辅助电源。而对于通信模块、带隔离的模拟量模块、热电阻和热电偶模块以及继电器输出模块，则可能需要增加辅助电源模块。实际使用时，必须按照每块模块的电源消耗，计算电源模块的总负荷。也可以用编程软件 I/O 配置中的电源消耗图，自动计算电源模块的总负荷。无论是主电源模块，还是辅助电源模块，它们只向安装在其右边的 I/O 模块供电，直至下一个电源模块为止，如图 4-1-12 所示。

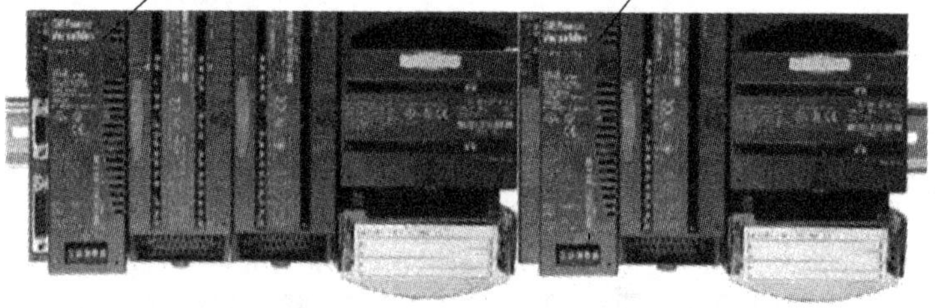

图 4-1-12 VersaMax 电源模块图

电源模块特点如下：

(1)提供 3.3 V 和 5 V 电压，最大输出电流 1.5 A；

(2)交流输入电压通过跳线进行选择；

(3)具有短路和过载保护；

(4)直流供电具有反极性保护功能；

(5)在 CPU、NIU 或辅助电源底座上有电源状态 LED 指示灯；

(6)既能作为主供电电源，也能作为辅助供电电源。

电源模块 IC200PWR002、IC200PWR101 的特性见表 4-1-6。

表 4-1-6 电源模块参数

模块型号	IC200PWR001，IC200PWR002(高能量)	IC200PWR101，IC200PWR102(高能量)
输入电压	额定 DC 24 V(DC 18～30 V)	额定 AC 120 V(AC 85～132 V)， 额定 AC 240 V(AC 176～264 V)
输入功率	11 W	27 V·A
保持时间/ms	10	20
冲击电流	20 A，DC 24 V；25 A，DC 30 V	—

续表

模块型号	IC200PWR001,IC200PWR002(高能量)	IC200PWR101,IC200PWR102(高能量)
输出电压(直流)	5 V,3.3 V	5 V,3.3 V
保护特性	短路、过载、极性反	短路、过载
输出电压 3.3 V 和 5 V	合计最大 1.5 A; 最大:0.25 A(PWR001)、1.0 A(PWR002 扩展)	合计最大 1.5 A; 最大:0.25 A(PWR001)、1.0 A(PWR002 扩展)

4.1.7　I/O 底座

底座用于 VersaMax 模块装配、模块与模块之间背板通信和模块与现场之间连接接线，通过底座接线，VersaMax 模块可以在不影响现场接线的情况下，轻松地安装在底座上或者从底座上卸去，方便工程维护。GE 智能平台大学计划提供的盒型 I/O 底座型号为 IC200CHS002K，外观如图 4-1-13 所示，有 36 个 IEC 盒型接线端子，如图 4-1-14 所示。

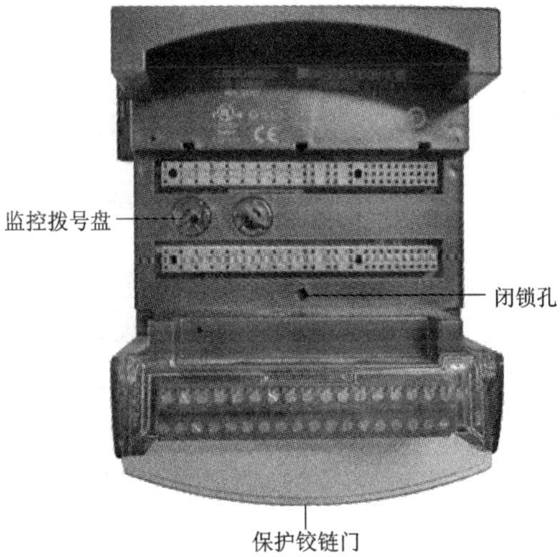

图 4-1-13　I/O 底座图

A1	A2	A3	A4	A5	A6	A7	A8	A9	A10	A11	A12	A13	A14	A15	A16	A17	A18
B1	B2	B3	B4	B5	B6	B7	B8	B9	B10	B11	B12	B13	B14	B15	B16	B17	B18

图 4-1-14　IEC 盒型接线端子排列

盒型 I/O 底座的特点如下：

(1)最多支持 32 个 I/O 点和 4 个公共点/电源连接点的配线；

(2)容易设置监控拨号盘,以确保底座上安装正确类型的模块,键码的设置要与模块底部的键码匹配;

(3)底座对底座匹配的连接器,用于快速安装不需要附加电缆或工具的底板连接;

(4)模块的闭锁孔用于模块与底座之间的安全嵌锁;

(5)透明的保护铰链门罩住配线端子,装备有每个 I/O 模块的配线打印卡片可以叠放并插入此门中;

(6)如果需要附加总线连接点,底边的槽口用于扣压辅助 I/O 端子。

任务 2　Profinet 总线模块的组态与应用

4.2.1　硬件概述

1. 硬件接线图

PACSystems™ RX3i 系统(PNC001 模块)与 Profinet NIU(PNS001 模块)之间通过并行网线连接。PNC001 模块的 1 号端口与交换机连接,2 号端口与 PNS001 模块的任意一个端口连接,如图 4-2-1 所示。电路接通后,PNC001 的两个“LAN”指示灯一个是亮的,另一个是闪烁的,而 PNS001 的“LAN”指示灯是闪烁的。

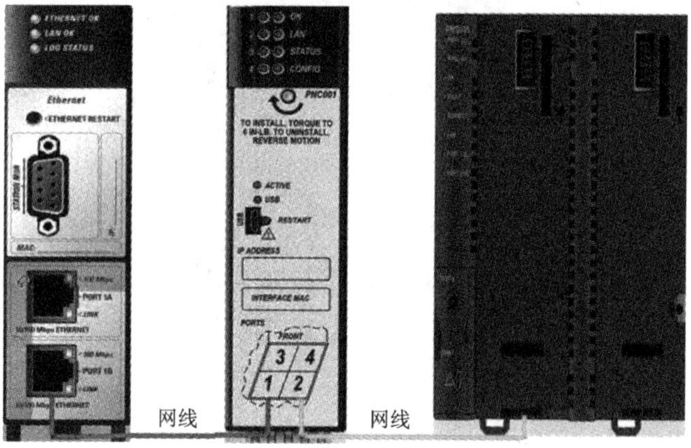

图 4-2-1　硬件接线图

PNC001 模块如图 4-2-2 所示,LED 指示灯的含义见表 4-2-1。

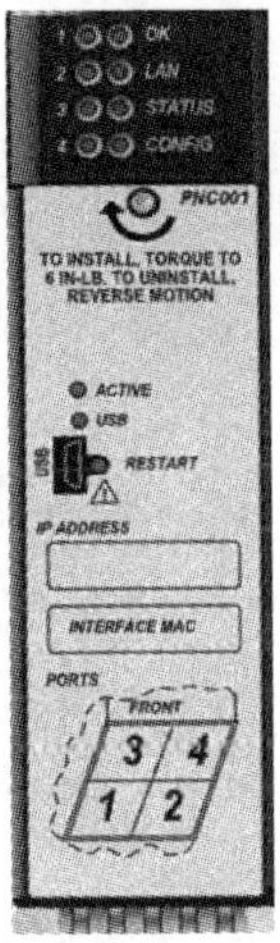

(a)

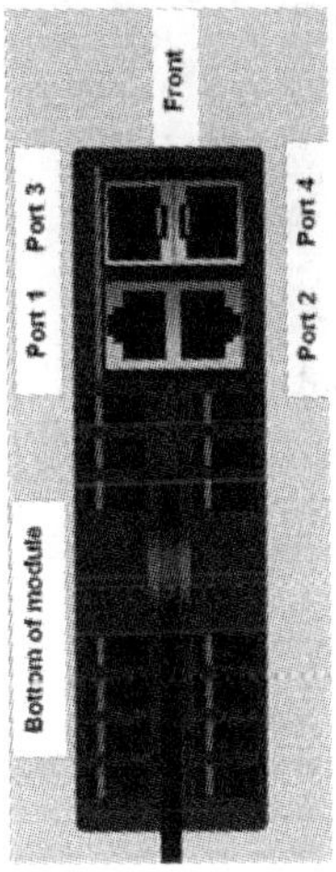

(b)

图 4-2-2 PNC001 模块

(a)PNC001 模块正视图 (b)PNC001 模块底面端口图

表 4-2-1 LED 指示灯含义

指示灯	含 义
OK	指示模块是否能够执行正常运转
LAN	显示网络数据包被处理的网络接口(不只是通过嵌入式开关)
STATUS	表示工业以太网控制器在正常操作,状态还可以说明是否有地址是无效的
CONFIG	指示模块是否收到其配置的 RX3i 处理器
ACTIVE	指出在连接状态
USB	显示活动的 USB 端口
RESTART	复位
PORT	连接外部以太网端口

PNC 模块安装在的 PACSystems™ RX3i 系统的背板插槽上,注意 PNC 模块的后面有块散热片,安装时需要把图 4-2-3 所示的 PCI 总线背板插槽上的塑封窗口捣破,这样 PNC 模块才能安装上去。PNC 模块上有个螺丝,如图 4-2-4 所示,安装的时候需要用螺丝刀把螺丝拧紧。

2. Prifinet NIU

Profinet NIU 将 VersaMax I/O 站与 Profinet 网络相连。Profinet NIU IC200PNS001 如图 4-2-5 所示。

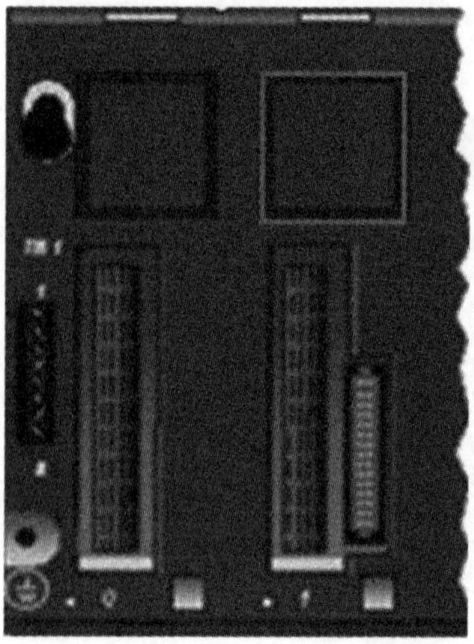

图 4-2-3　PCI 总线背板外观图

图 4-2-4　PNC001 模块侧面外观图

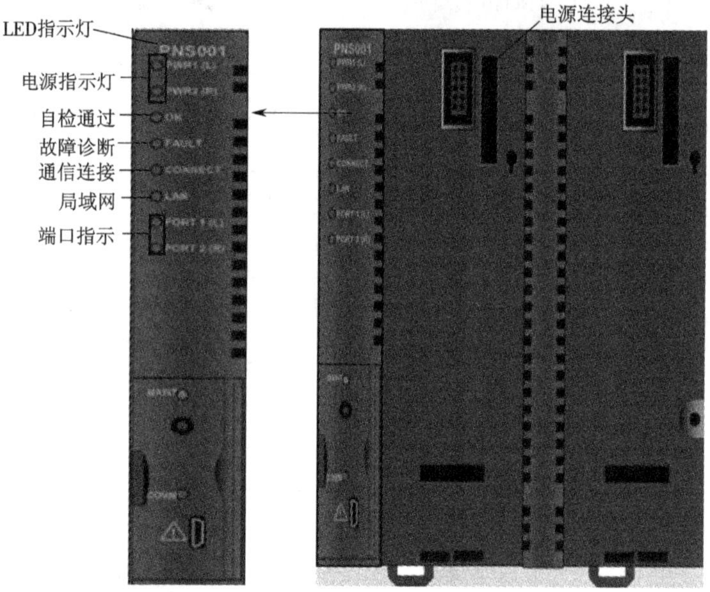

(a)

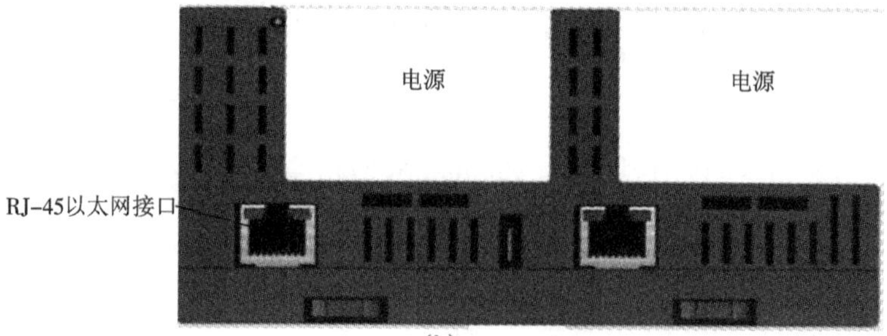

(b)

图 4-2-5　PNS001 模块

(a) PNS001 模块外观图　(b) PNS001 模块底视图

基于 Profinet NIU 组成的 VersaMax 远程 I/O 模块如图 4-2-6 所示，从左到右模块的型号依次是 NIU 模块 IC200PNS001、电源模块 IC200PWR002D、数字量输入模块 IC200MDL640、数字量输出模块 IC200MDL740、模拟量输入模块 IC200ALG264、模拟量输出模块 IC200ALG326、底座 IC200CHS002K(4 个)。其中数字量输入模块(IC200MDL640)下方的开关(IC200ACC302A)是为了后面调试准备的。

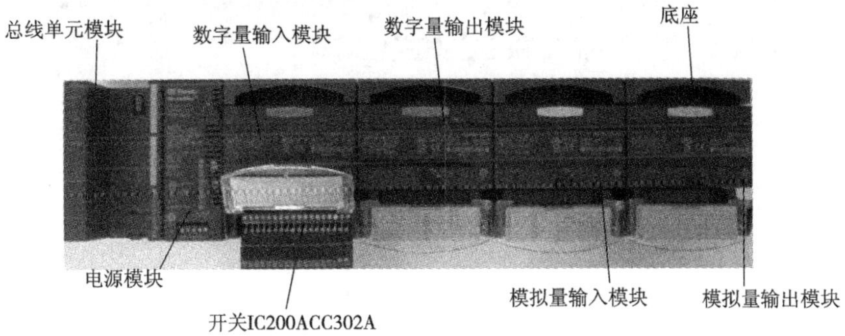

图 4-2-6　VersaMax 远程 I/O 模块外观图

4.2.2　硬件组态

1. 配置 PNC 模块

(1)工程创建及电源模块、CPU 模块和以太网模块等配置参见项目 1。

(2)右键单击插槽，选择“Add Module”，根据硬件安装的插槽位置进行添加，如图 4-2-7 所示。

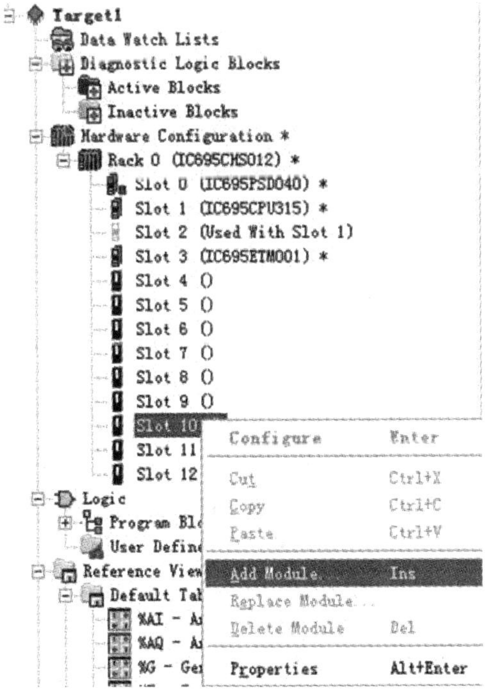

图 4-2-7　PNC001 模块添加过程图

(3) 在目录对话框中，单击“Bus Controller”选项卡，选择“IC695PNC001 RX3i PROFINET Controller(2 SFP)”项，单击“OK”按钮，如图 4-2-8 所示。

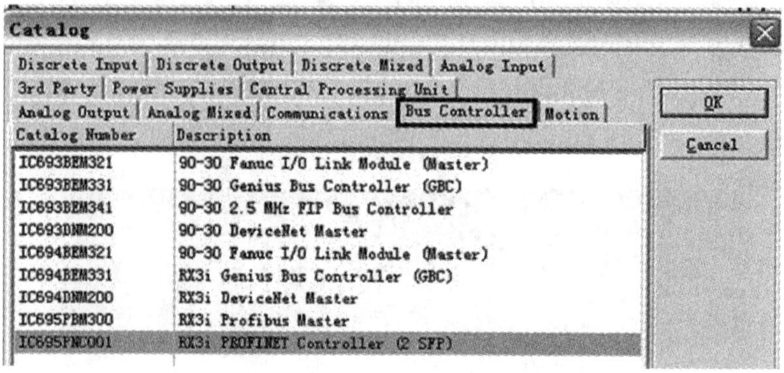

图 4-2-8　添加 PNC001 控制器

(4) 右键单击“Slot 10 (IC695PNC001)”项，选择“Add IO-Device”命令，如图 4-2-9 所示。

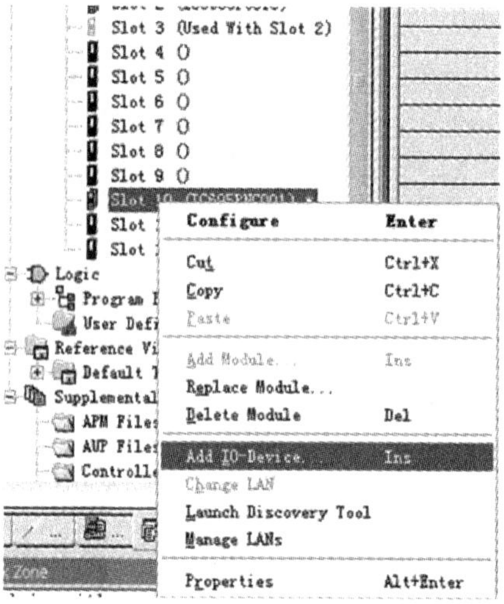

图 4-2-9　PNC001 控制器添加 VersaMax

(5) 弹出“PROFINET Device Catalog”对话框，选择“VersaMax PROFINET IO Scanner(2 RJ－45 Copper connectors)”项，单击“OK”按钮返回，如图 4-2-10 所示。

(6) 展开“Slot 10 (IC695PNC001)”项的子项，右键单击子项中的“versamax-pns (#1)”弹出级联菜单，选择“Change Module List”命令，如图 4-2-11 所示。

(7) 左键单击当前对话框右侧“VersaMax Modules”项前“＋”展开，如图 4-2-12 所示。

(8) 左键单击展开“Power Supply Module”项选择“PWR002”(根据硬件配置的型号来选择)，左键双击“PWR002”使其添加入左侧的空白框中，如图 4-2-13 所示。

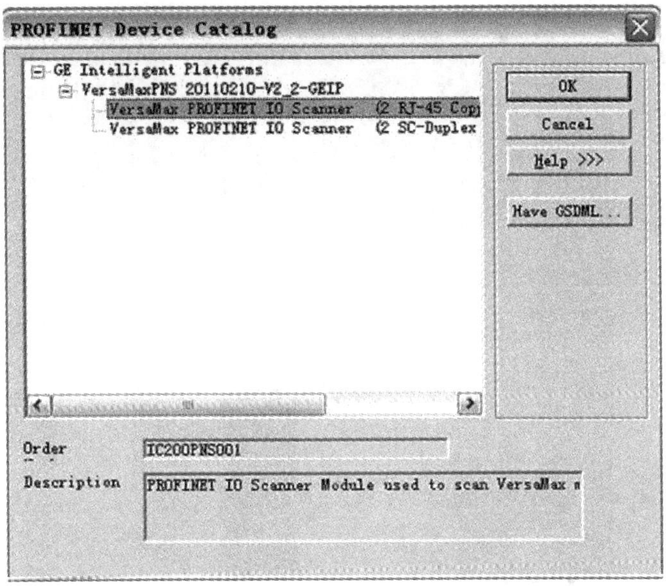

图 4-2-10　“PROFINET Device Catalog”对话框

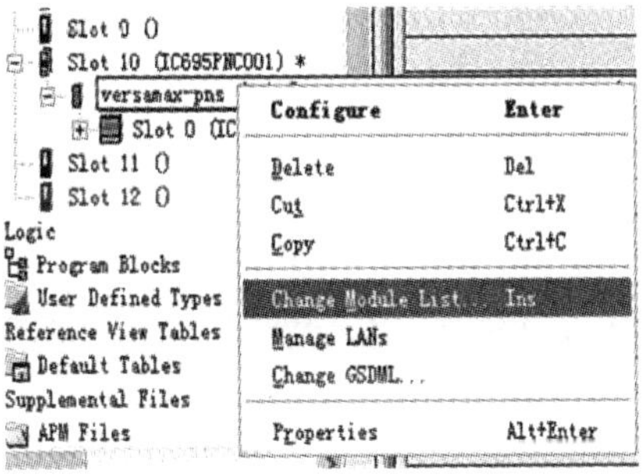

图 4-2-11　versamax-pns 安装过程图

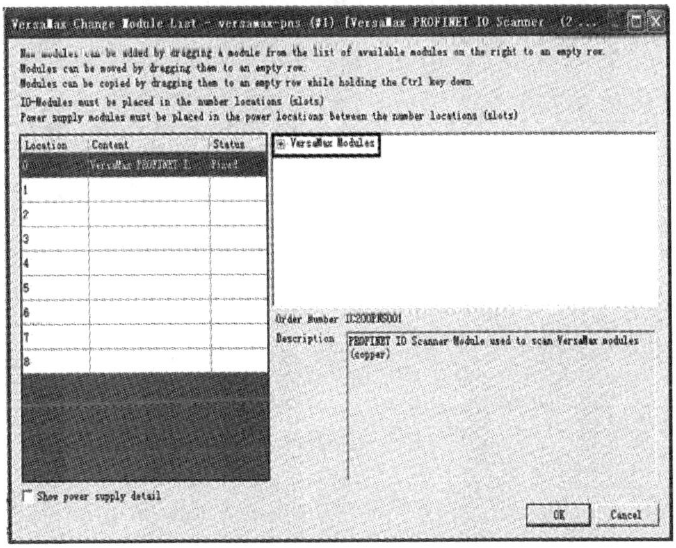

图 4-2-12　VersaMax Modules 配置

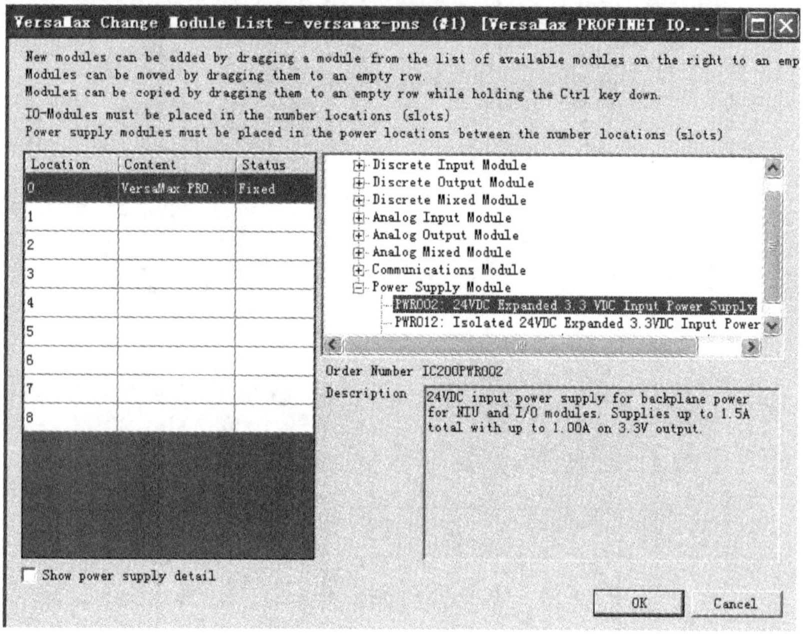

图 4-2-13　添加电源

(9)左键单击展开“Discrete Input Module”项选择“MDL640”,双击“MDL640”使其添加到左侧的空白框中,如图 4-2-14 所示。

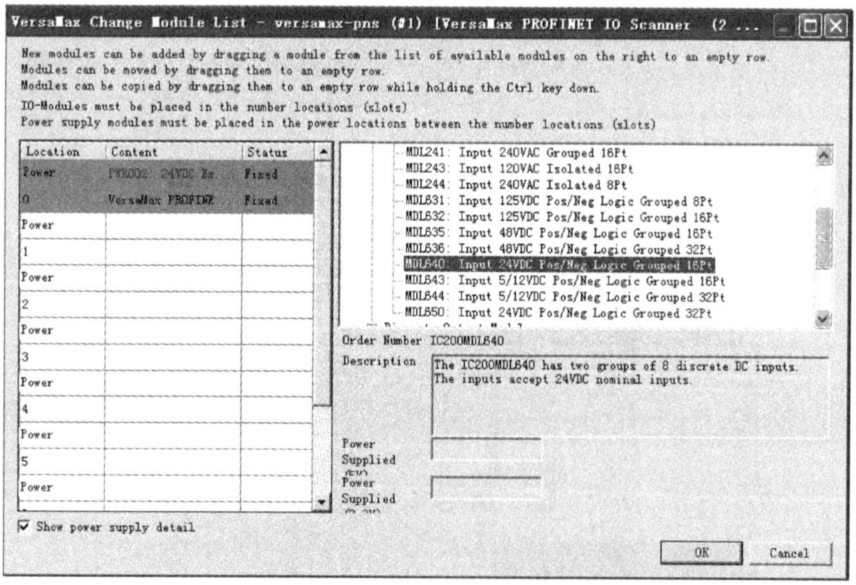

图 4-2-14　添加数字量输入模块

(10)重复步骤(9),依次添加数字量输出模块“IC200MDL740”、模拟量输入模块“IC200ALG264”、模拟量输出模块“IC200ALG326”。

(11)模块添加完单击“OK”按钮返回,如图 4-2-15 所示。注意:模块添加顺序依据图

4-2-6 的模块组合顺序进行,不可搞错。Profinet NIU 提供了两个电源插槽,根据现场情况决定电源配置的个数,系统默认是两个。如果现场只用一个电源,那就选中第二个电源,按"Delete"键删掉。

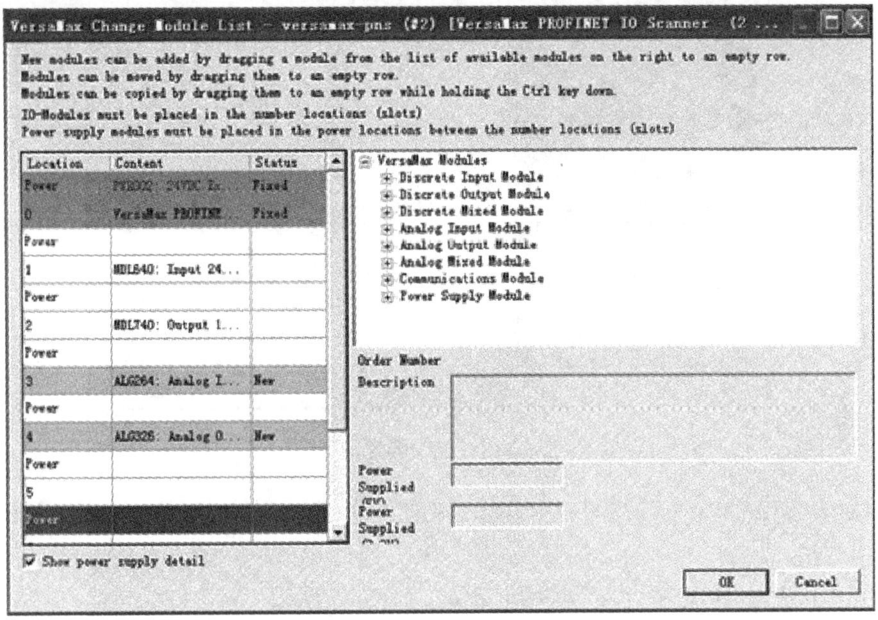

图 4-2-15　VersaMax 列表

(12) VersaMax 模块添加完之后,"Slot 10 (IC695PNC001)"项的子项"Slot 3 (IC200ALG264)"和"Slot 4 (IC200ALG326)"出现报错信息提示,如图 4-2-16 所示。

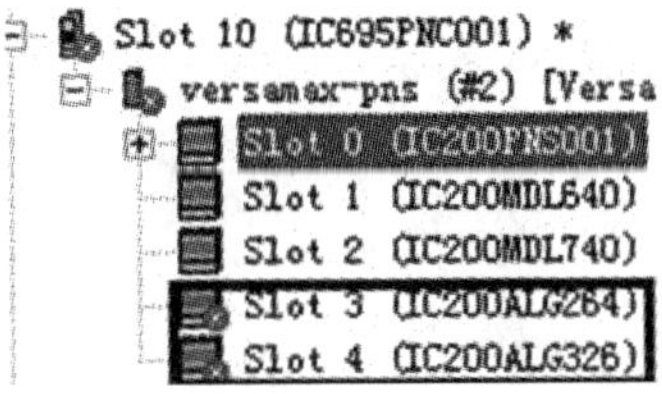

图 4-2-16　模块报错提示

(13)右键单击"Slot 3 (IC200ALG264)"弹出菜单,选择"Change Submodule List"命令,如图4-2-17所示。

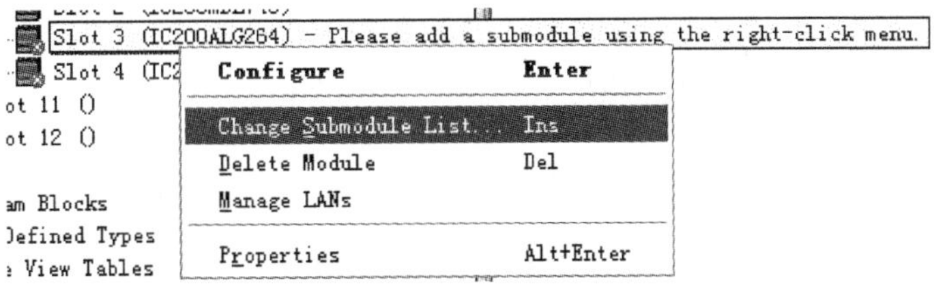

图 4-2-17　修改配置图 1

（14）左键双击“15 Channel 4 to 20mA Analog Inputs”后，单击“OK”按钮，如图 4-2-18 所示。

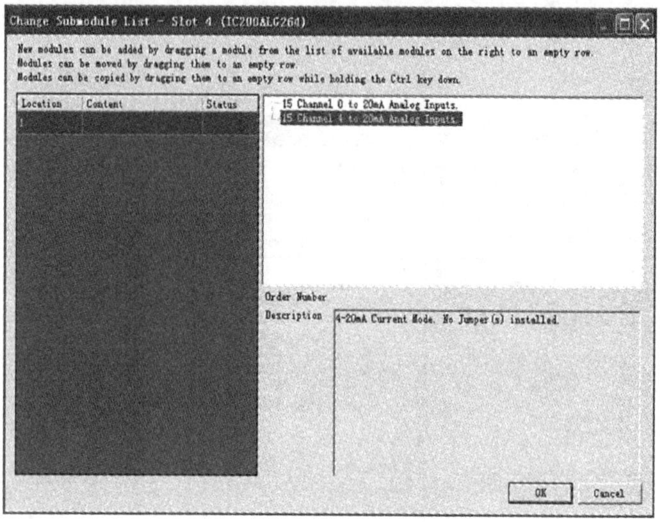

图 4-2-18　修改配置图 2

（15）右键单击“Slot 4（IC200ALG326）”弹出菜单，选择“Change Submodule List”命令，如图4-2-19所示。

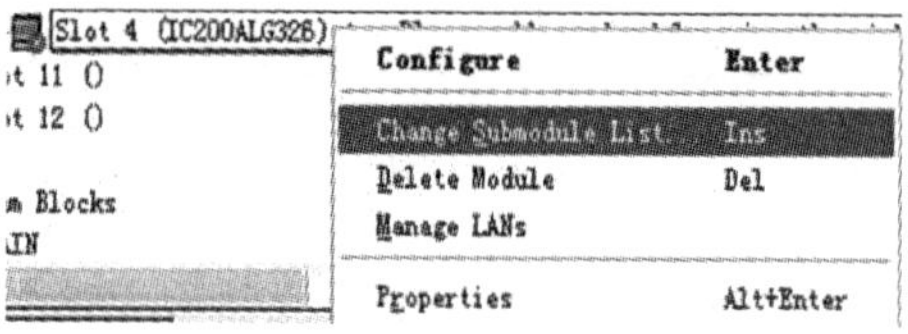

图 4-2-19　修改配置图 3

（16）左键双击“8 Channel 4 to 20mA Analog Outputs”后，单击“OK”按钮，如图 4-2-20 所示。

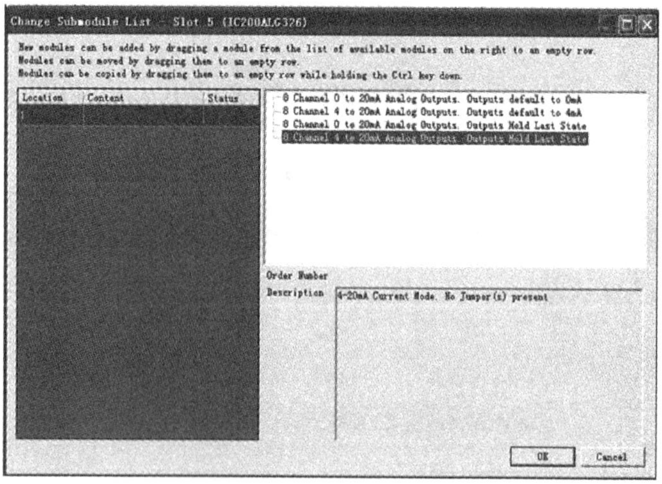

图 4-2-20　修改配置图 4

2. IP 地址设置

RX3i 系统的 IP、IC695PNC001 模块的 IP、VersaMax-pns 的 IP 与运行 PME 软件的 PC 机

的 IP 应在同一局域网号段内。利用 PME 软件提供的临时 IP 设置功能,通过 MAC 地址对 IC695ETM001、IC200PNC001、IC200PNS001 模块进行 IP 地址设置。具体 IP 地址分配见表 4-2-2,具体操作参见项目 1 的任务 2。

表 4-2-2　IP 地址分配一览表

设备名称	IP 地址
IC695PNC001	192. 168. 1. 1
VersaMax-pns	192. 168. 1. 2
运行 PME 软件的 PC 机	192. 168. 1. 3
PACSystems™ RX3i 系统	192. 168. 1. 4

注意:IP 设置完成后一定要用“ping”指令进行检查,确保设置正确。如图 4-2-21 所示,输入“ping 192. 168. 1. 1”,观察网络通信情况。

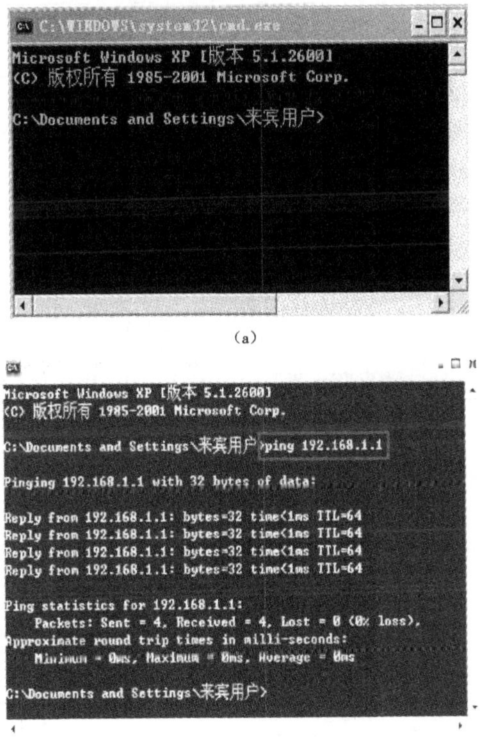
C:\WINDOWS\system32\cmd.exe
Microsoft Windows XP [版本 5.1.2600]
(C) 版权所有 1985-2001 Microsoft Corp.
C:\Documents and Settings\来宾用户>
Microsoft Windows XP [版本 5.1.2600]
(C) 版权所有 1985-2001 Microsoft Corp.
C:\Documents and Settings\来宾用户>ping 192.168.1.1
Pinging 192.168.1.1 with 32 bytes of data:
Reply from 192.168.1.1: bytes=32 time<1ms TTL=64
Reply from 192.168.1.1: bytes=32 time<1ms TTL=64
Reply from 192.168.1.1: bytes=32 time<1ms TTL=64
Reply from 192.168.1.1: bytes=32 time<1ms TTL=64
Ping statistics for 192.168.1.1:
Packets: Sent = 4, Received = 4, Lost = 0 (0% loss),
Approximate round trip times in milli-seconds:
Minimum = 0ms, Maximum = 0ms, Average = 0ms
C:\Documents and Settings\来宾用户>

(a)

(b)

图 4-2-21　设备连接检测
(a)DOS 运行画面　(b)“ping”指令检测

(1)右键单击“Slot 10(IC695PNC001)”项弹出菜单中选择“Properties”命令,如图 4-2-22 所示。“Network Identification”项中“Device Name”默认为“iolan-controller01”,修改“IP Address”为 192. 168. 1. 1”;“LAN”项中“LAN Name”默认为“LAN01”,“IP Auto-Assign Range Lower Limit”和“IP Auto-Assign Range Upper Limit”两栏分别修改为“192. 168. 1. 1”和“192. 168. 1. 254”,如图 4-2-23 所示。

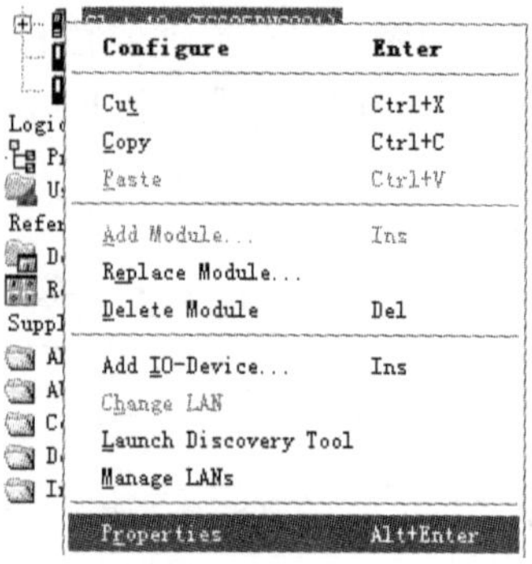

图 4-2-22　打开属性栏

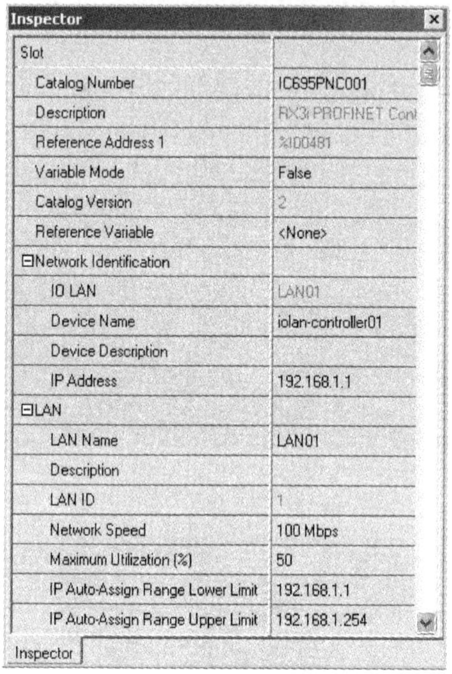

图 4-2-23　修改参数信息

(2)右键单击“Slot 10 (IC695PNC001)”的子项“versamax-pns (# 1)”弹出菜单,选择“Properties”命令,如图 4-2-24 所示。“Network Identification”项中“Device Name”默认为“versamax-pns”,“IP Address”修改为“192. 168. 1. 2”,如图 4-2-25 所示。

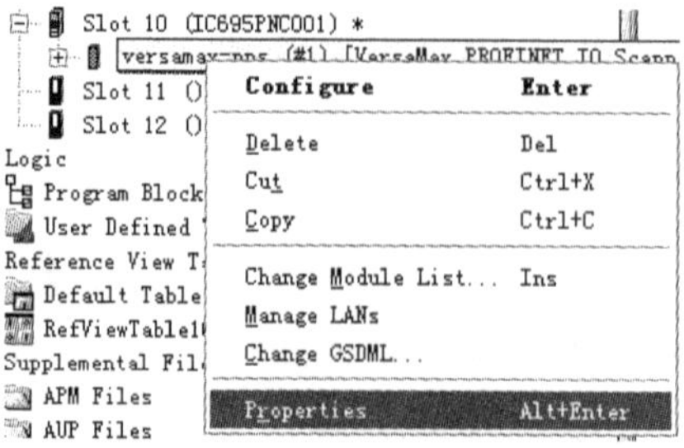

图 4-2-24　打开属性栏

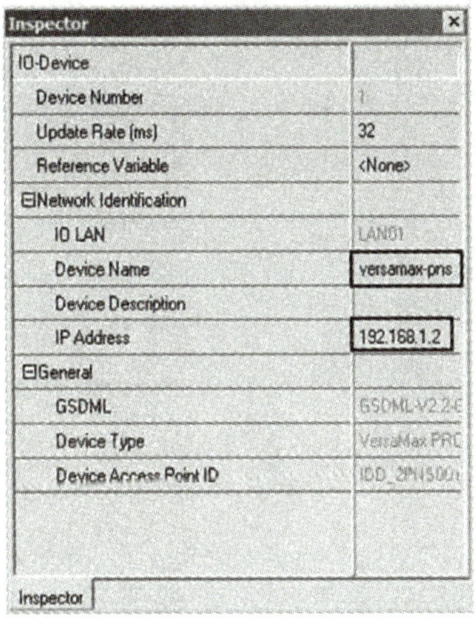

图 4-2-25　修改参数信息

3. 硬件组态下载

（1）在 PME 中设置硬件参数信息后，要把这些信息下载给 RX3i 系统、NIU 后才有效，具体硬件组态下载详见项目 1。注：硬件组态下载需将 CPU 置于 STOP 模式。

（2）双击实用工具选项卡中的“Profinet DCP”，如图 4-2-26 所示。

图 4-2-26　DCP 实用工具选项卡

如图 4-2-27 所示，将“LAN”设置为“LAN01”，单击“Refresh Device List”按钮，Profinet DCP 就会查询 Profinet 网络，然后会显示出所有找到的设备。DCP 工具找到了两个 Profinet 设备。一个设备默认名称是“iolan-controller01”，设备类型是“IC695PNC001”，IP 地址是 192. 168. 1. 1；另一个设备的默认名称是“versamax-pns”，设备类型是“IC200PNS001”，IP 地址是 192. 168. 1. 2。这两个设备就是前面配置的 PNC 和 PNS，说明硬件组态成功。

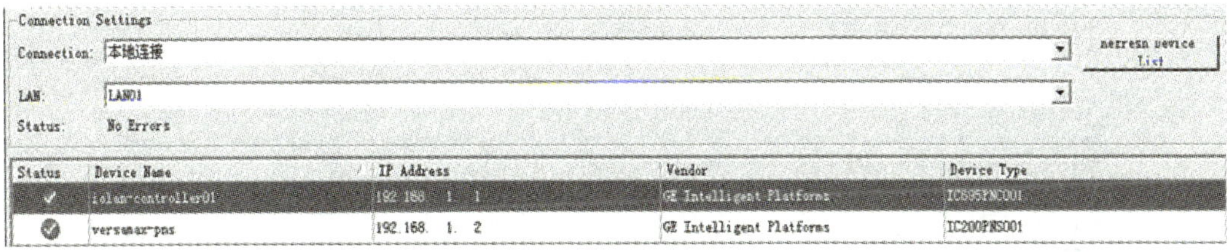

图 4-2-27　连接成功

4. VersaMax 远程 I/O 地址分配

(1)双击“Slot 10 (IC695PNC001)”的子项“Slot 1 (IC200MDL640)”,查看当前输入点的起始地址,如图 4-2-28 所示,当前输入点的起始地址为%I00161,数字量输入模块(IC200MDL640)为 16 通道,所以地址范围是%I00161 ~ %I00176。

图 4-2-28　查看数字量输入起始地址

(2)双击“Slot 10 (IC695PNC001)”的子项“Slot 2 (IC200MDL740)”,查看当前输出点的起始地址,如图 4-2-29 所示,当前输出点的起始地址为%Q00033,数字量输出模块(IC200MDL740)为 16 通道,所以地址范围是%Q00033 ~ %Q00048。

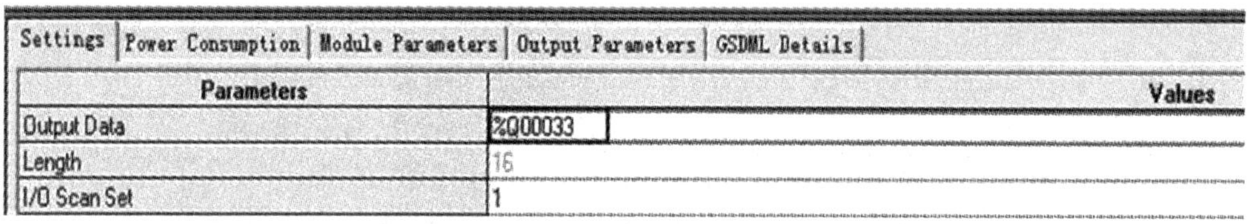

图 4-2-29　查看数字量输出起始地址

(3)双击“Slot 10 (IC695PNC001)”的子项“Slot 3 (IC200ALG264)”的子项“Subslot 1 (15 Channel 4 to 20mA Analog Inputs)”,查看当前模拟量输入点的起始地址,如图 4-2-30 所示,当前输入点的起始地址为%AI00001,共有 15 个通道,所以地址范围是%AI00001 ~ %AI00015。

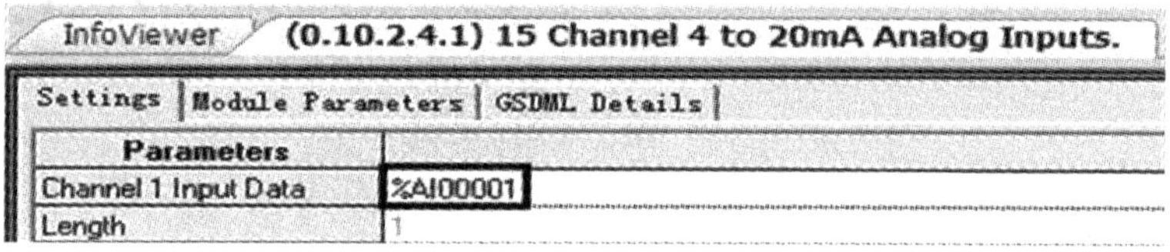

图 4-2-30　查看模拟量输入起始地址

(4)双击“Slot 10 (IC695PNC001)”的子项“Slot 4 (IC200ALG326)”的子项“Subslot 1 (8 Channel 4 to 20mA Analog Outputs,Outputs Hold Last State)”,查看当前模拟量输出点的起始地址,如图 4-2-31 所示,当前输出点的起始地址是%AQ00001,此模拟量输出模块是 8 通道,所以地址范围是%AQ00001 ~ %AQ00008。

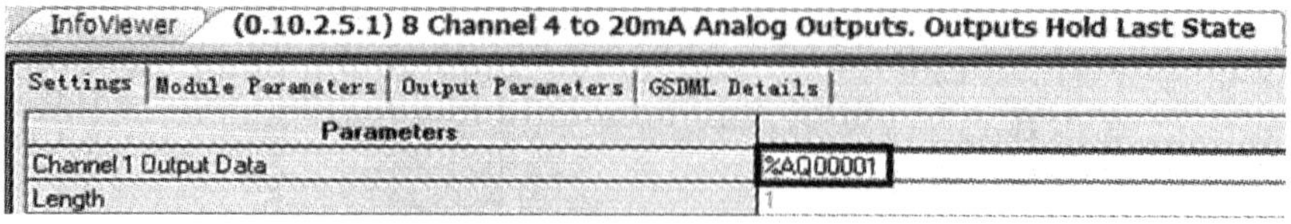

图 4-2-31　查看模拟量输出起始地址

4.2.3 下载调试

(1)硬件组态完成后,编写一个电机自锁程序。输入、输出的地址选用了远程 I/O 模块的地址,如图 4-2-32 所示。

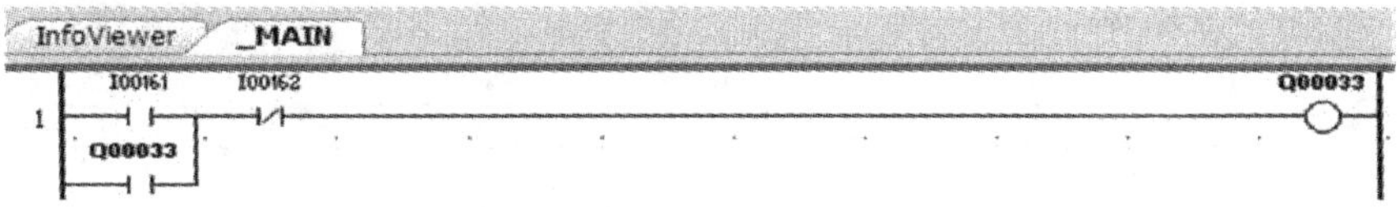

图 4-2-32 编写程序

(2)编译下载过程详见项目 1。

(3)调试。扳动数字量输入模块 IC200MDL640 下方的开关 IC200ACC302A,改变输入信号状态,程序运行状态如图 4-2-33 所示。

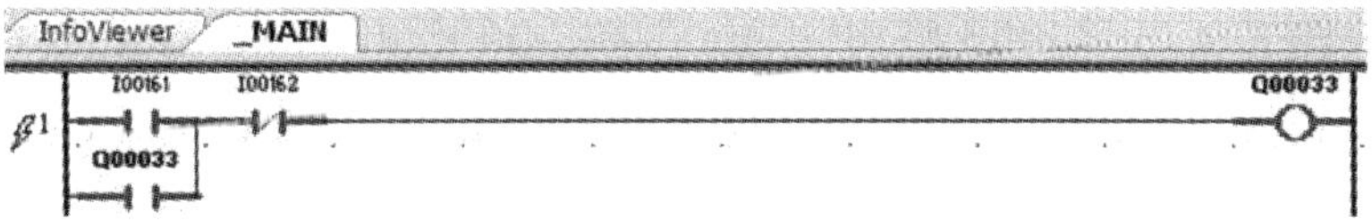

图 4-2-33 程序运行状态图

(4)右键单击“Reference View Tables”,选择“New”,如图 4-2-34 所示。

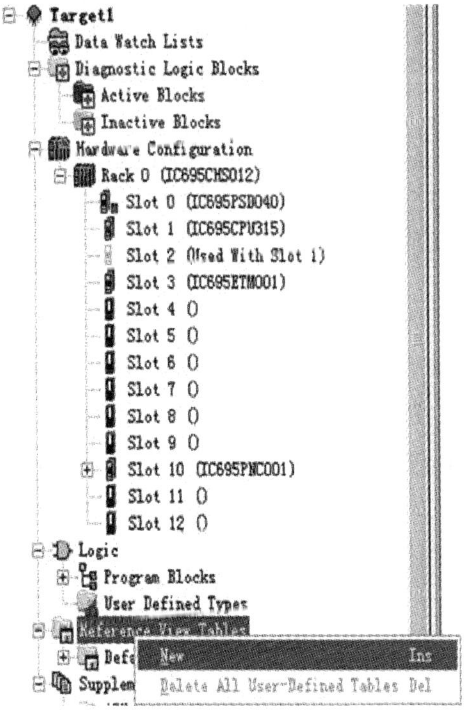

图 4-2-34 生成数据监控图

(5)双击打开新添加的刷新视窗“RefViewTables 10”,在“Address”一栏中输入数字量输入模块 IC200MDL640 的起始地址%I00161、数字量输出模块 IC200MDL740 的起始地址%Q00033、模拟量输入模块 IC200ALG264 的起始地址%AI00001,按回车键确定查看数据变化,如图 4-2-35 所示。

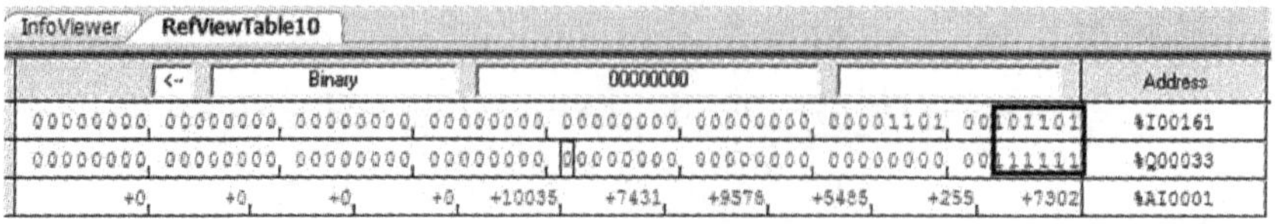

图 4-2-35　数据监控图

任务 3　Ethernet 总线模块的组态与应用

4.3.1　总线协议介绍

1. 概述

EGD(Ethernet Global Data)是指以太网全局数据广播协议。PAC 系统的 CPU 可同时对高达 255 个以太网全局数据进行交换。

2. EGD 通信方式

EGD 通信通过以太网使一台 PLC(Producer)能够将其内部寄存器中的值以预先设定的周期传送给另一台(组)PLC(Consumer)。EGD 通信可分为以下两种。

(1)单播技术(Unicast),指定接收方 IP 地址的 EGD 数据,一台 PLC 发送,另一台 PLC 接收。

(2)多目广播技术(Multicast),指定接收方组号的 EGD 数据,一台 PLC 发送,多台 PLC 同时接收,且多台 PLC 都加入该组。

4.3.2　硬件概述

1. 硬件接线图

PACSystems™ RX3i 系统(ETM001 模块)与 Ethernet NIU(EBI001 模块)之间通过网线连接,如图 4-3-1 所示。注意观察,电路连通后 ETM001 模块和 EBI001 模块的“LAN OK”指示灯应当是闪烁的,否则电路没有连通。

2. Ethernet NIU

Ethernet NIU IC200EBI001 如图 4-3-2 所示。

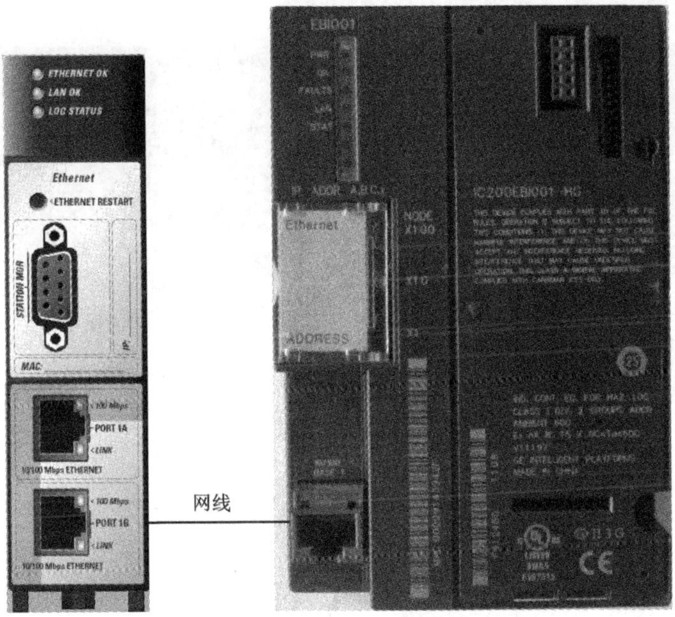

图 4-3-1　硬件接线图

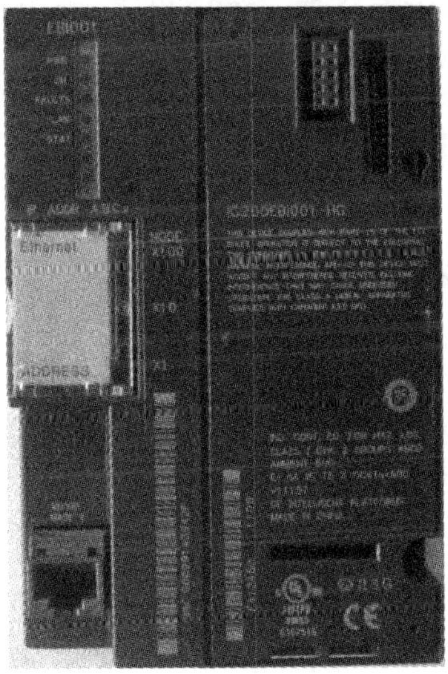

图 4-3-2　EBI001 模块外观图

3. VersaMax 远程 I/O 模块

基于 Ethernet NIU 组成的 VersaMax 远程 I/O 模块如图 4-3-3 所示。从左到右模块依次是总线单元模块（IC200EBI001）、电源模块（IC200PWR002D）、数字量输入模块（IC200MDL640）、数字量输出模块（IC200MDL740）、模拟量输入模块（IC200ALG264）、模拟量输出模块（IC200ALG326）、底座（IC200CHS002K）（4 个）。其中数字量输入模块（IC200MDL640）下方的开关（IC200ACC302A）是为了后面调试准备的。

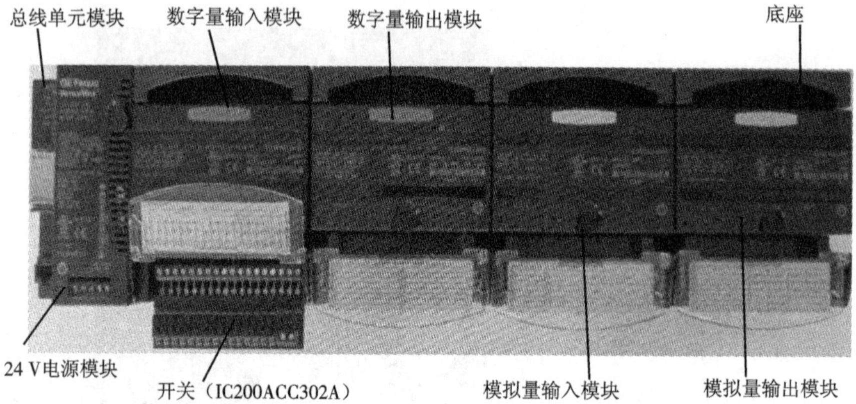

图 4-3-3 VersaMax 远程 I/O 模块

4. IP 地址分配

PACSystems™ RX3i 系统(ETM001 模块)IP 地址为 192.168.1.4,Ethernet NIU(EBI001 模块)IP 地址为 192.168.1.8。

4.3.3 硬件组态

1. 远程 I/O 模块配置

(1)右键单击工程名弹出菜单,选择“Add Target”→“GE Intelligent Platforms Remote I/O”→“VersaMax Ethernet”命令增加控制对象“Target2”,如图 4-3-4 所示。

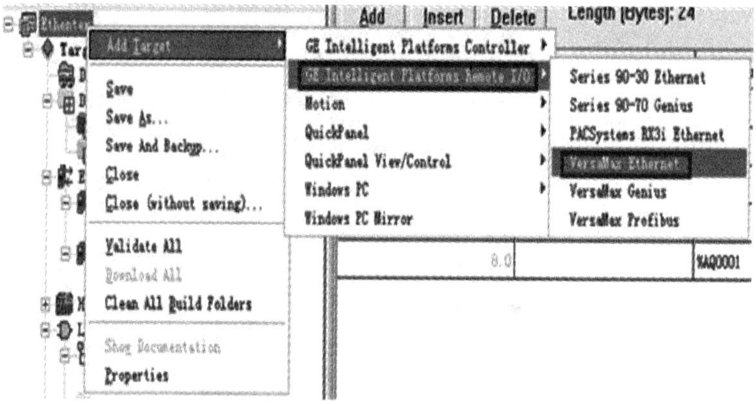

图 4-3-4 添加“VersaMax Ethernet”控制对象

(2)右键单击“Main Rack”,在菜单中选择“Add Carrier/Base”项添加底座,如图 4-3-5 所示。在弹出的对话框中选择底座型号为“IC200CHS002”,如图 4-3-6 所示。

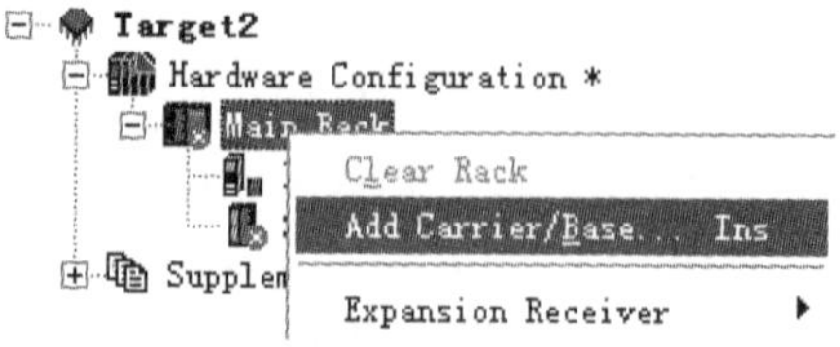

图 4-3-5 添加底座

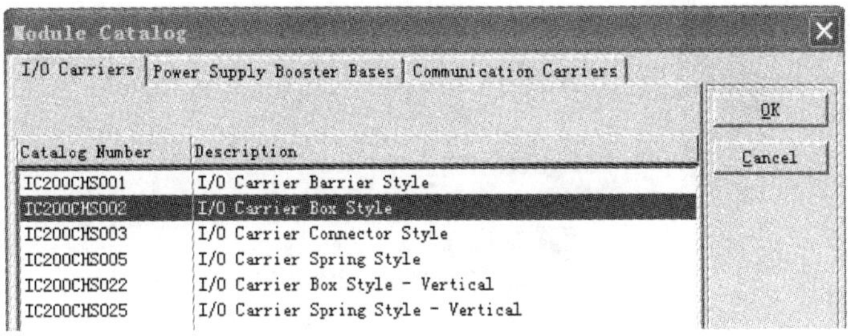

图 4-3-6 底座型号选择

(3)在底座上添加模块,右键单击"Slot 1 ( )",选择"Add Module",如图 4-3-7 所示。

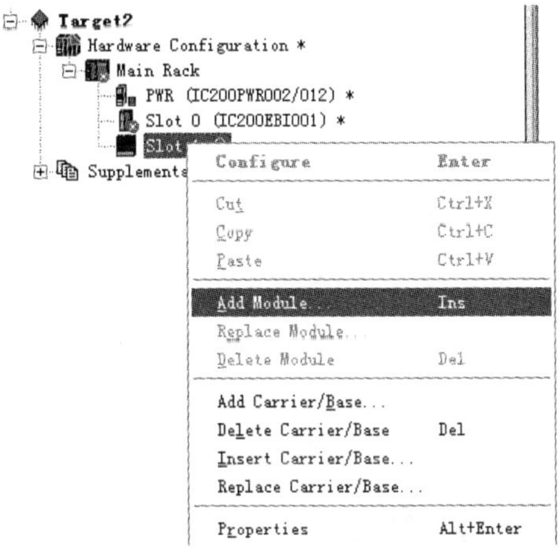

图 4-3-7 添加模块

(4)单击"Discrete Input"选项卡,选择"IC200MDL640 Input 24 VDC Pos/Neg Logic Grouped 16Pt"项,单击"OK"按钮,如图 4-3-8 所示。

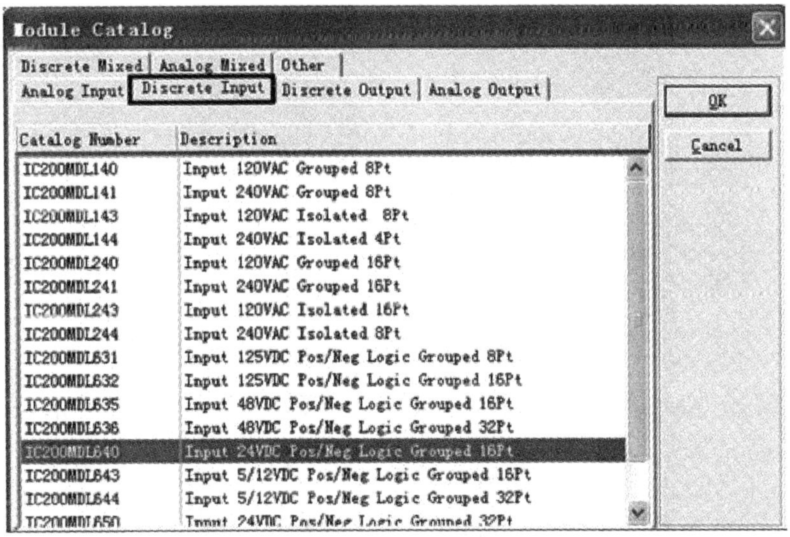

图 4-3-8 添加硬件

(5)重复步骤(2)~(4),分别添加数字量输出模块(IC200MDL740)、模拟量输入模块(IC200ALG264)、模拟量输出模块(IC200ALG326),如图4-3-9所示。

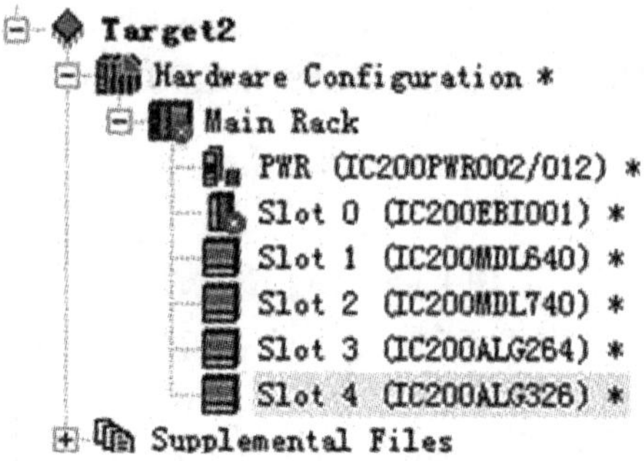

图4-3-9 模块添加后效果图

(6)左键双击"Target2"下的"Slot 0 (IC200EBI001)"弹出属性设置窗口,选择"Network"选项卡,"IP Address"和"Subnet Mask"项分别改为"192.168.1.8"和"255.255.255.0","Mode"改成"EGD"形式,如图4-3-10所示。

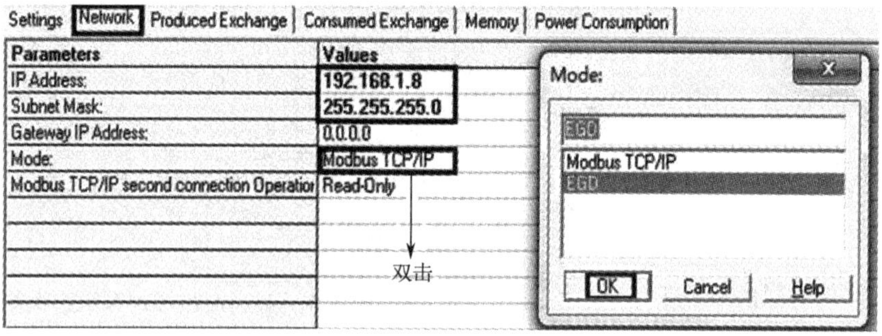

图4-3-10 属性设置窗口

(7)左键单击"Produced Exchange"选项卡,"Consumer IP Address"项改为"192.168.1.4",如图4-3-11所示。

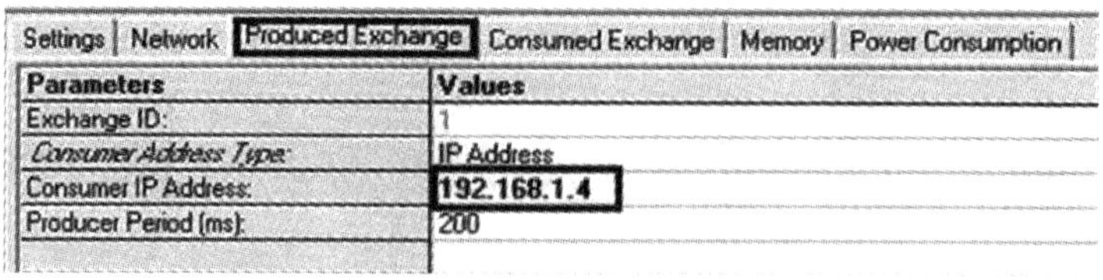

图4-3-11 设置IP地址

(8)左键单击"Consumed Exchange"选项卡,"Producer ID"项改为"192.168.1.4","Exchange ID"项改为"2",如图4-3-12所示。

2. *在硬件中添加EGD*

(1)右键单击"Target1"选择"Add Component"中的"Ethernet Global Data"项,如图4-3-13所示。

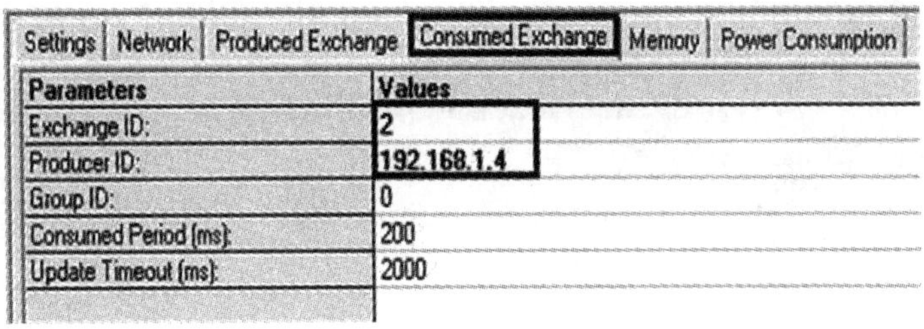

图 4-3-12　设置 ID 号

图 4-3-13　添加 EGD 命令

（2）出现 EGD 画面，如图 4-3-14 所示。

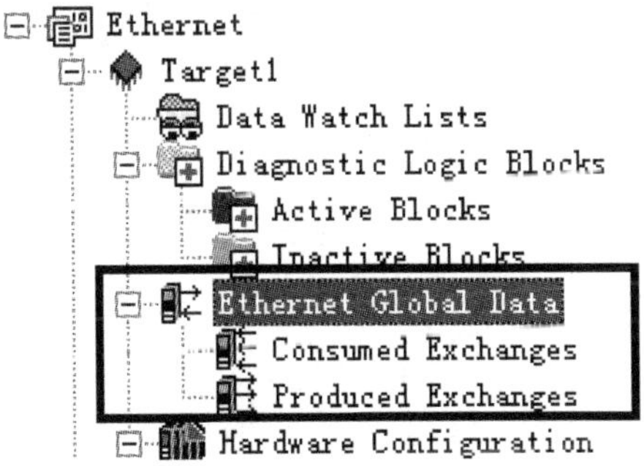

图 4-3-14　EGD 添加完成

（3）右键单击“Consumed Exchanges”，选择“New”，如图 4-3-15 所示，生成“ConsExch1”，如图 4-3-16 所示。

（4）双击“ConsExch1”，打开对话框，如图 4-3-17 所示。

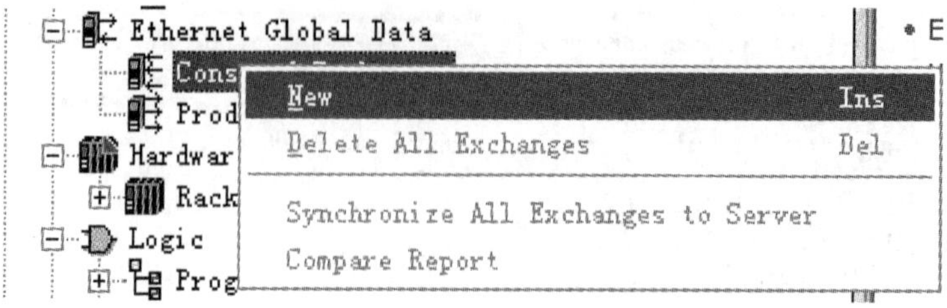

图 4-3-15　配置 ConsExch1 数据

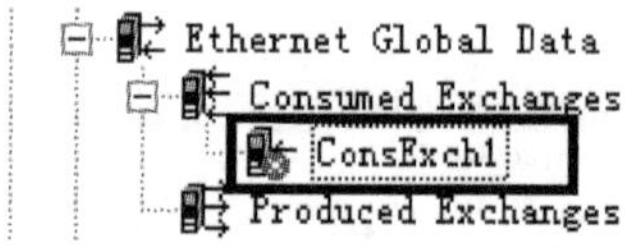

图 4-3-16　生成 ConsExch1 数据

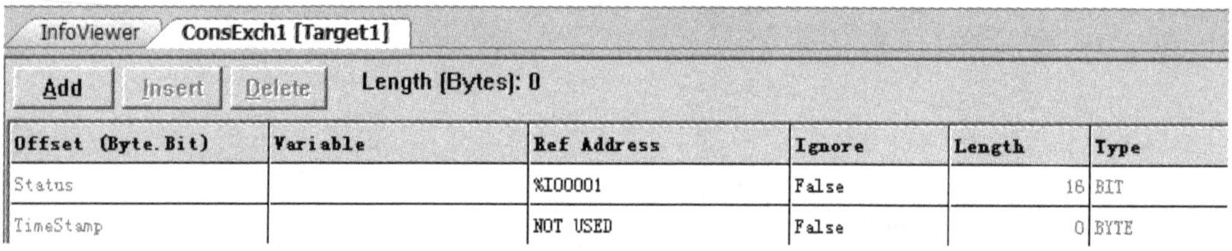

图 4-3-17　ConsExch1 窗口

(5)左键单击“Add”按钮增加 32 位的输入数据报头，双击黑色小方框，将内容由“8”改为“32”，如图 4-3-18 所示。

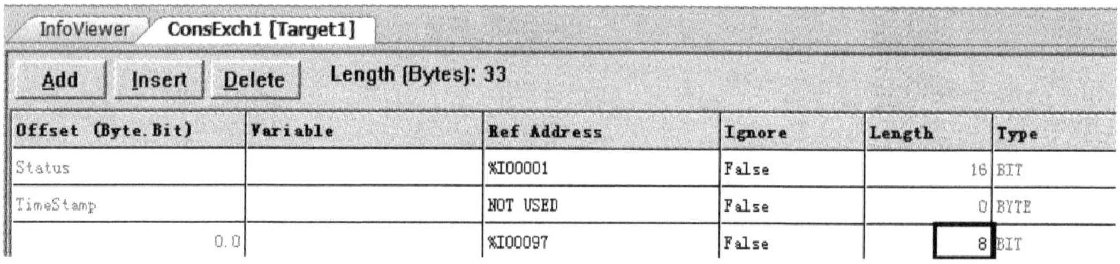

图 4-3-18　添加输入数据

(6)左键单击“Add”按钮增加 16 位的数字量输入数据(与数字量输入模块相对应)，双击黑色小方框，内容由“8”改为“16”，如图 4-3-19 所示。

(7)左键单击“Add”按钮增加 15 个字的模拟量输入数据(与模拟量输入模块相对应)，双击“%I00137”改为“%AI00001”，“8”改为“15”，如图 4-3-20 所示。

InfoViewer　ConsExch1 [Target1]

Add　Insert　Delete　Length (Bytes): 35

Offset (Byte. Bit)	Variable	Ref Address	Ignore	Length	Type
Status		%I00001	False	16	BIT
TimeStamp		NOT USED	False	0	BYTE
0.0		%I00097	False	32	BIT
4.0		%I00129	False	8	BIT

图 4-3-19　添加数字量输入数据

InfoViewer　ConsExch1 [Target1]

Add　Insert　Delete　Length (Bytes): 6

Offset (Byte. Bit)	Variable	Ref Address	Ignore	Length	Type
Status		%I00001	False	16	BIT
TimeStamp		NOT USED	False	0	BYTE
0.0		%I00097	False	32	BIT
4.0		%I00129	False	16	BIT
5.0		%I00137	False	8	BIT

图 4-3-20　添加模拟量输入数据

(8)“ProdExch1”内容修改方法同上,包括 32 位的数据报头、16 位的数字量输出和 8 个字的模拟量输出,如图 4-3-21 所示。

InfoViewer　ProdExch1 [Target1]

Add　Insert　Delete　Length (Bytes): 22

Offset (Byte. Bit)	Variable	Ref Address	Ignore	Length	Type
Status		%I00145	False	16	BIT
0.0		%Q00161	N/A	32	BIT
4.0		%Q00193	N/A	16	BIT
6.0		%AQ0001	N/A	8	WORD

图 4-3-21　ProdExch1 窗口列表

(9)右键单击“Ethernet Global Data”选择“Properties”,如图 4-3-22 所示。“Local Producer ID”改为“192. 168. 1. 4”,如图 4-3-23 所示。

(10)右键单击“ConsExch1”选择“Properties”,如图 4-3-24 所示。“Producer ID”项改为“192. 168. 1. 8”,“Adapter Name”项改为“0. 3”,如图 4-3-25 所示。

(11)右键单击“ProdExch1”项选择“Properties”,如图 4-3-26 所示。“Destination”项改为“192. 168. 1. 8”,“Adapter Name”项改为“0. 3”,“Exchange ID”项改为“2”,如图 4-3-27 所示。

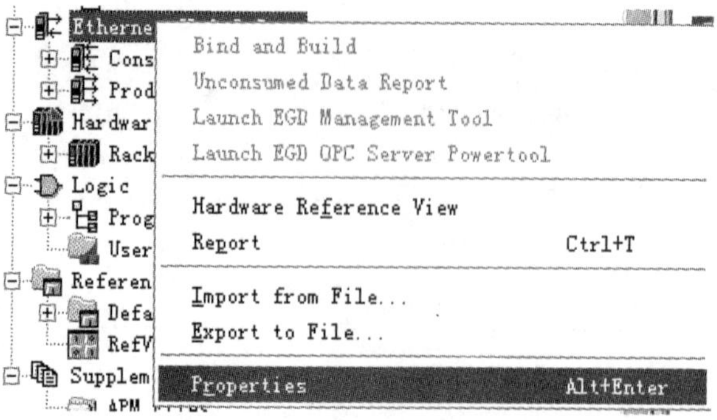

图 4-3-22 属性对话框 1

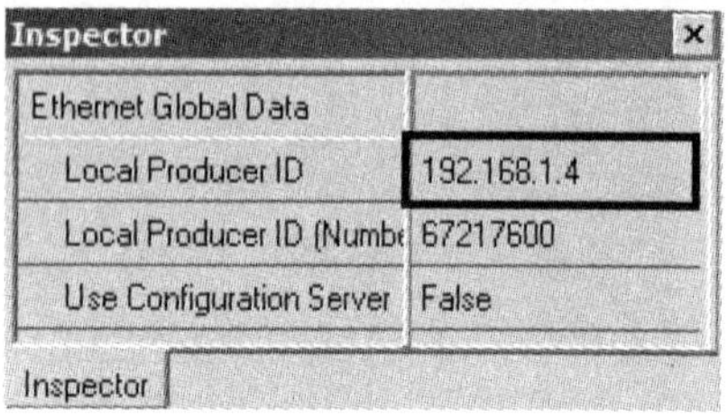

图 4-3-23 “Inspector”选项卡 1

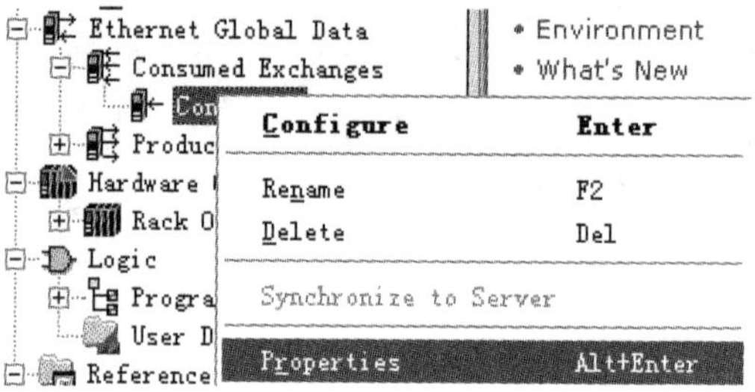

图 4-3-24 属性对话框 2

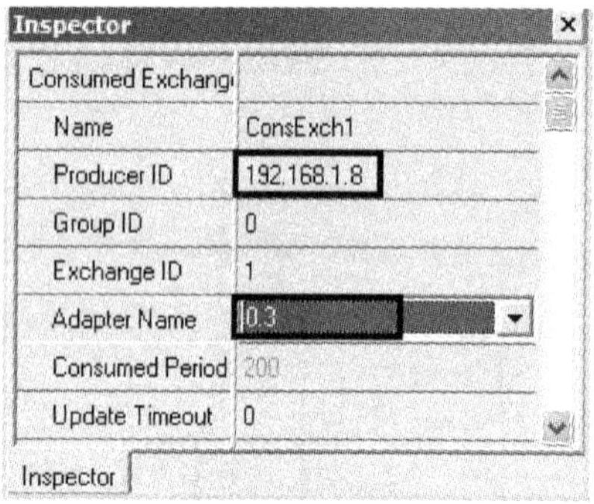

图 4-3-25 “Inspector”选项卡 2

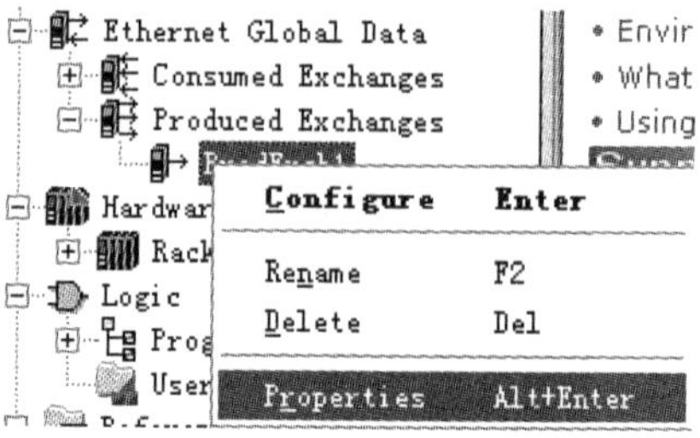

图 4-3-26 属性对话框 3

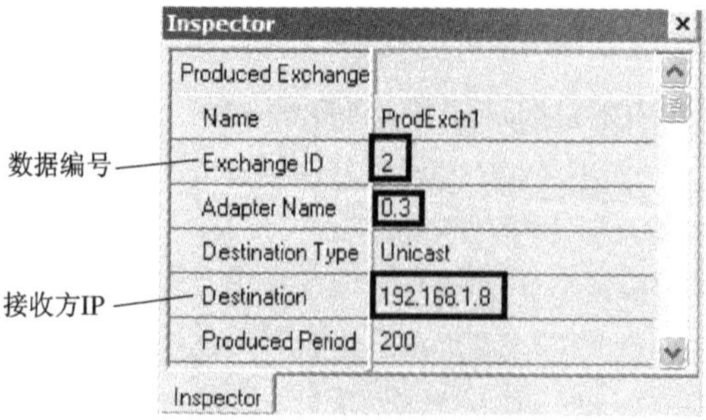

图 4-3-27 “Inspector”选项卡 3

3. 临时 IP 地址设置

按照 IC695ETM001 和 IC200EBI001 模块上的 MAC 地址，利用 PME 提供的临时 IP 设置工具，进行临时 IP 设置，设置完成用“ping”指令检查设置情况，确保设置正确。

4.3.4 下载调试

(1) 右键单击“Target2”选择“Set as Active Target”，设为有效活动模式，单击图标下载。

(2) 右键单击“Target1”选择“Set as Active Target”，设为有效活动模式，如图 4-3-28 所示。

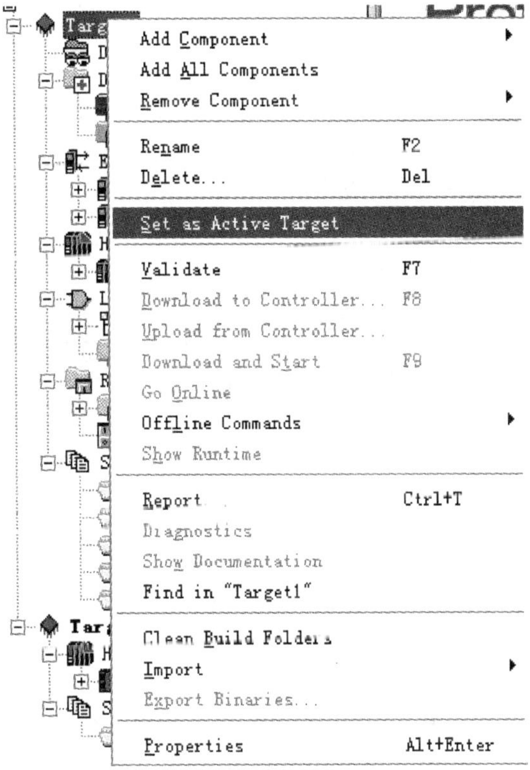

图 4-3-28 设置有效活动模式

(3) 编写一个电机自锁程序。输入、输出的地址选用远程 I/O 模块的地址，如图4-3-29 所示。

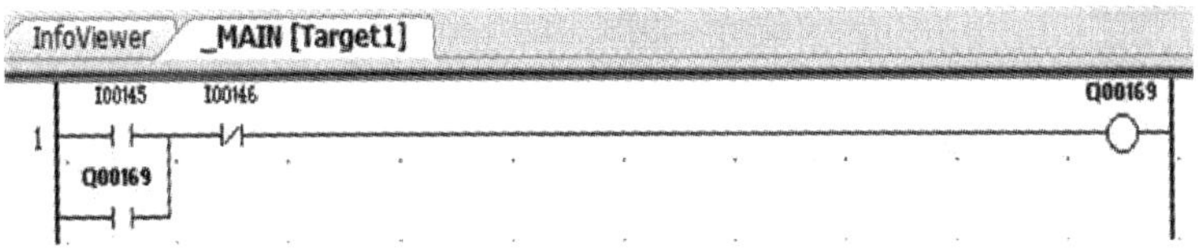

图 4-3-29 编写程序

(4)编译下载过程详见项目1。(注意:下载硬件组态参数时,CPU 应处于 STOP 模式。)

(5)扳动数字量输入模块(IC200MDL640)下方的开关(IC200ACC302A),改变输入信号状态,程序运行状态如图 4-3-30 所示。

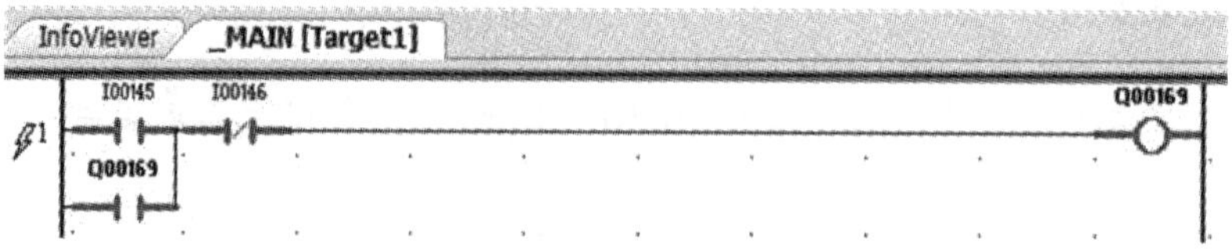

图 4-3-30　程序运行状态图

(6)展开“Target1”节点,右键单击“Reference View Tables”,选择“New”,生成“RefViewTable10[Target1]”,如图 4-3-31 所示。

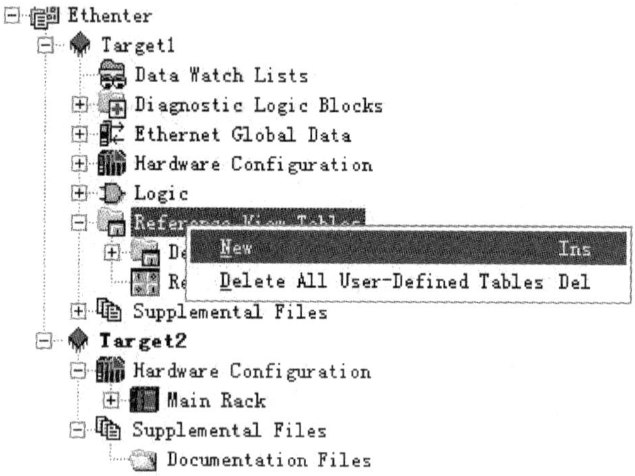

图 4-3-31　生成数据监控图

(7)双击打开新添加的“RefViewTable10[Target1]”,在“Address”一栏中输入数字量输入模块(IC200MDL640)的起始地址(%I00145)、数字量输出模块(IC200MDL740)的起始地址(%Q00169),按回车键确定,程序中未涉及的数据可以在数据监控表中查看。

任务 4　Profibus 总线模块的组态与应用

4.4.1　硬件概述

1. 硬件接线图

PACSystems™ RX3i 系统(PBM300 模块)与 Profibus NIU(PBI001 模块)之间通过 Profibus 专用电缆连接,如图 4-4-1 所示。注意观察,电路连通后 IC694PBM300 模块上“NETWORK”指示灯亮黄色,PBI001 模块上“NETWORK”指示灯亮绿色;否则,电路没有连通。

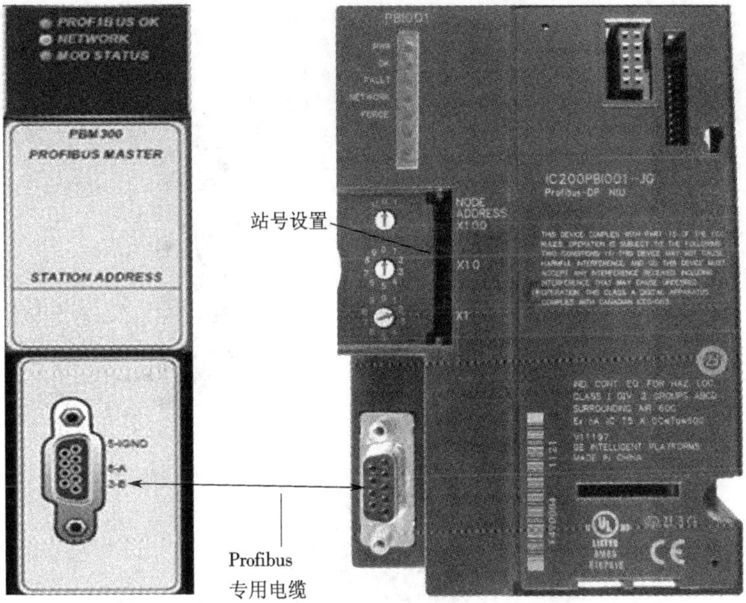

图 4-4-1　硬件连接图

打开 PBI001 面板上的保护盖,使用 2.44 mm (3/32 in) 一字改锥调整旋转开关的位置。标有节点地址 X100、X10 和 X1 的开关用来设置网络地址的百位数、十位数和个位数,选择一个 1 ~ 125 的有效地址,本任务中地址设为“002”,如图 4-4-2 所示。

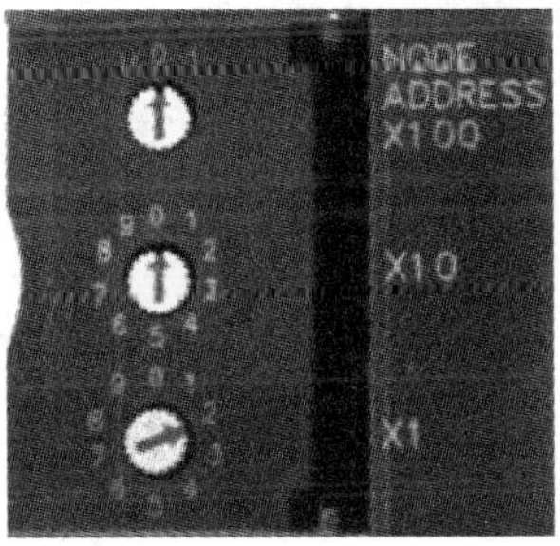

图 4-4-2　站号设置

2. 连接线

PBM300 模块与 PBI001 模块网络单元之间建立通信需用专用电缆。专用电缆由总线连接器和 Profibus DP 总线组成。

(1) 总线连接器,如图 4-4-3 所示。

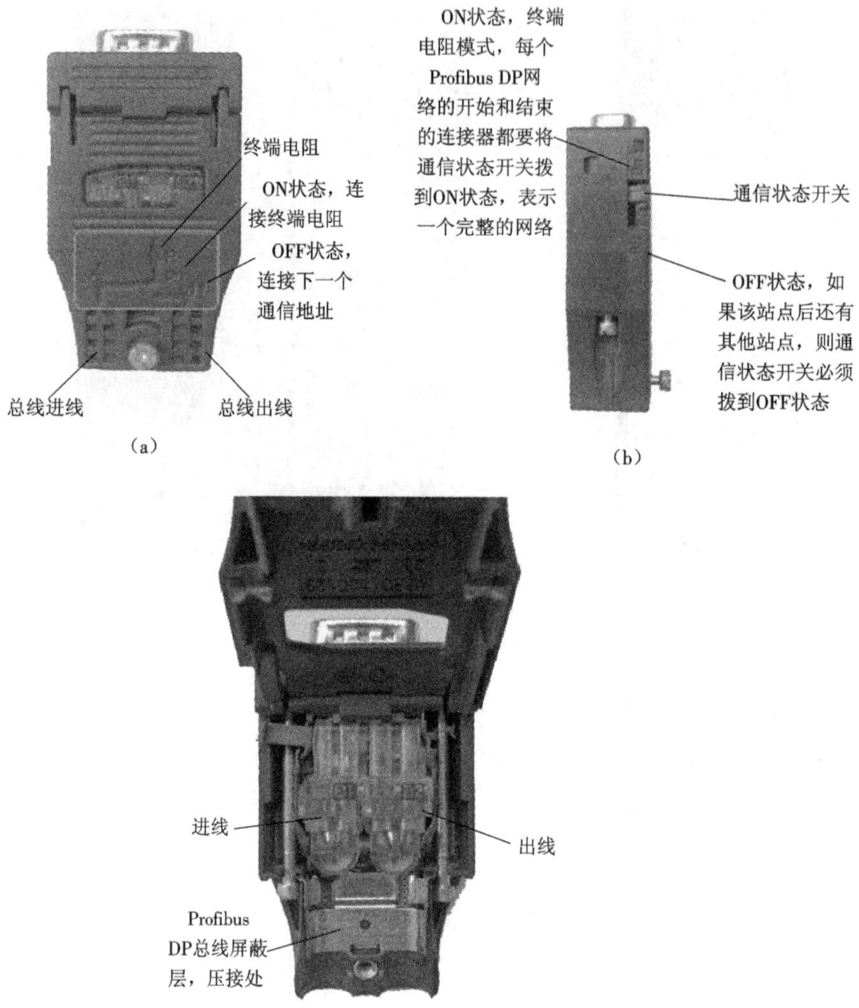

图 4-4-3　总线连接器

(a)主视图　(b)左视图　(c)内部结构

(2)Profibus DP 总线,如图 4-4-4 所示。

(3)正确的接线方法,如图 4-4-5 所示。要注意剥线长度,屏蔽层一定要压接在接头的金属区域内。

3. VersaMax 远程 I/O 模块

基于 Profibus NIU 组成的 VersaMax 远程 I/O 模块如图 4-4-6 所示。从左到右的模块依次是总线单元模块(IC200PBI001)、电源模块(IC200PWR002D)、数字量输入模块(IC200MDL640)、数字量输出模块(IC200MDL740)、模拟量输入模块(IC200ALG264)、模拟量输出模块(IC200ALG326)、底座(IC200CHS002K)(4 个)。

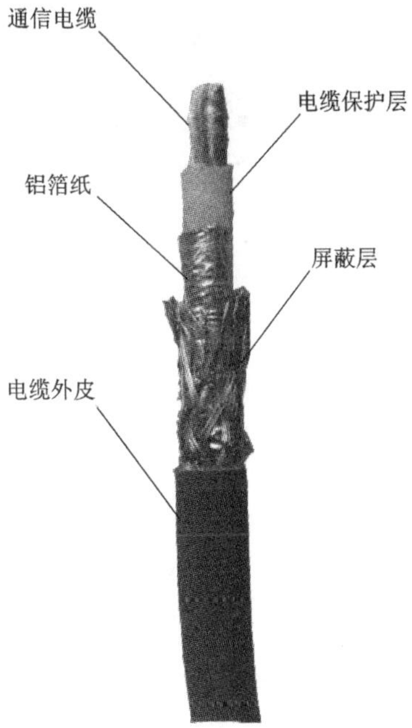

图 4-4-4　Profibus DP 总线

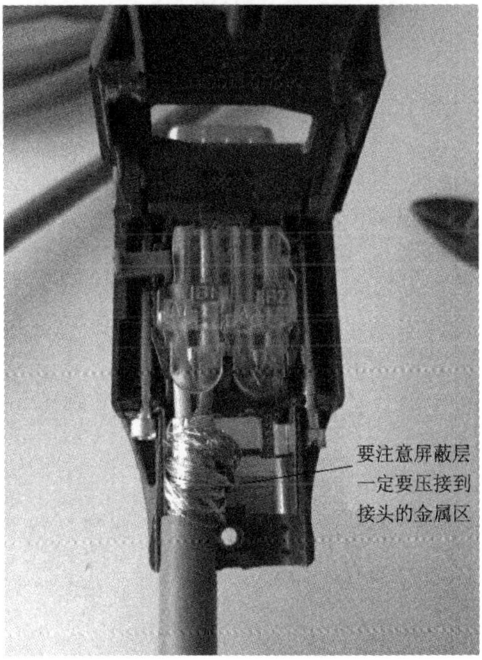

图 4-4-5　总线与连接器接线图

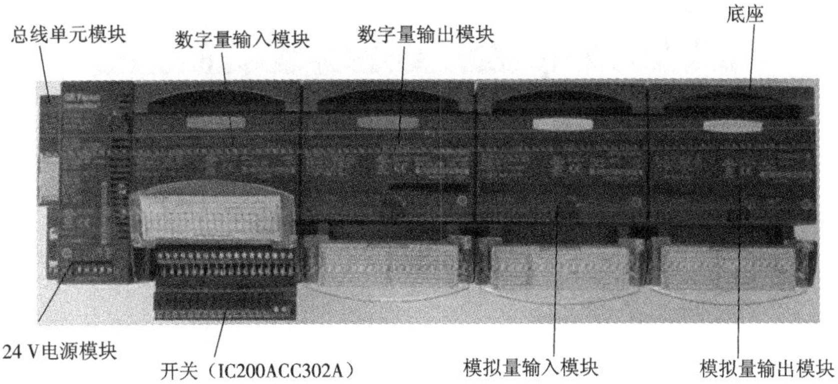

图 4-4-6　VersaMax 远程 I/O 模块

4.4.2　硬件组态

1. *在硬件配置中添加 Profibus 控制器(PBM)*

(1)工程创建和电源模块、CPU 模块、以太网模块等配置参见项目 1。

(2)右键单击“Slot 10 ( )”,选择“Add Module”,如图 4-4-7 所示。

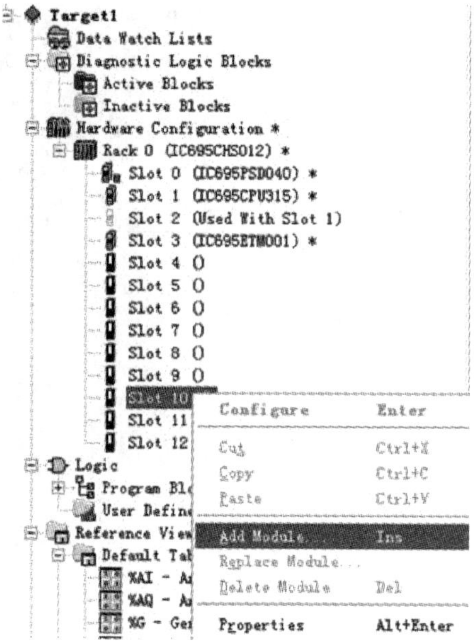

图 4-4-7　硬件配置

(3)在出现的对话框中,选择"Bus Controller"选项卡,然后选择"IC695PBM300"选项,单击"OK"按钮,如图 4-4-8 所示。

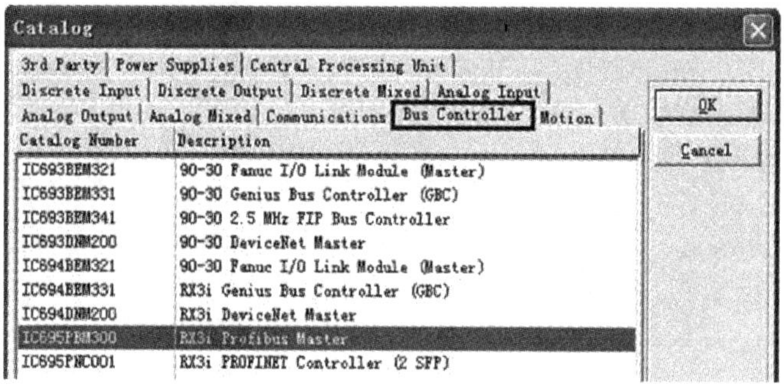

图 4-4-8　"Catalog"对话框

2. 在硬件配置中添加 VersaMaxProfibus

(1)展开"Hardware Configuration"和"Rack"树节点。

(2)右键单击"Slot 10(IC695PBM300)"模块,选择"Add Slave",如图 4-4-9 所示。

(3)如图 4-4-10 所示,选择"VersaMax NIU (SW: C HW: V2_20)"后,单击"OK"按钮,出现参数设置窗口,如图 4-4-11 所示。选择"General"选项卡,"Station"项改为"2";选择"Modules"选项卡,单击"Add"添加"VersaMax"模块,如图 4-4-12 所示。

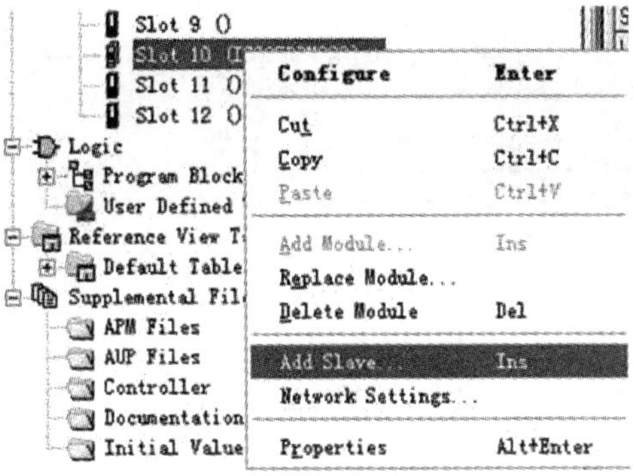

图 4-4-9　添加 Slave 模块

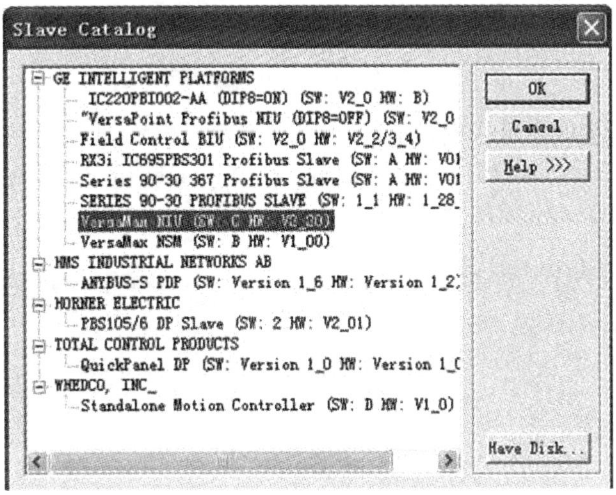

图 4-4-10　“Slave Catalog”对话框

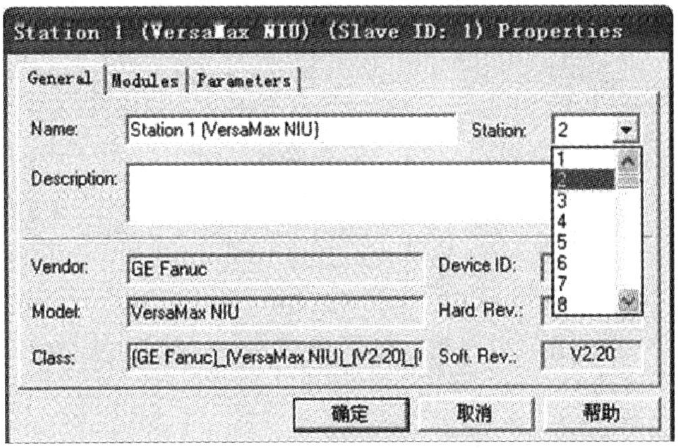

图 4-4-11　参数设置窗口

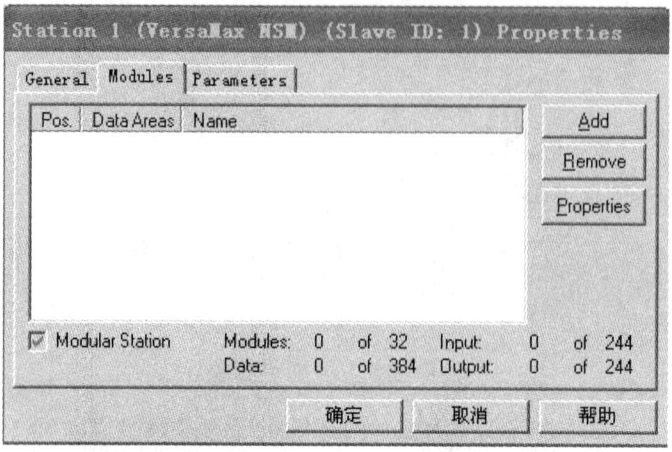

图 4-4-12 添加 VersaMax 模块

(4)此模块的添加顺序是依据前面的 VersaMax 模块实物图,在如图 4-4-13(a)中依次选择 VersaMax Profibus NIU、16pt In、16pt Out、15ch Analog In、8ch Analog Out 添加,单击"OK"按钮,如图 4-4-13(b)和(c)所示。

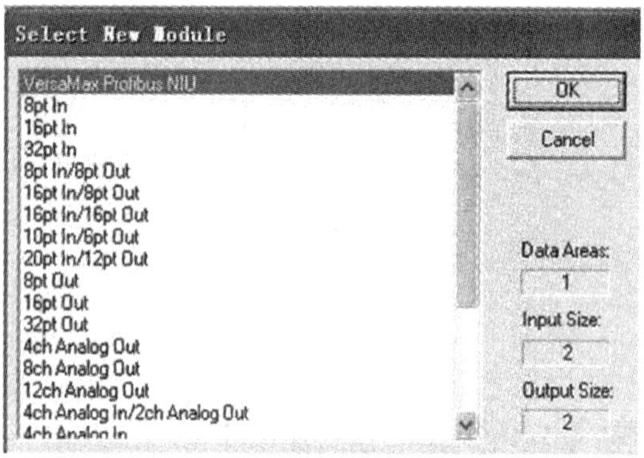

(a)

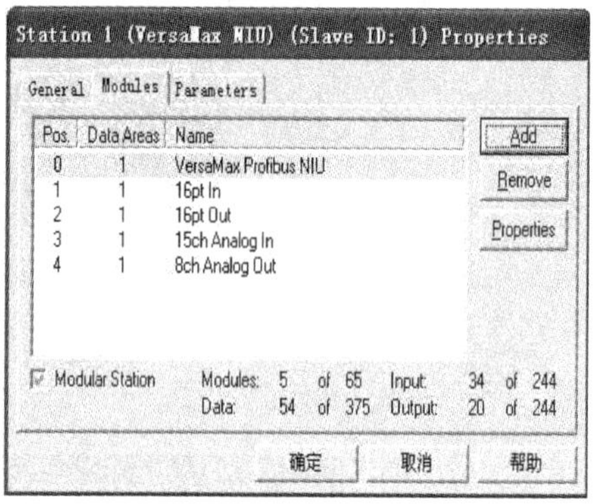

(b)

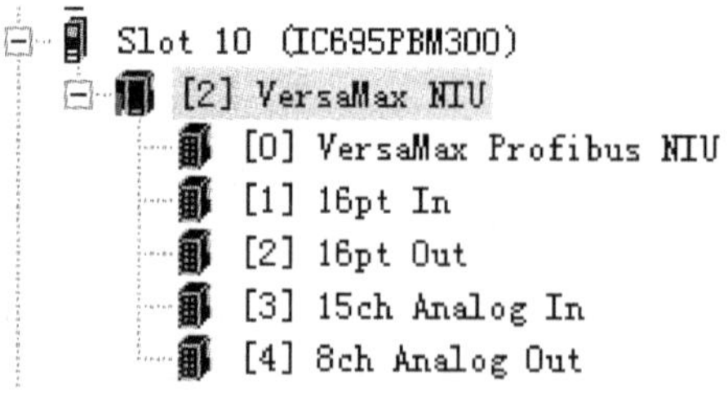

(c)

图 4-4-13 PBM 模块配置 VersaMax 模块图

(a)添加过程图 (b)模块列表图 (c)PBM 模块添加后的效果图

3. 远程 VersaMax 模块配置

(1)右键单击工程的项目名,选中"Add Target"菜单中"GE Intelligent Platforms Remote

I/O”的标签“VersaMax Profibus”，增加控制对象 Target2，如图 4-4-14 所示。

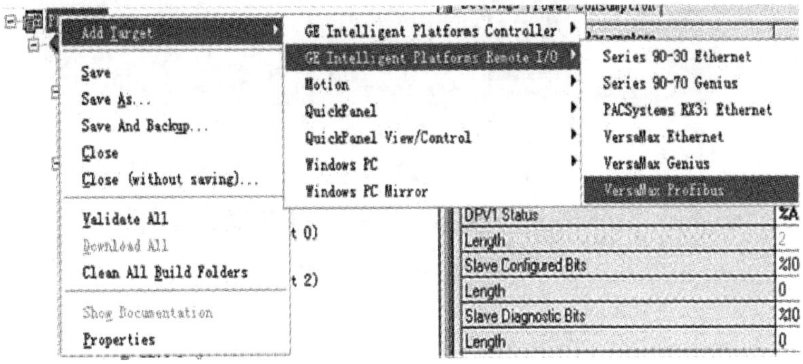

图 4-4-14　增加控制对象 Target2

（2）展开“Hardware Configuration”和“Main Rack”树节点，如图 4-4-15 所示。

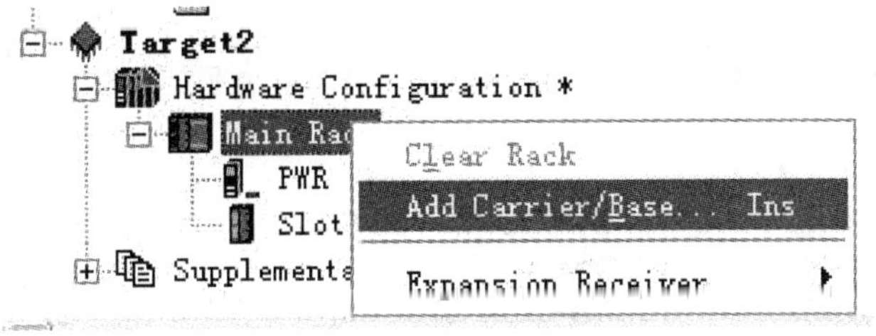

图 4-4-15　展开树节点

（3）增加底座。右键单击“Main Rack”，选择“Add Carrier/Base”添加底座，底座型号为“IC200CHS002”，如图 4-4-16 所示。

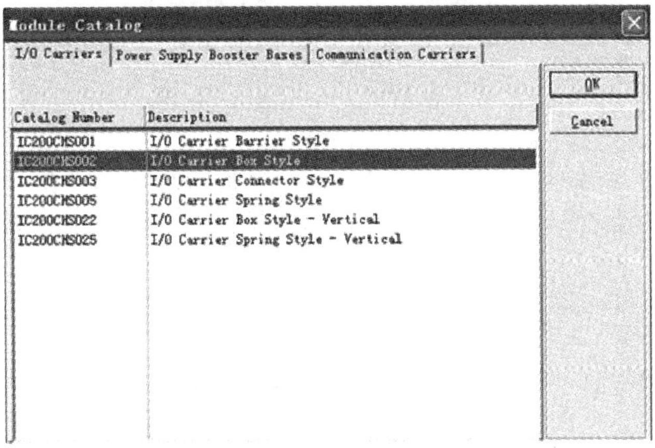

图 4-4-16　选择底座

（4）在底座上添加模块。右键单击“Slot 1（）”，选择“Add Module”，如图 4-4-17 所示。

（5）单击“Discrete Input”选项卡，选择“IC200MDL640”后，单击“OK”按钮，如图 4-4-18 所示。

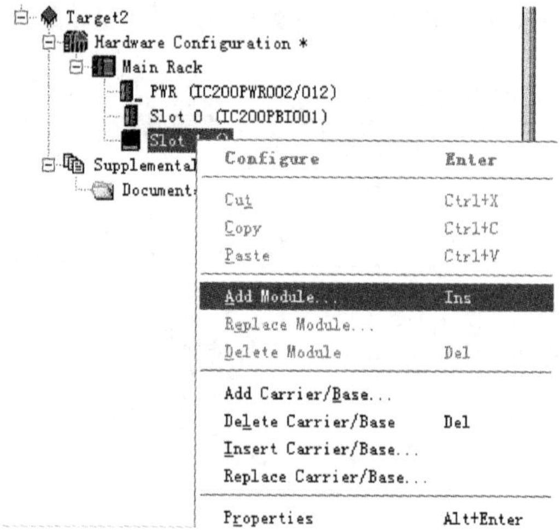

图 4-4-17　添加模块

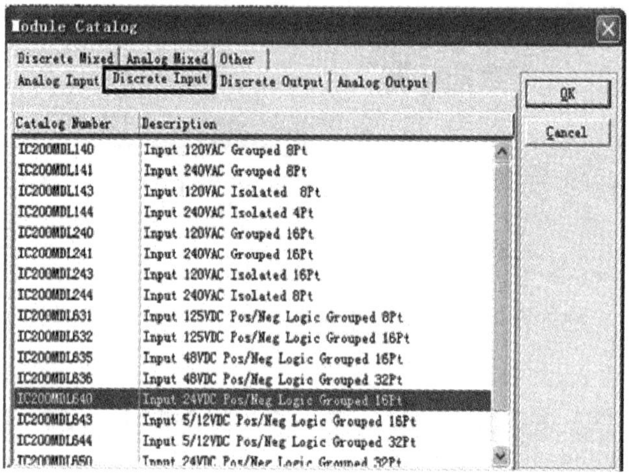

图 4-4-18　选择模块

（6）按照步骤（4）和（5），依次添加数字量输出模块（IC200MDL740）、模拟量输入模块（IC200ALG264）、模拟量输出模块（IC200ALG326）。添加完的效果如图 4-4-19 所示。

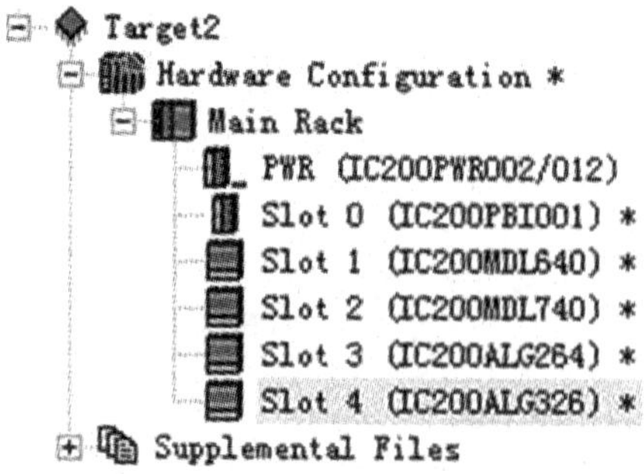

图 4-4-19　I/O 模块列表

4.4.3　下载调试

1. 硬件接线

PME 中 Target2 信息配置完成后，用如图 4-4-20 所示的通信电缆（IC200CBL002A）一端与 Profibus NIU 侧面端口连接进行下载，另一端与 PC 机的串口相连。PC 机上没有串口的可选用 USB 转串口线进行扩展。连接方法如图 4-4-21 所示，PBI001 模块侧面接口如图 4-4-22 所示。（注：如果电脑上没有串行端口，用图 4-4-23 所示的 USB 转串口线来转接。）

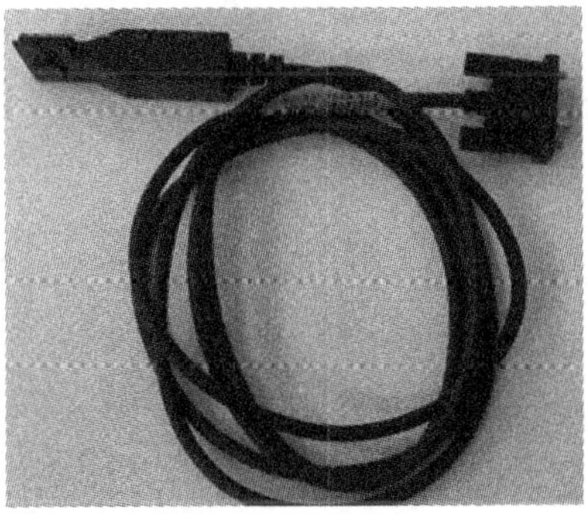

图 4-4-20　IC200CBL002A 下载线

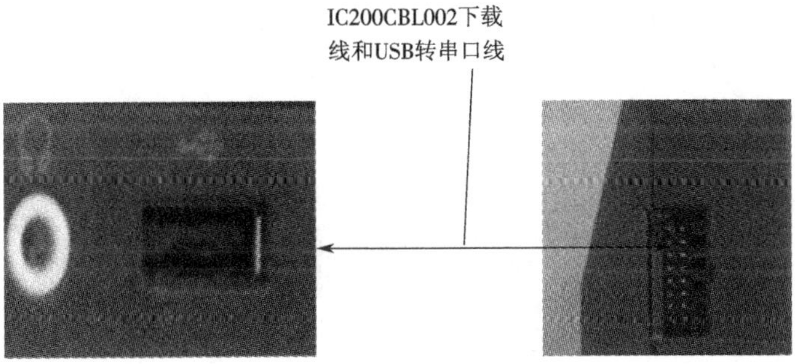

图 4-4-21　硬件接线图

图 4-4-22　PBI001 模块侧面外观图

图 4-4-23　USB 转串口线

2. 下载 VersaMax 远程 I/O 模块配置信息

(1)右键单击“我的电脑”,选择“属性”,如图 4-4-24 所示。

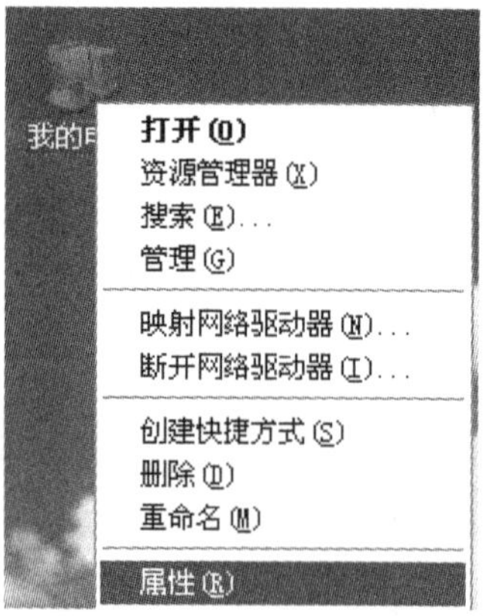

图 4-4-24　电脑属性项

(2)Windows XP 系统自动弹出“系统属性”对话框,如图 4-4-25 所示。

图 4-4-25 “系统属性”对话框

(3)单击“硬件”选项卡,如图 4-2-26 所示。

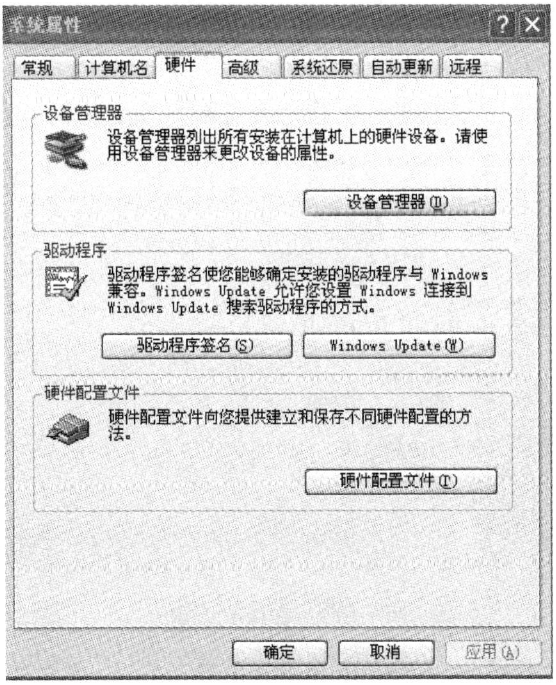

图 4-4-26 “系统属性”对话框的“硬件”选项卡

(4)单击“设备管理器”,Windows XP 系统弹出“设备管理器”对话框,如图 4-2-27 所示。

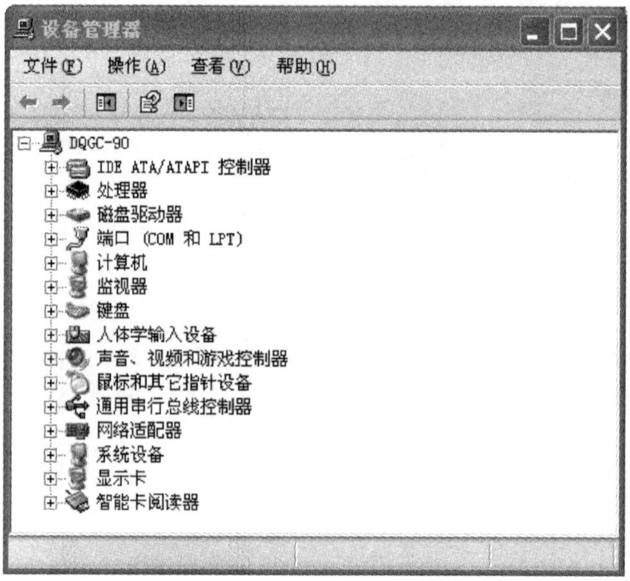

图 4-4-27 “设备管理器”对话框

(5)单击“端口”选项左边的“+”号,Windows XP 系统显示 USB 端口号,查看 USB 转 232 的端口号,本例中为 COM3,如图 4-4-28 所示。

图 4-4-28 查看通信端口

(6)返回到 PME 软件界面,右键单击控制对象“Target2”,系统弹出对话框,选择“Properties”项,如图 4-4-29 所示。

(7)单击“Physical Port”项,选择“COM3”,如图 4-4-30 所示。

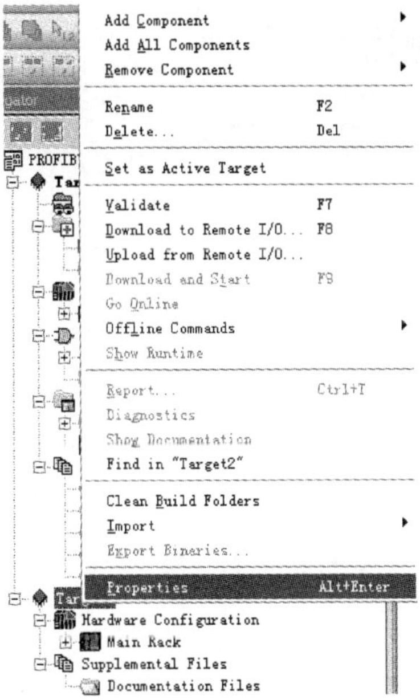

图 4-4-29　“Target2”属性项

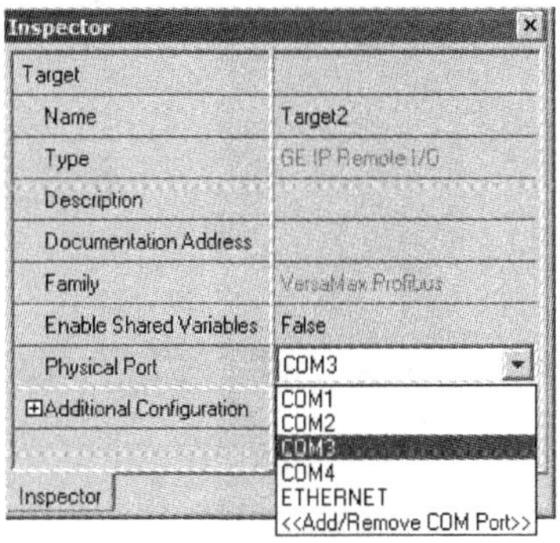

图 4-4-30　配置通信端口

(8)右键单击“Target 2”选择“Set as Active Target”,设为有效活动模式,如图 4-4-31 所示。

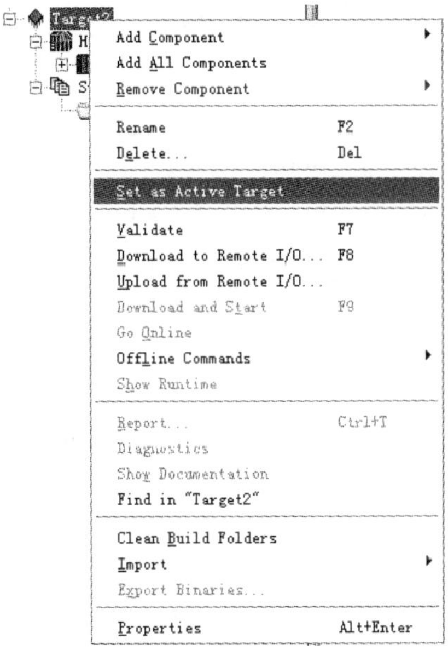

图 4-4-31　设为有效活动模式

(9)单击图标,弹出“下载”对话框,单击“OK”按钮,下载模块配置信息,如图4-4-32 所示。

(10)系统弹出信息反馈框,提示 VersaMax 模块配置信息下载成功,如图 4-4-33 所示。

图 4-4-32 “下载”对话框

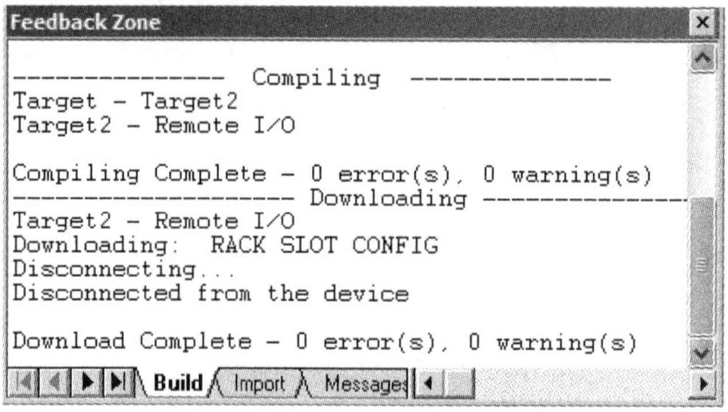

图 4-4-33 信息反馈框

3. 查看地址

(1)双击“Slot 10 (IC695PBM300)”的子项“[1] 16pt In”,如图 4-4-13(c)所示,查看当前输入点的起始地址,如图 4-4-34 所示,当前输入点的起始地址为%I00145,此数字量输入模块(IC200MDL640)的地址范围是%I00145 ~ %I00160。

图 4-4-34 数字量输入模块的起始地址

(2)双击“Slot 10 (IC695PBM300)”的子项“[2] 16pt Out”,如图 4-4-13(c)所示,查看当前输出点的起始地址,如图 4-4-35 所示,当前输出点的起始地址为%Q00033,此数字量输出模块(IC200MDL740)的地址范围是%Q00033 ~ %Q00048,用同样的方法查看模拟量的地址,不再重复。

4. 编写程序

硬件组态完成后,编写一个电机自锁程序。输入、输出的地址选用远程 I/O 模块的地址,如图 4-4-36 所示。

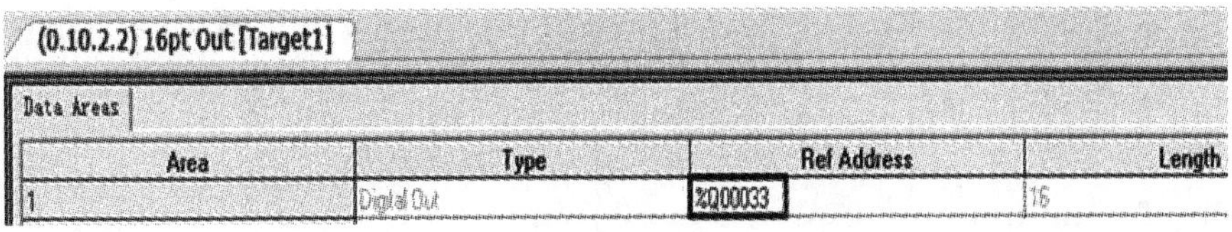

图 4-4-35　数字量输出模块的起始地址

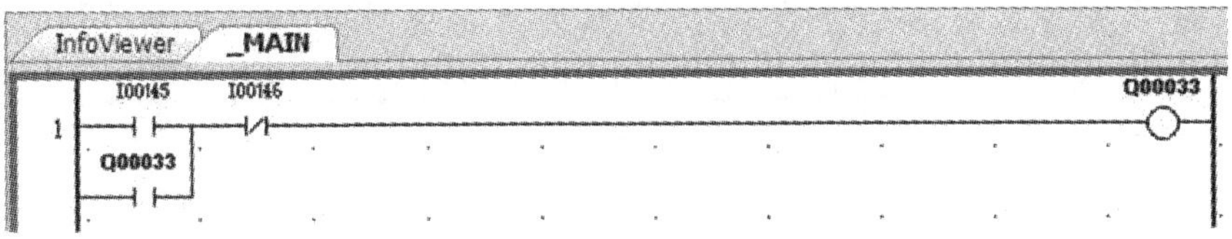

图 4-4-36　程序编写

5. 编译下载程序

设置“Target1”为有效活动方式,编译下载过程详见项目 1。(注意:下载硬件组态参数时,CPU 应处于 STOP 模式。)

6. 程序状态

扳动数字量输入模块(IC200MDL640)下方的开关(IC200ACC302A),改变输入信号状态,程序运行状态如图 4-4-37 所示。

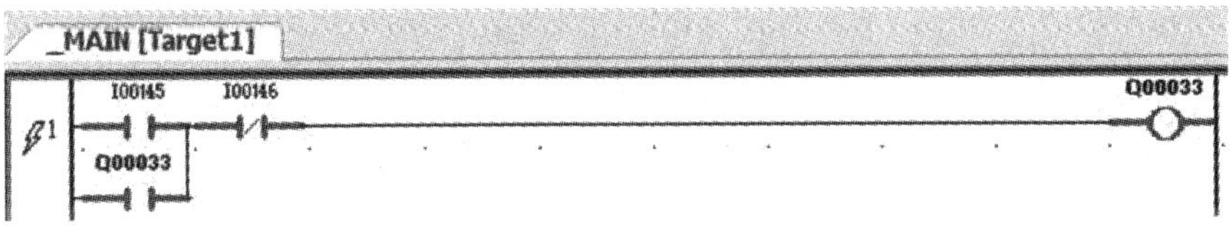

图 4-4-37　程序运行状态图

7. 生成数据监控图

右键单击“Reference View Tables”,选择“New”,生成“RefViewTable10[Target1]”,如图 4-4-38 所示。

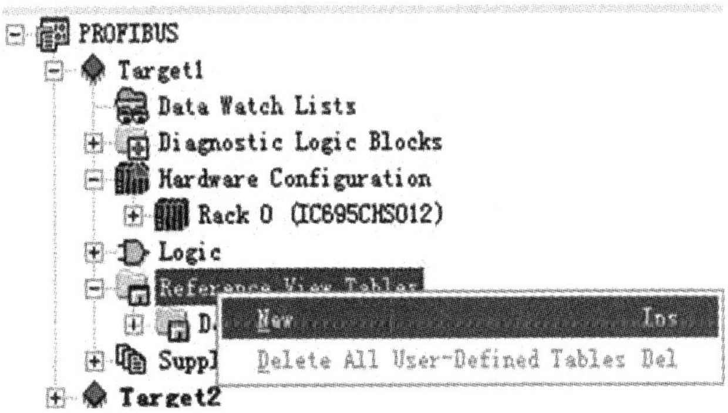

图 4-4-38　生成数据监控图

8. 数据监控

双击打开新添加的“RefViewTable10[Target1]”,在“Address”一栏中输入数字量输入数字量输入模块(IC200MDL640)的起始地址(%I00145)、数字量输出模块(IC200MDL740)的起始地址(%Q00033),按回车键确定,程序中未涉及的数据可以通过数据监控表查看,如图4-4-39所示。

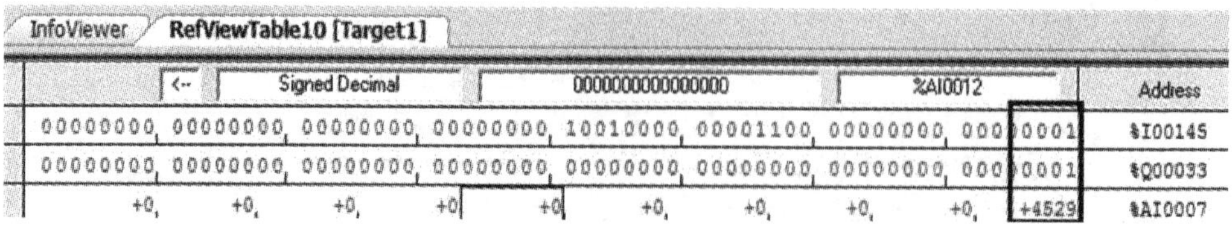

图 4-4-39　数据监控表

任务 5　DeviceNet 总线模块的组态与应用

4.5.1　总线协议介绍

DeviceNet 是由 Allen-Bradley 公司(Rockwell 自动化)开发的一种基于 CAN(Controller Area Network)的开放的现场总线标准。DeviceNet 具有低成本、高性能的通信特点,目前已成为底层现场总线标准之一。在 DeviceNet 现场总线体系中,它属于设备级的总线协议,在协议的分层结构中,它只包括 ISO 开放系统七层模型结构中的三层,即物理层、数据链路层和应用层。

DeviceNet 有主从通信模式和对等通信模式,采用冲突检测、总线仲裁技术实现介质访问控制,每个数据帧的起始位之后是一个 11 位的仲裁数据,仲裁数据由数据帧类型、站号等组成。

4.5.2　硬件概述

1. 硬件接线图

PACSystems™ RX3i 系统(DNM200 模块)与 DeviceNet(DBI001 模块)之间通过 DeviceNet 专用电缆连接。注意观察,电路连通后 IC694DNM200 模块上“NET STATUS”指示灯亮,DBI001 模块上“NET”指示灯亮;否则,电路没有连通。

DNM200 模块和 DBI001 模块及接线如图 4-5-1 所示;指示灯含义见表 4-5-1。

表 4-5-1　LED 指示灯含义

PWR	有电为绿色
OK	工作正常为绿色
FAULTS	检测到故障后会变成黄色
MOD	没有上电时不亮
NIU	自检时在红绿之间闪烁,如果 NIU 的配置信息丢失、不完整或不正确则绿色闪烁。NIU 可能处于待机状态,正常工作为绿色
NIU	数据传输

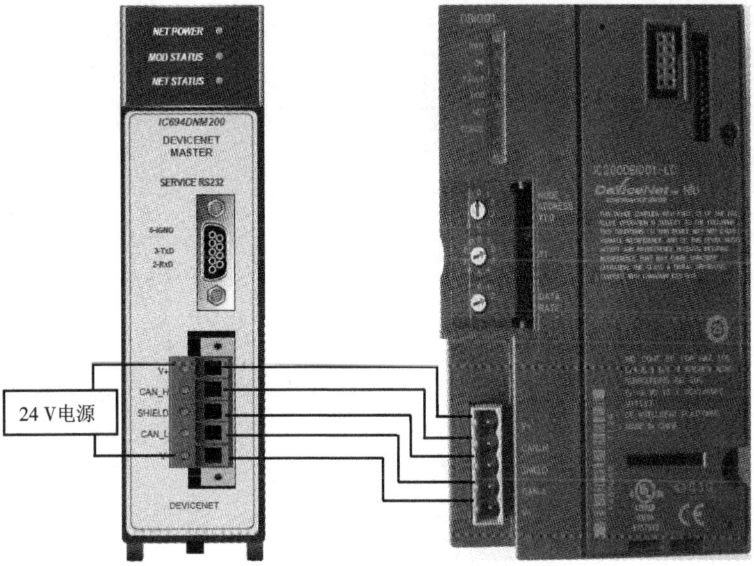

图 4-5-1　硬件接线图

打开保护盖,使用 2. 44 mm (3/32in) 一字改锥调整旋转开关的位置。标有节点地址"X10"和"X1"的开关用来设置网络地址的十位数和个位数,选择一个 0 ~ 63 的有效地址;旋转"DATA RATE"设置波特率,"0"代表 125K、"1"代表 250 K、"2"代表 500 K。本任务中,站号地址设为"02",波特率选择 500 K,设为"2"。

2. 连接电缆

DeviceNet 专用电缆如图 4-5-2 所示;连接器接口如图 4-5-3 所示;指针含义见表 4-5-2。DeviceNet 网络的两端各接有一个终端电阻,电阻接在 2 脚 (CAN_L)和 4 脚(CAN_H)之间,参数为 121 Ω,误差为 1% 、1/4W。

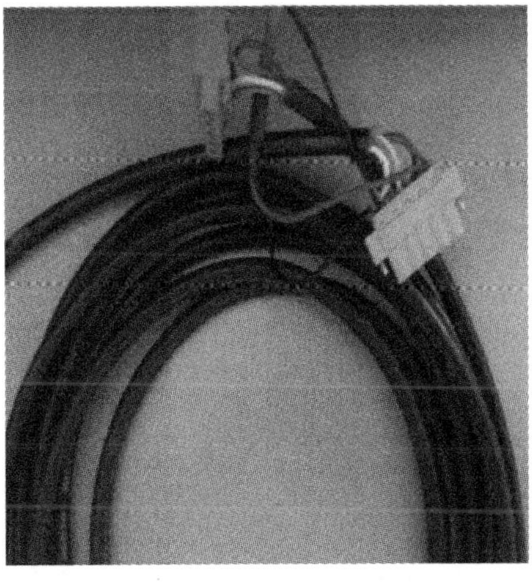

图 4-5-2　专用数据传输电缆

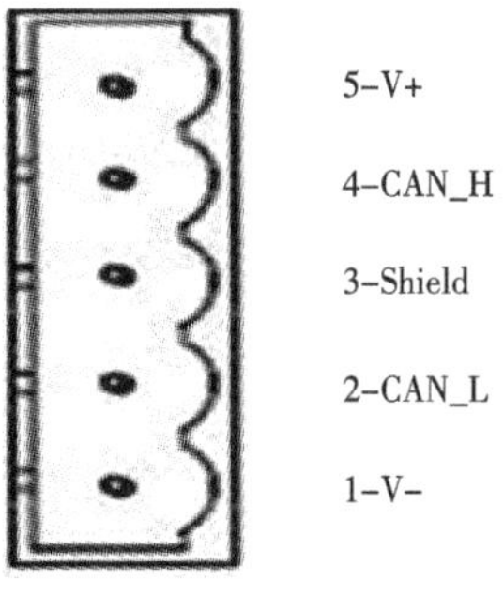

图 4-5-3　连接器接口

表 4-5-2　指针含义

针脚号	信号定义	信号线颜色
1	V -	黑
2	CAN_L	蓝
3	Shield	裸线
4	CAN_H	白
5	V +	红

3. VersaMax 远程 I/O 模块

VersaMax 远程 I/O 模块如图 4-5-4 所示，从左到右的模块依次是总线单元模块（IC200DBI001）、24 V 电源模块（IC200PWR002D）、数字量输入模块（IC200MDL640）、数字量输出模块（IC200MDL740）、底座（IC200CHS002K）（2 个）。

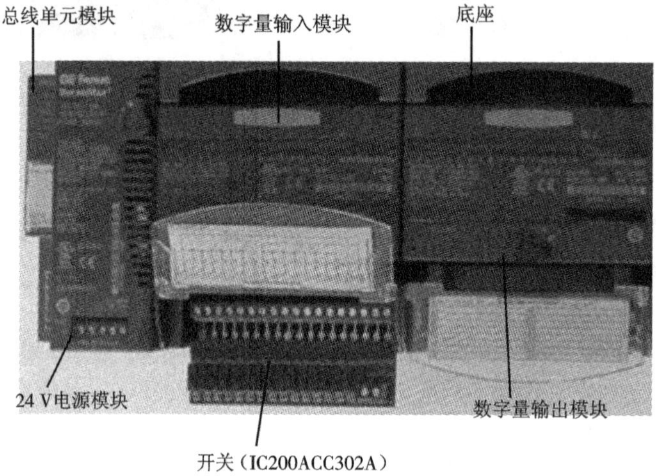

图 4-5-4　VersaMax 远程 I/O 模块

4.5.3　硬件组态

1. 在硬件配置中添加 DeviceNet 控制器（DNM）

（1）展开“Hardware Configuration”和“Rack0”树节点。

（2）工程创建和电源模块、CPU 模块、以太网模块等配置参见项目 1。

（3）右键单击机架上 DNM 所在的“Slot 4”插槽，选择“Add Module”，如图 4-5-5 所示。

（4）在弹出的目录对话框中，选择“Bus Controller”选项卡，然后选择“IC694DNM200 RX3i DeviceNet Master”选项，单击“OK”按钮，如图 4-5-6 所示。

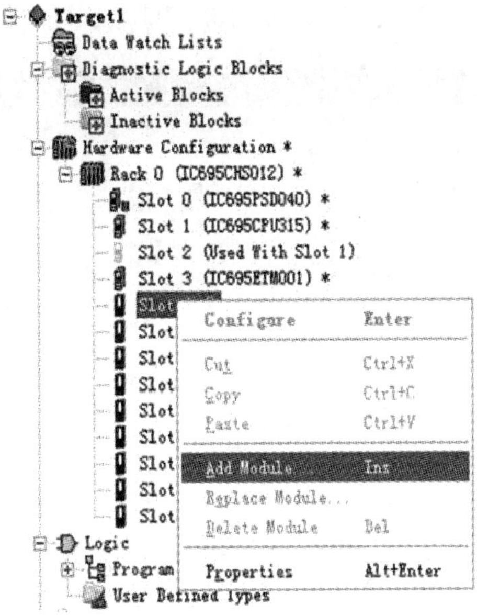

图 4-5-5　硬件配置

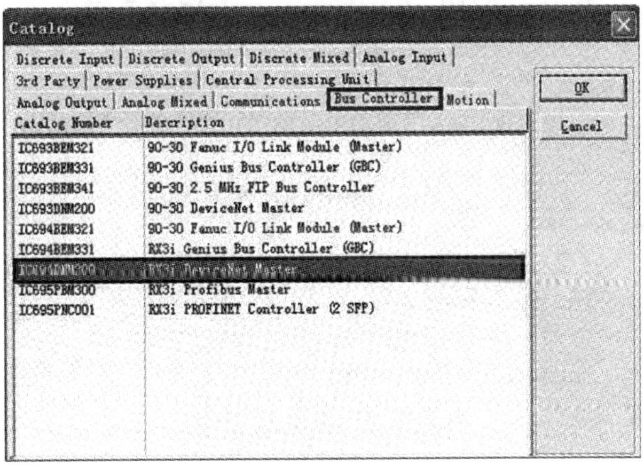

图 4-5-6　“Catalog”对话框

(5)右键单击“Slot 4 (IC694DNM200)”,选择“Add Slave”,如图 4-5-7 所示。

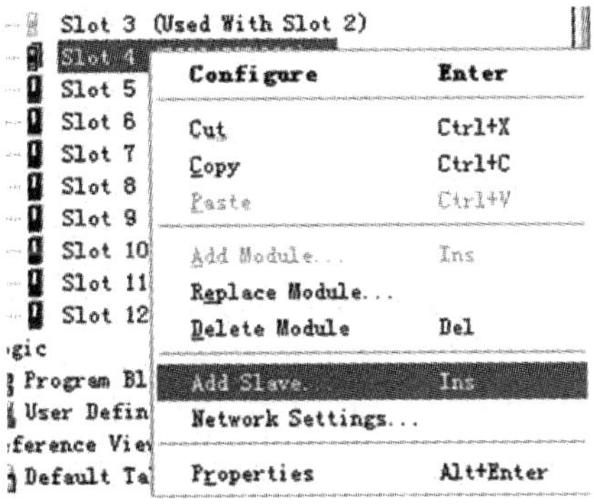

图 4-5-7　添加 Slave

(6)选择“DeviceNet NIU (Major:1 Minor: 100)01”后,单击“OK”按钮,如图4-5-8所示。

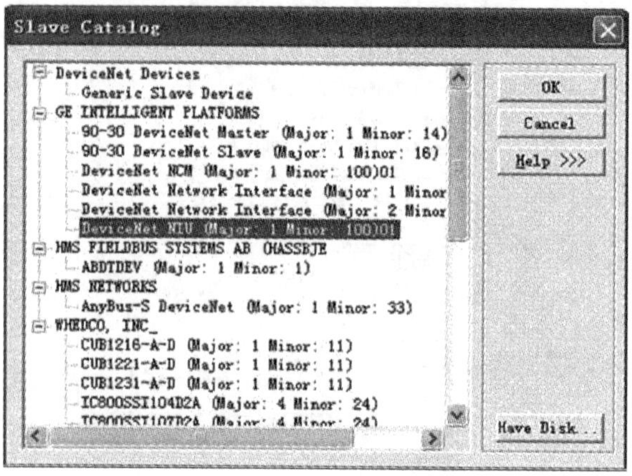

图4-5-8　选择NIU

(7)“General”选项卡中“Mac ID”下拉框的内容选择“2”,如图4-5-9所示。

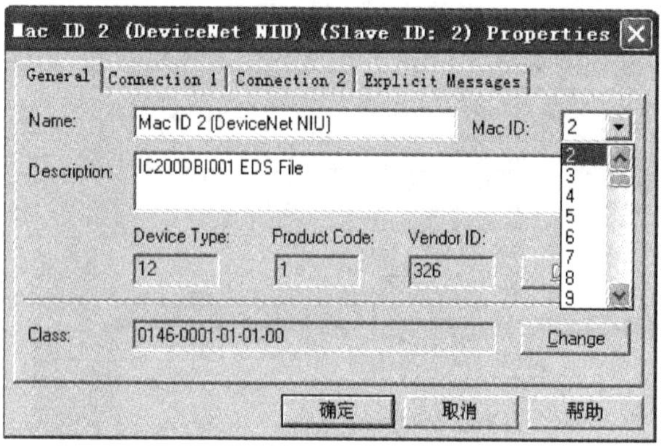

图4-5-9　设置MAC ID

(8)单击“Connection 1”选项卡,“Input”项中“Connection”栏设为“Custom”、“Size”栏设为“4”(两个报头字节+数字量输入模块的两个字节);“Output”项中“Connection”栏设为“Custom”、“Size”栏设为“4”(两个报头字节+数字量输出模块的两个字节);设置完成后单击“确定”按钮,如图4-5-10所示。

(9)展开“Slot 4 (IC694DNM200)”,然后双击“DeviceNet NIU”进入参数设置表,如图4-5-11所示。

(10)如图4-5-12所示,参数设置表中报头占两个字节,所以“Offset”(偏移地址)由“0”改为“2”;数字量模块是16位,“Length”(数据长度)由“32”改为“16”;数字量输入模块(IC200MDL640)的起始地址是%I00145,地址范围是%I00145～%I00160;数字量输出模块(IC200MDL740)的起始地址是%Q00001,地址范围是%Q00001～%Q00016。

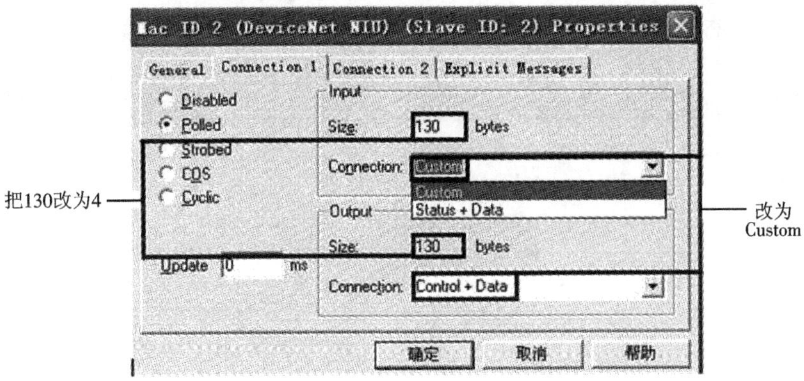

图 4-5-10　参数设置

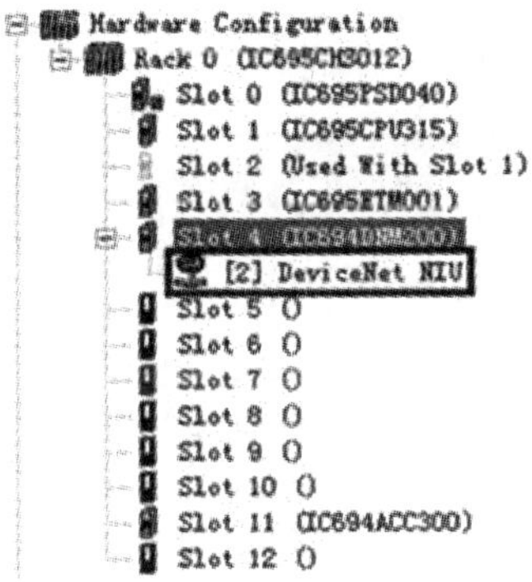

图 4-5-11　NIU 设置

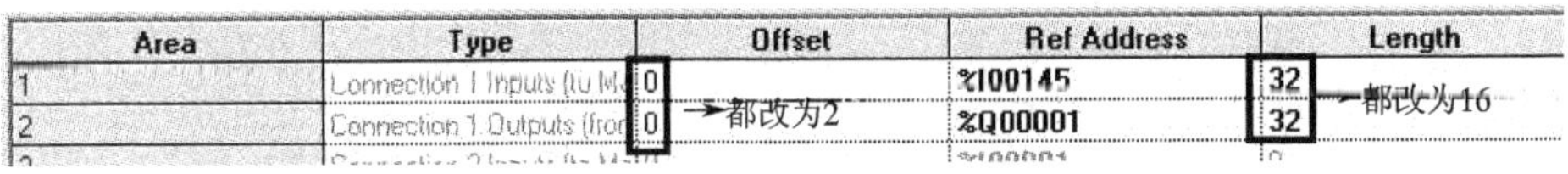

Area	Type	Offset	Ref Address	Length
1	Connection 1 Inputs (to M…	0	%I00145	32
2	Connection 1 Outputs (fro…	0	%Q00001	32

图 4-5-12　参数设置

4.5.4　下载调试

(1)硬件组态完成后,编写一个电机自锁程序,输入、输出的地址选用远程 I/O 模块的地址,如图 4-5-13 所示。

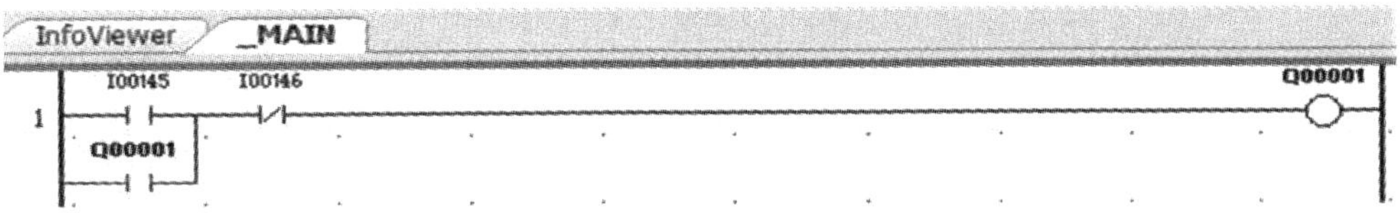

图 4-5-13　程序编写

(2)编译下载过程详见项目 1。(注意:下载硬件组态参数时,CPU 应处于 STOP 模式。)

(3)扳动数字量输入模块(IC200MDL640)下方的开关(IC200ACC302A),改变输入信号状态,程序运行状态如图 4-5-14 所示。

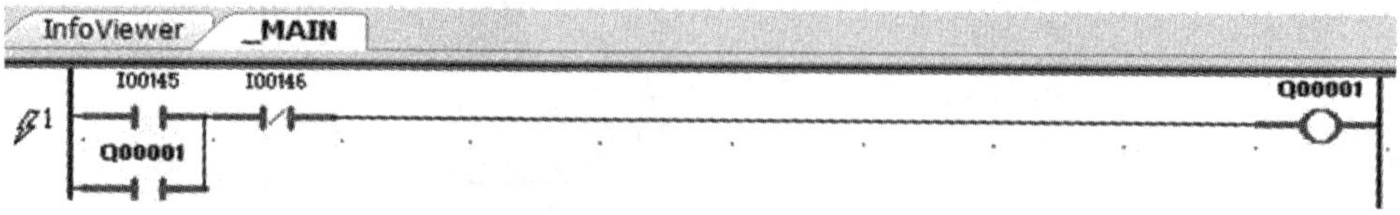

图 4-5-14　程序运行状态图

(4)右键单击“Reference View Tables”选择“New”,生成“RefViewTable10”,按回车键确定,如图 4-5-15 所示。

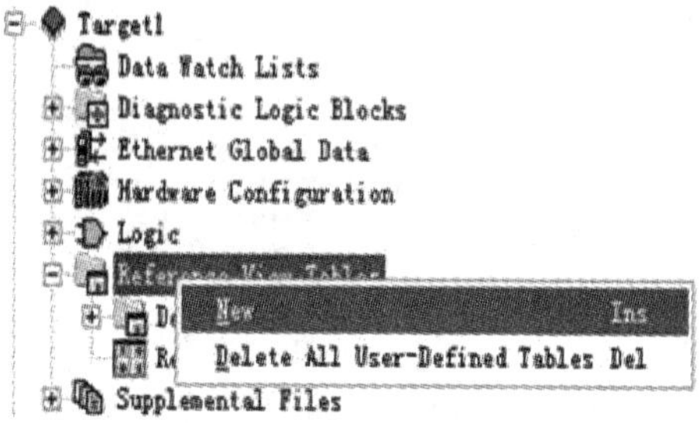

图 4-5-15　生成数据监控

(5)双击打开新添加的“RefViewTable10”,在“Address”一栏中输入数字量输入模块(IC200MDL640)的起始地址(%I00145)和数字量输出模块(IC200MDL740)的起始地址(%Q00001),按回车键确定,如图 4-5-16 所示。(注:此 Address 的参数是依据 Slot 4 (IC694DNM200)的子项“DeviceNet NIU”里面的起始地址“Ref Address”设置的,另外 DeviceNet 总线不支持模拟量,故不用输入模拟量数据。)

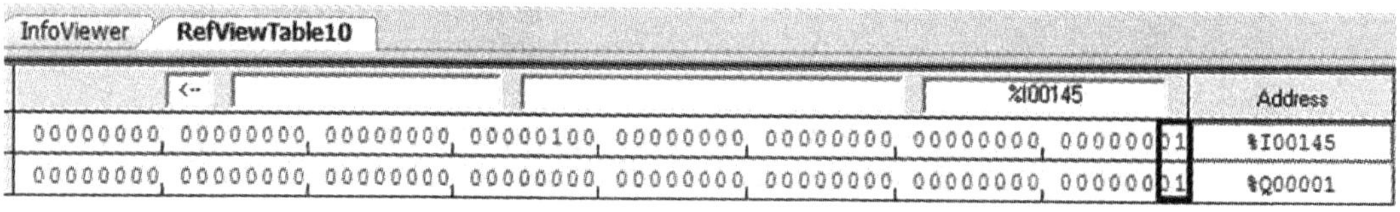

图 4-5-16　数据监控表

项目 5　Versa Motion 运动控制系统的组态与应用

随着微处理器技术的日新月异,大功率、高性能半导体功率器件和伺服电机所需永磁材料制造工艺的发展,交流伺服电机和交流伺服控制系统已经成为当前工业领域中,实现自动化的基础,适用于众多产业加工机械及传动设备。

GE 智能平台提供的 Versa Motion Demo 箱是一套完整的交流伺服系统。由 Micro PLCs Controller(IC200UDR120 - BC)、Micro Motion Controller(IC200UMM102 - BB)、伺服驱动器(ASD - A0421LA)、伺服电机(ASMT01L250 AK)和 HMI 显示屏(IC754VxI06STx)等组成,如图 5-0-1 所示。

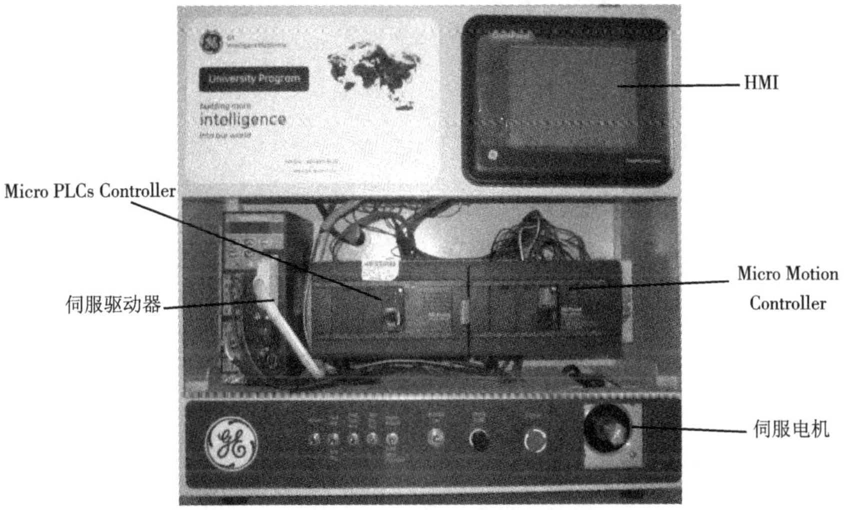

图 5-0-1　Versa Motion Demo 箱

任务 1　伺服驱动器的应用

在 Versa Motion Demo 箱中,伺服驱动器是一个最基本的运动控制器单位,实际应用中所有控制最终都需要通过伺服驱动器对伺服电机驱动来实现。

5.1.1　伺服驱动器的概述

伺服驱动器接口定义如图 5-1-1 所示,伺服驱动器外部接线如图 5-1-2 所示。

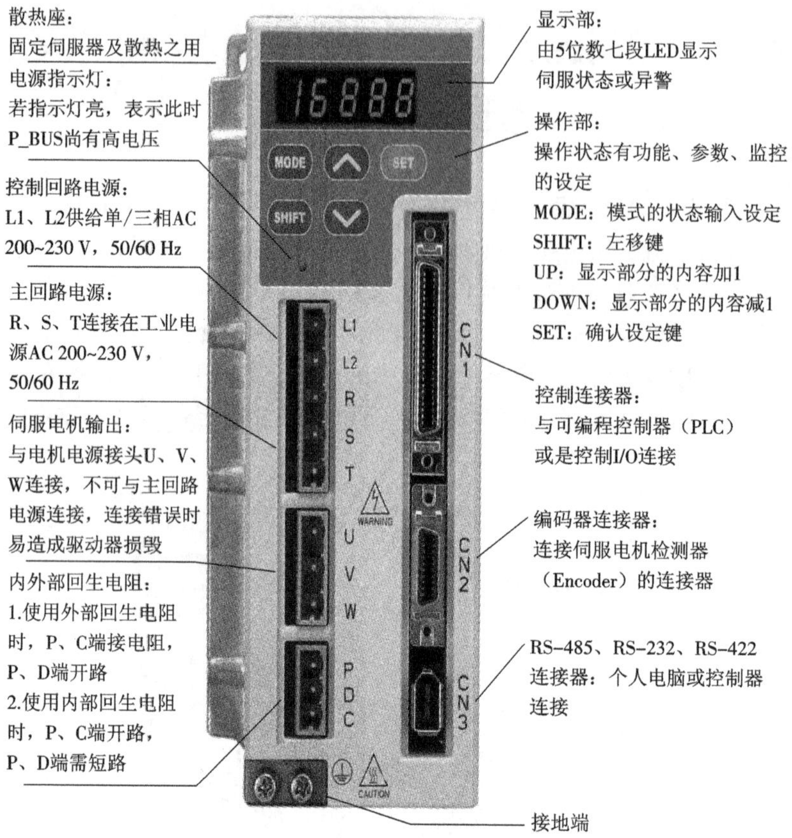
散热座：
固定伺服器及散热之用
电源指示灯：
若指示灯亮，表示此时P_BUS尚有高电压
控制回路电源：
L1、L2供给单/三相AC 200~230 V，50/60 Hz
主回路电源：
R、S、T连接在工业电源AC 200~230 V，50/60 Hz
伺服电机输出：
与电机电源接头U、V、W连接，不可与主回路电源连接，连接错误时易造成驱动器损毁
内外部回生电阻：
1.使用外部回生电阻时，P、C端接电阻，P、D端开路
2.使用内部回生电阻时，P、C端开路，P、D端需短路
显示部：
由5位数七段LED显示伺服状态或异警
操作部：
操作状态有功能、参数、监控的设定
MODE：模式的状态输入设定
SHIFT：左移键
UP：显示部分的内容加1
DOWN：显示部分的内容减1
SET：确认设定键
控制连接器：
与可编程控制器（PLC）或是控制I/O连接
编码器连接器：
连接伺服电机检测器（Encoder）的连接器
RS-485、RS-232、RS-422连接器：个人电脑或控制器连接
接地端
16888
MODE
SET
SHIFT
L1
L2
R
S
T
U
V
W
P
D
C
CN1
CN2
CN3

图 5-1-1　伺服驱动器接口定义

5.1.2　伺服驱动器的面板控制

(1)拨动"POWER ON"开关给 Versa Motion Demo 箱上电。伺服驱动器上电后,显示器显示监控符号约 1 s 后进入正常监控显示模式,如图 5-1-3 所示。在监控显示模式下可按"UP"或"DOWN"键来改变显示的监控状态,或可直接修改参数 P0 - 02 来指定监控状态。电源接通时,显示器会以 P0 - 02 的默认值显示。(具体内容参考附录 A 的表 A-3。)

(2)异警排除。如果驱动器存在异警错误,显示器会显示范围为 1 ~ 22 的异警代码"ALEnn"。不同的代码表明驱动器出现了不同的错误警告。可以参照附录 A 的表 A-2 对错误进行相应的处理。

代码"ALE13"表示伺服驱动器紧急停车。具体操作流程如图 5-1-4 所示。

代码"ALE14"表示正向限位异常警告。

代码"ALE15"表示反向限位异常警告。

注意:清除异警错误后,关闭"POWER ON"电源开关,再打开开关后,使驱动器处于正常监控状态。

(3)电机使能具体操作如图 5-1-5 所示。

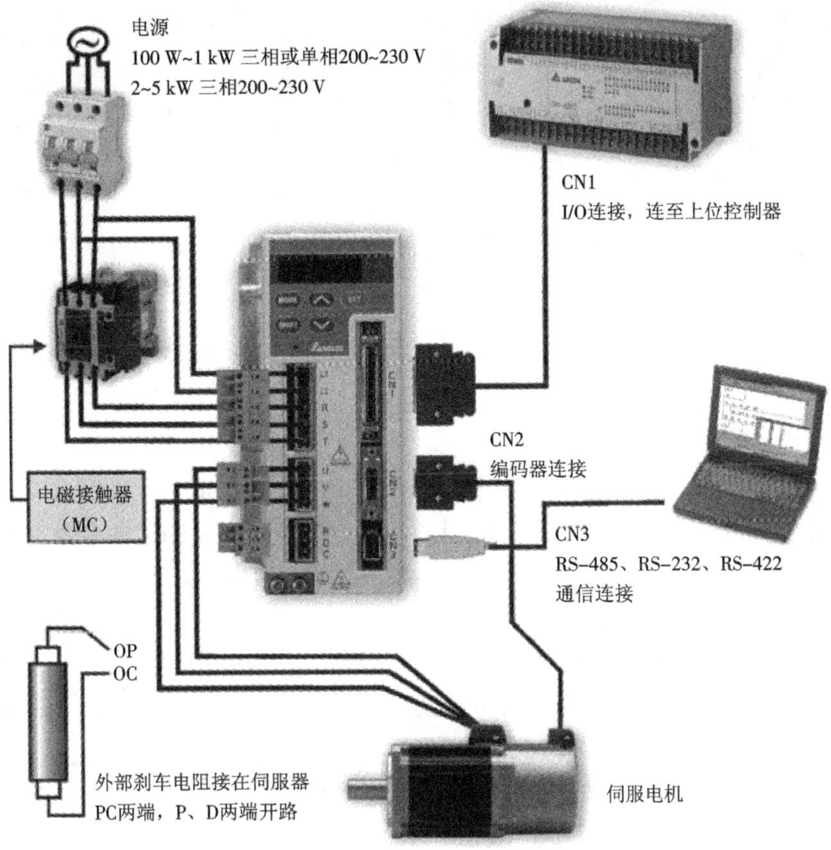

图 5-1-2　伺服驱动器外部接线示意图

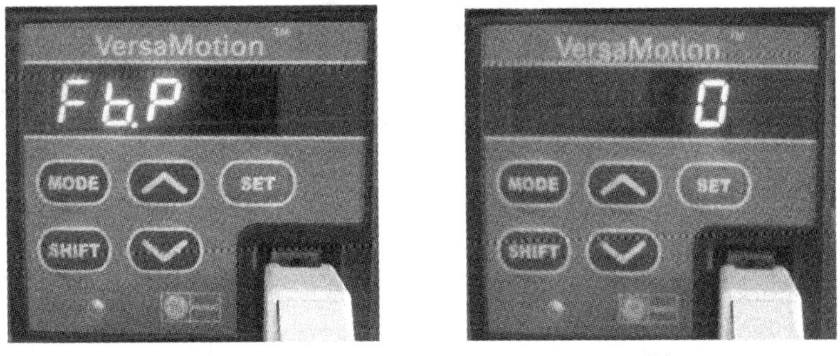

图 5-1-3　伺服驱动器监控状态
(a)显示监控符号　(b)正常监控显示模式

(4)电机转动。电机 JOG 运动流程如图 5-1-6 所示。速度设置为整型数据，此处以“100 rpm”为例。此时按下“UP”键，伺服电机逆时针方向(CCW)运动；按下“DOWN”键，伺服电机顺时针方向(CW)运动。

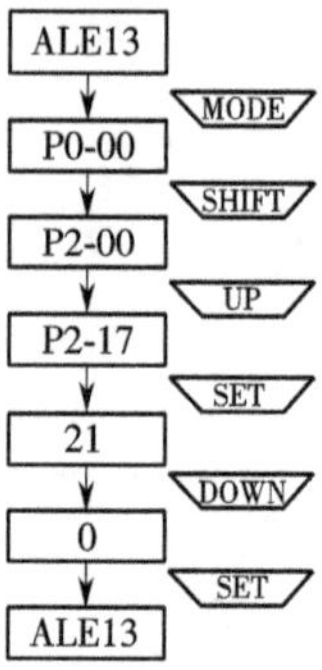

图 5-1-4　紧急停车流程清除

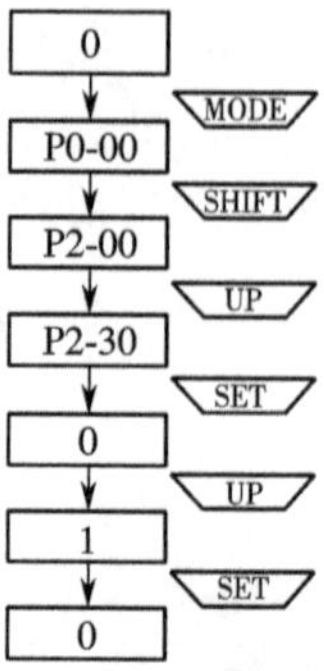

图 5-1-5　电机使能设置流程

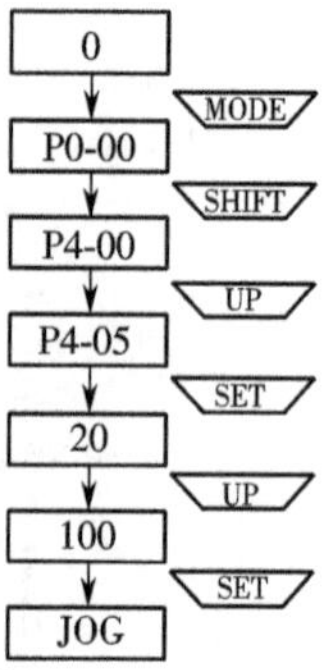

图 5-1-6　电机转动设置流程

5.1.3　伺服驱动器的计算机控制

伺服驱动器的 CN3 口是用来连接计算机的，如图 5-1-1 所示。计算机与伺服驱动器之间通过专用电缆（IC800VMCS030A）连接，计算机通过修改伺服驱动器的参数来控制伺服电机的转动。

1. 新建工程

运行“Proficy Machine Edition”软件，建立一个新工程“Micro Motion”，如图 5-1-7 所示。

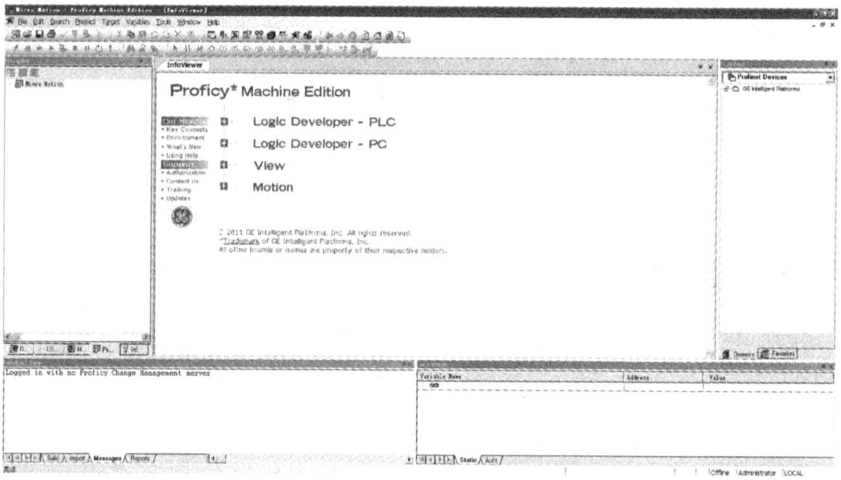

图 5-1-7　新建工程

选择导航栏中的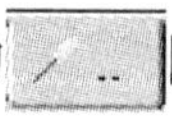图标，双击“VersaMotion Servo Configuration Tool”项，运行伺服驱动器的配置工具，如图 5-1-8 所示。

2. 建立通信

(1) 如图 5-1-9 所示，选择“On-Line”项，根据专用电缆连接计算机的串口号选择端口号。本任务中，专用电缆连接在计算机的串口 7 上，所以“Port Number”项中选择“COM7”(现在计算机上没有串口，需要单独购置 USB—RS－232 转换器进行安装转换)。单击“Start Auto Detect”按钮，计算机自动检测与其相连的伺服驱动器。

(2) 检测成功后，单击“OK”按钮，如图 5-1-10 所示。

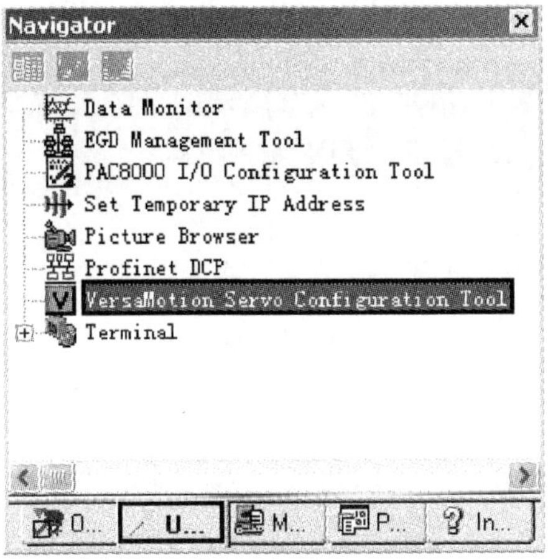

图 5-1-8　运行伺服驱动器的配置工具

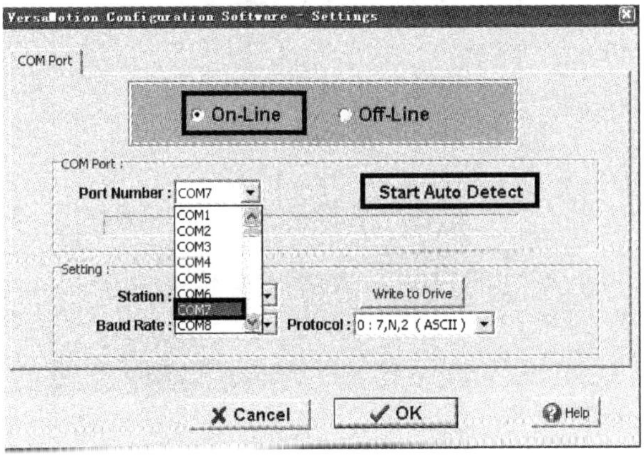

图 5-1-9　选择串口自动检测

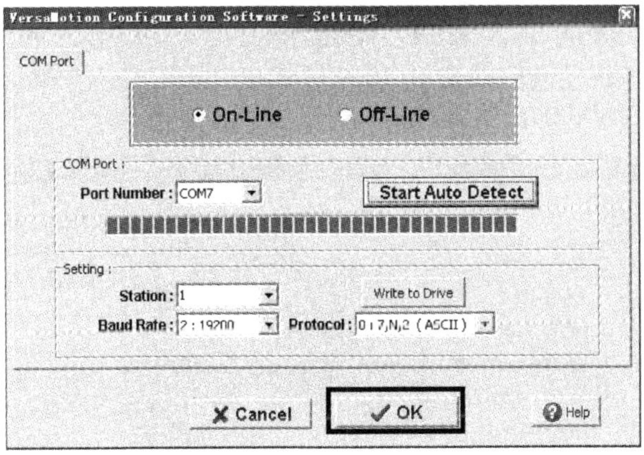

图 5-1-10　通信成功

3. 参数设置

单击“手动模式”项，打开操作界面如图 5-1-11 所示。

(1)修改电机运动参数，如图 5-1-12 所示。

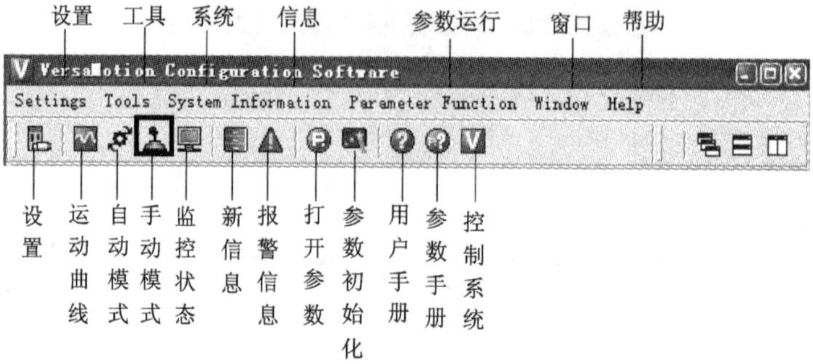

图 5-1-11　监控窗口工具栏

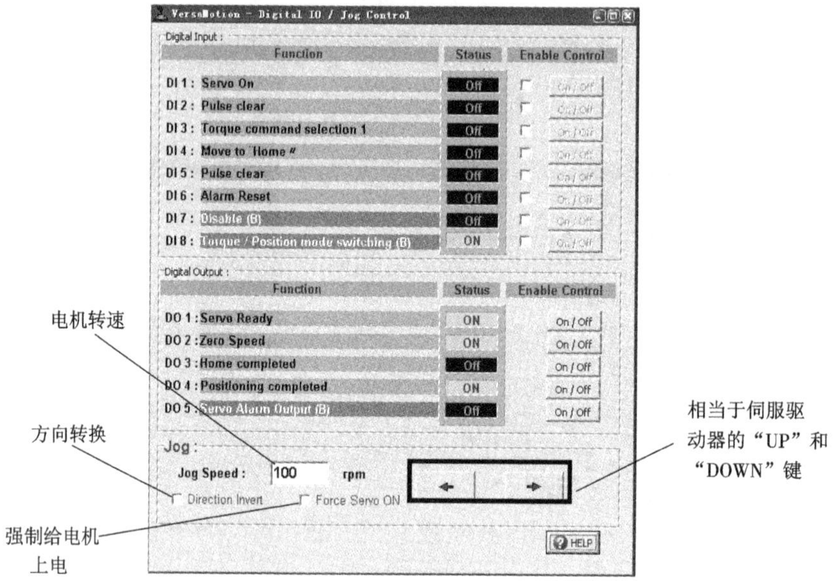

图 5-1-12　修改电机运动参数

(2)伺服电机上电使能,如图 5-1-13 所示。在“Servo On”项后面的小方框中打钩,单击“On/Off”按钮,伺服电机发出振动音,伴有扭矩输出。也可以在“Force Servo On”项前面的小方框中打钩,对电机强制上电使能,如图 5-1-14 所示。

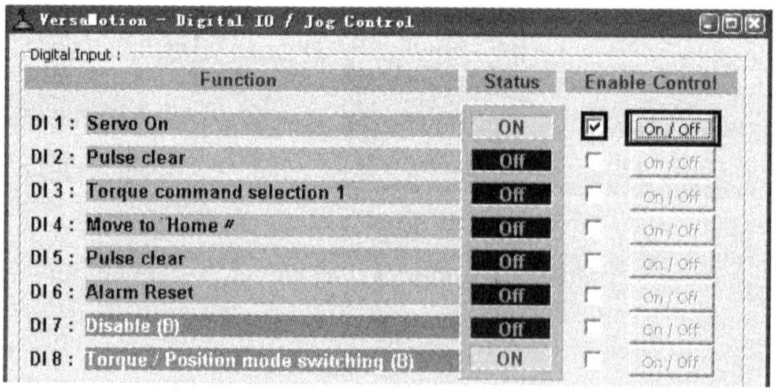

图 5-1-13　伺服电机上电

图 5-1-14　伺服电机强制上电

(3)控制电机运行。用左键按住按钮不松时,伺服电机逆时针方向(CCW)转动;按住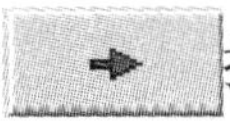按钮不松时,伺服电机顺时针方向(CW)转动。松开鼠标,电机立即停止运动。若按图 5-1-15 所示方法选择方向转换,电机的运动方向正好跟上述方向相反。

图 5-1-15　电机转动方向转换

任务 2　Micro Motion Controller 的应用

5.2.1　Micro Motion Controller 硬件概述

在一个 VersaMax Micro PLC 或主机控制器系统中,Micro Motion 提供独立的运动控制,可同时控制两个相对独立的轴。

Micro Motion Controller 模块 IC200UMM102 如图 5-2-1 所示。

图 5-2-1　IC200UMM102 外观图

Micro Motion Controller 各部分功能介绍如图 5-2-2 所示。扩展接口可通过扁平通信电缆连接 Micro PLCs Controller。Micro Motion Controller 不能直接连接伺服电机，只能通过 A 轴、B 轴两个接线排连接伺服驱动器，再由伺服驱动器控制伺服电机从而实现两轴控制，如图 5-2-3 所示。

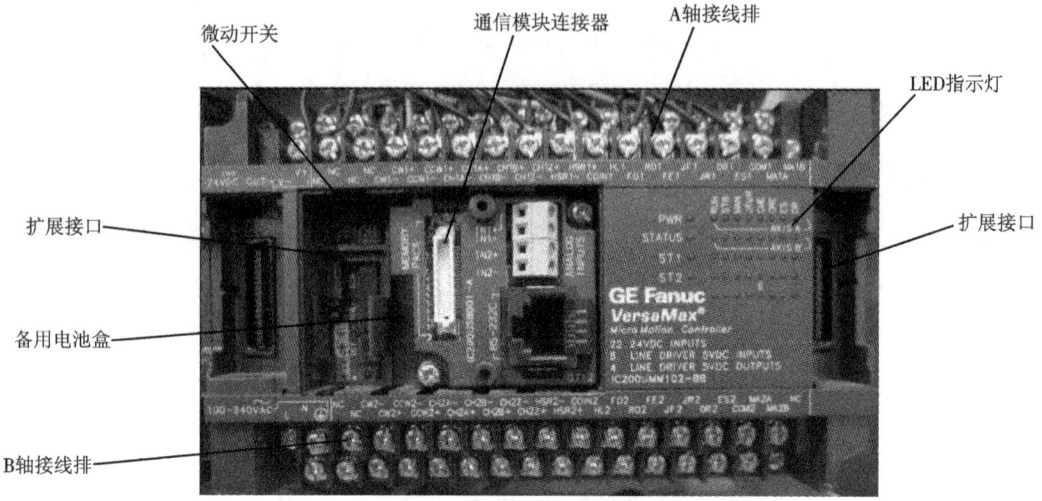

图 5-2-2　IC200UMM102 - BB 接口

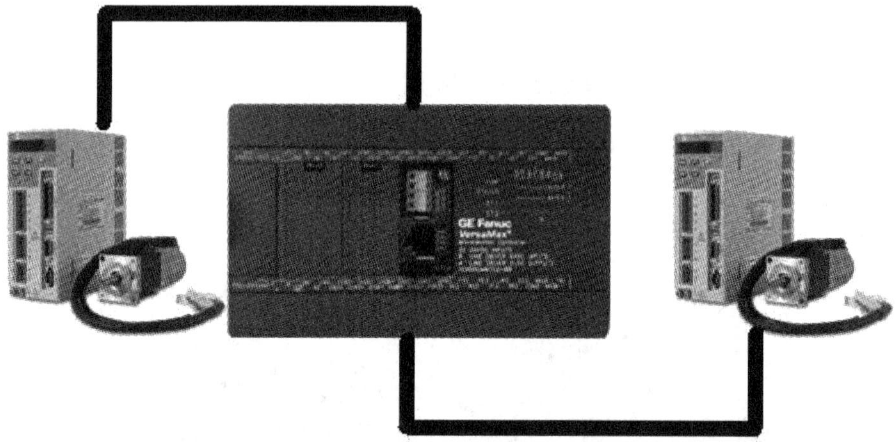

图 5-2-3　IC200UMM102 - BB 控制方式

微动开关位于 Micro Motion Controller 可移动门的后面，用于 Micro Motion Controller 工作模式选择和控制模式设置，当前状态为“OFF”，如图 5-2-4 所示。微动开关状态说明见表 5-2-1。

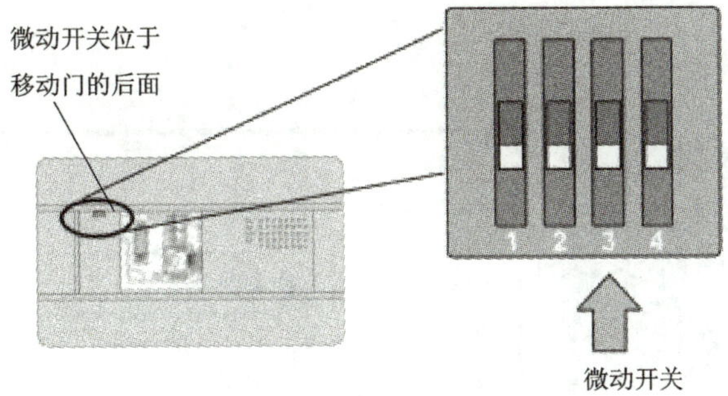

图 5-2-4　微动开关位置说明

表 5-2-1　微动开关状态说明

开关	功能	描　述
1	通信速率	ON:设置为使用由安装工具、VersaMax PLC CPU 或主机控制器提供的通信参数 OFF:使用默认的通信参数,57.6 kbps/8 位-偶校验-1 个停止位
2	独立或扩展模块操作	ON:独立控制模式(不适用于 Micro PLC 的扩展单元) OFF: Micro PLC 控制模式(在连接到一个 Micro PLC 之前要确保这个开关状态是 OFF)
3	外接内存模块操作	如果 Memory Pack 模块没有安装,DIP 开关 3 应该总是 OFF 状态
4	固件更新	ON:允许固件更新,更新指令由更新包提供 OFF:正常操作位置

Micro Motion Controller 没有内置通信端口。计算机需要通过外置的通信模块才能与 Micro Motion Controller 通信。Micro Motion Controller 配置的通信模块如下:

(1)RS－232 端口模块 IC200USB001;

(2)RS－485 端口模块 IC200USB002;

(3)以太网模块 IC200UEM001;

(4)USB 模块 IC200UUB001。

Demo 箱中通信模块型号 IC200USB001,如图 5-2-5 所示。模块左边端口外接 RS－232 内存,用来传输程序和数据;右边串行连接口通过专用电缆线(型号 IC200CBL500A)与外设(例如计算机)建立通信联系。

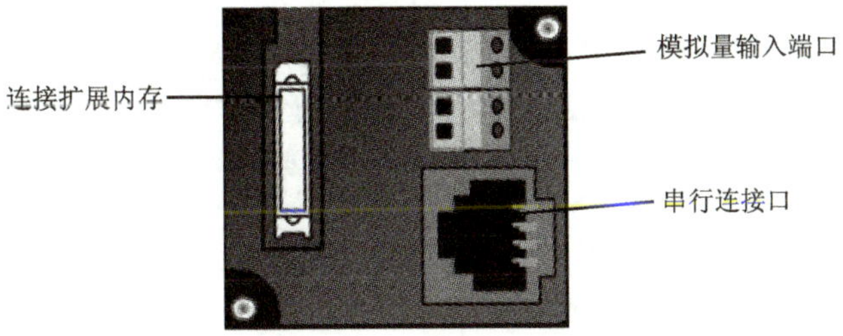

图 5-2-5　IC200USB001 模块

Micro Motion Controller 的 LED 指示灯代表了模块的各种工作状态,如图 5-2-6 所示。具体含义参见表 5-2-2。

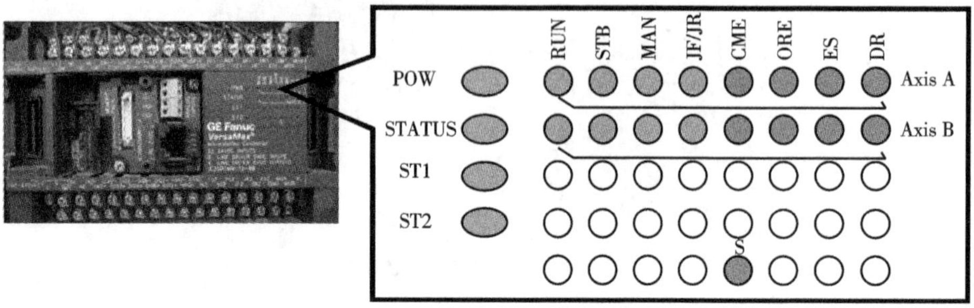

图 5-2-6　LED 指示灯

表 5-2-2　指示灯状态说明

指示灯	颜色	说　明
POW	绿色	ON:电源正常
STATUS	绿色	ON:状态正常
ST1	绿色	ON:Micro Motion 模块没有发生软件错误 OFF:系统、轴 A 或轴 B 发生了错误
ST2	绿色	ON:表明各种设置正在被存储到备份存储器中 如果此指示灯亮时电源被关闭,参数可能不能正确存储
RUN	绿色	ON:表明轴 A(或 B)正在运行而且输出一个脉冲 OFF:运行在自动模式
STB	绿色	ON:表明此时轴 A(或 B)已上电
MAN	绿色	ON:表明轴 A(或 B)被手动操作(外部输入模式) OFF:表明手动操作被取消
JF/JR	绿色	ON:此时 Jog Forward 或 Jog Reverse 是“ON”状态 OFF:此时 Jog Forward 和 Jog Reverse 是“OFF”状态
CME	红色	ON:一个命令错误发生在轴 A(或 B) OFF:如果命令已经无错误执行或者错误清除操作已执行
ORE	红色	指示轴 A(或 B)的“Forward Overtravel”(正向限位)和“Reverse Overtravel”(反向限位)输入的超限状态 ON:当前“Forward Overtravel”(正向限位)或“Reverse Overtravel”(反向限位)都是“OFF”状态 OFF:当前“Forward Overtravel”(正向限位)和“Reverse Overtravel”(反向限位)都是“ON”状态
ES	红色	指示轴 A(或 B)是否有紧急停止(ES)的发生 ON:当前“Emergency Stop”输入是“OFF”状态 OFF:当前“Emergency Stop”输入是“ON”状态 此错误必须清除才能重新操作“Micro Motion Module”
DR	红色	指示轴 A(或 B)Drive OK/Ready 输入的状态 ON:“Drive OK/Ready”输入为“OFF”状态 OFF:“Drive OK/Ready”输入为“ON”状态 此错误必须清除才能重新操作“MicroMotion Module”
S	绿色	说明模块操作在独立模式

5.2.2　Micro Motion Controller 控制电机运动

1. 准备工作

(1)电机上电处于伺服使能状态(参照图 5-1-13)。

(2)断开 Micro Motion Controller 与 Micro PLCs Controller 之间的通信电缆，如图 5-2-7 所示。

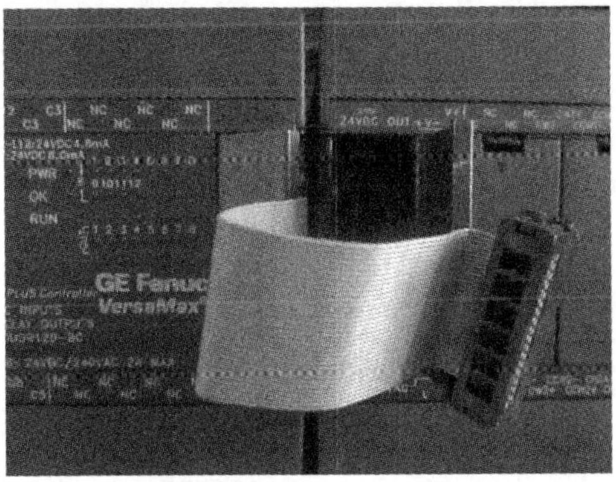

图 5-2-7　断开扁平电缆

(3)微动开关中第二个开关向上拨至“ON”的位置，设置模块处于独立调试运行模式，如图 5-2-8 所示。

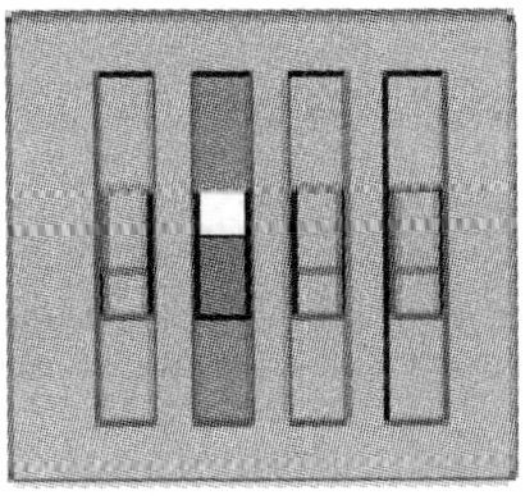

图 5-2-8　微动开关状态

(4)用专用电缆线(IC200CBL500A)连接计算机与 Micro Motion Controller，如图 5-2-9 所示。专用电缆线的 9 针插头接计算机的串口，计算机不提供串口的通过 USB—RS－232 转换器后再连接。专用电缆线的 RJ－45 接头连接通信模块的串行连接口。

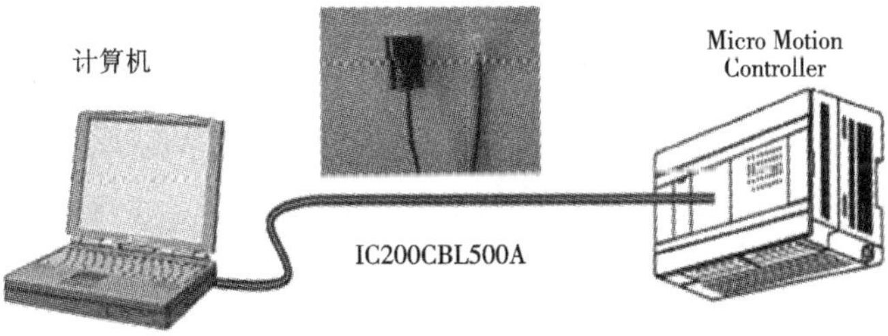

图 5-2-9　连接方式

2. 硬件组态

(1)运行“Proficy Machine Edition”软件,打开本项目任务 1 中建立的“Micro Motion”工程,如图 5-2-10 所示。

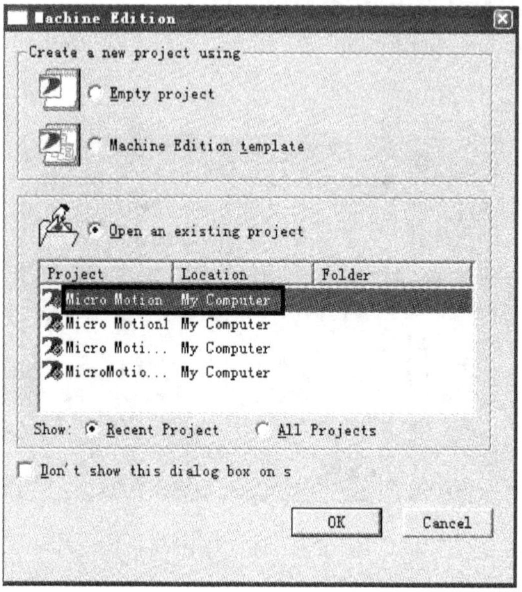

图 5-2-10 打开工程

(2)右键单击“Micro Motion”,在级联菜单中依次选择“Add Target”→“GE Intelligent Platforms Controller”→“VersaMax Nano/Micro PLC”,如图 5-2-11 所示。

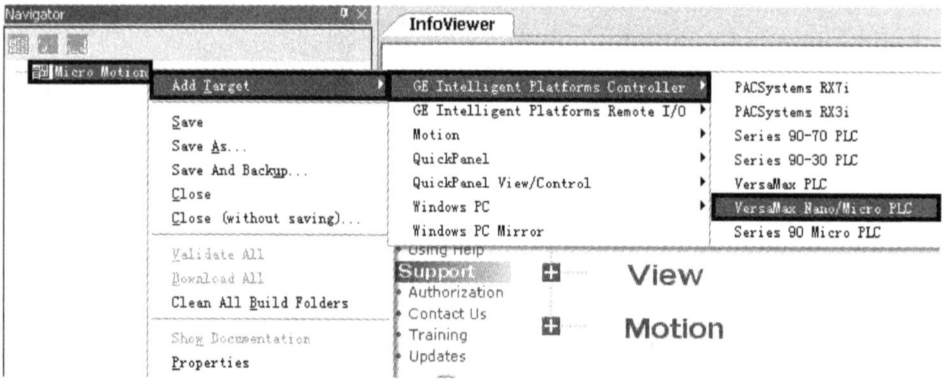

图 5-2-11 建立工程

(3)添加控制对象“Target1”,如图 5-2-12 所示。

(4)展开“Hardware Configuration”下的“Main Rack”,右键单击“CPU(IC200URD005/006/010/0101228)”,然后单击选择“Replace Module”,更换 CPU 模块,如图 5-2-13 所示。

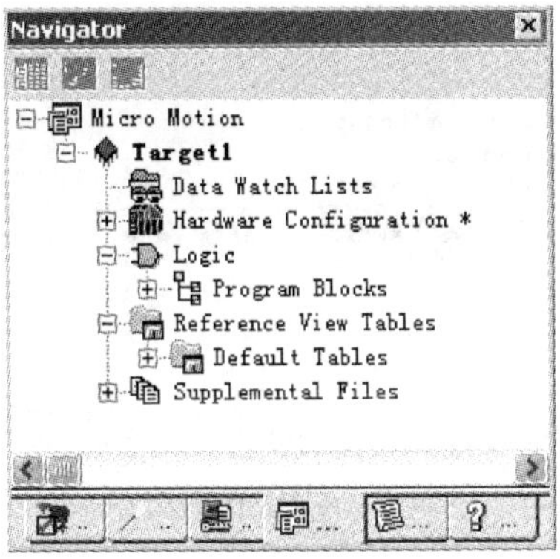

图 5-2-12　添加 Target1

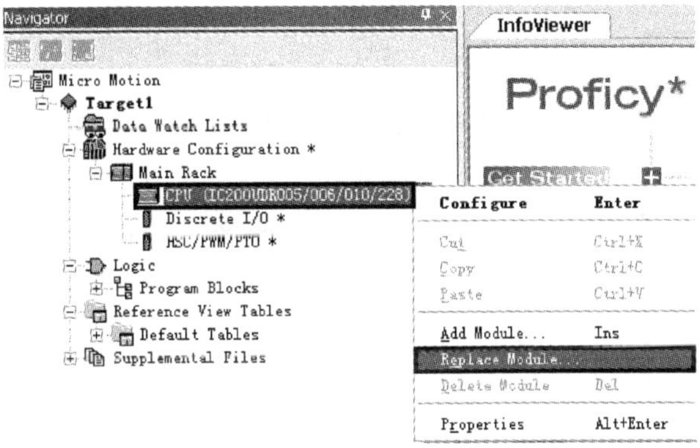

图 5-2-13　更换 CPU 模块

（5）在“Module Catalog”对话框中找到 Micro PLCs Controller，双击选择“IC200UDR020/120”的型号，如图 5-2-14 所示。

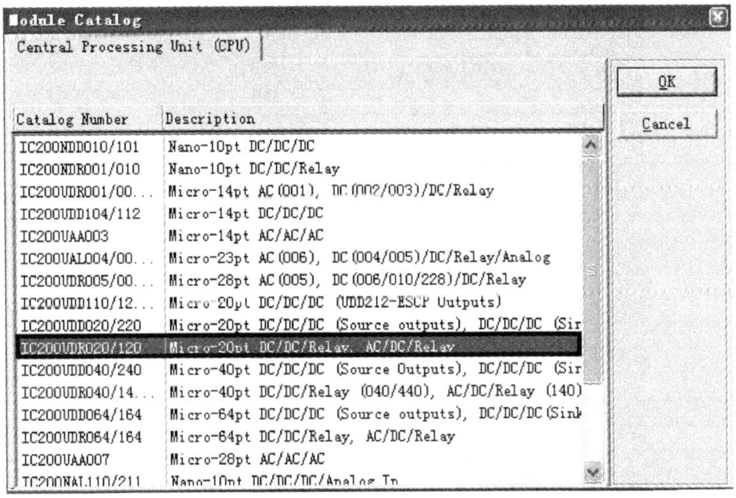

图 5-2-14　选择 CPU 模块

(6)右键单击"Discrete I/O"选择"Add Module"项,如图 5-2-15 所示。

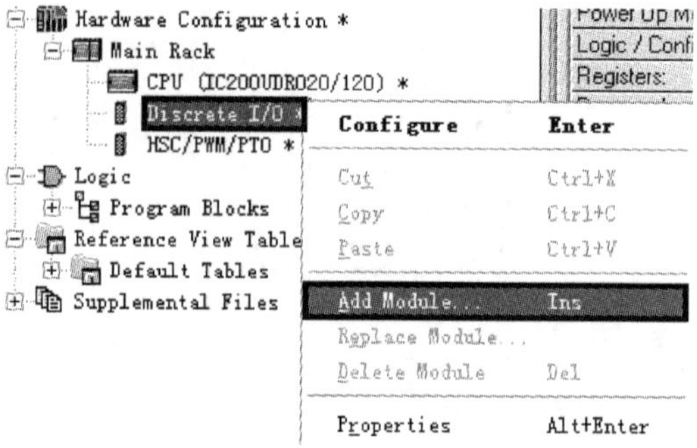

图 5-2-15 增加 I/O 模块

(7)打开"Motion"选项卡,选择"IC200UMM002/102",单击"OK"按钮,如图 5-2-16 所示。

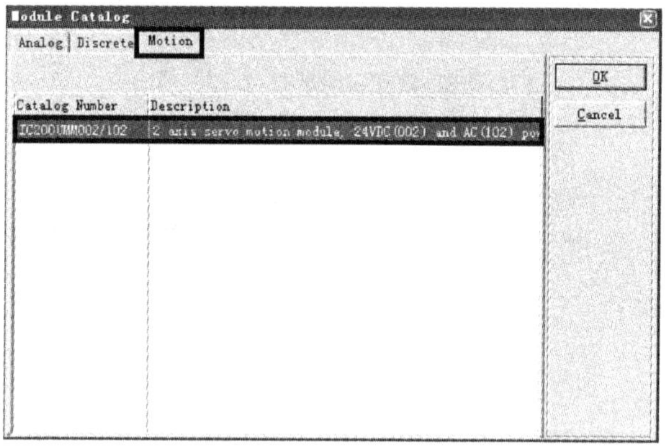

图 5-2-16 模块对话框

(8)硬件组态画面,如图 5-2-17 所示。

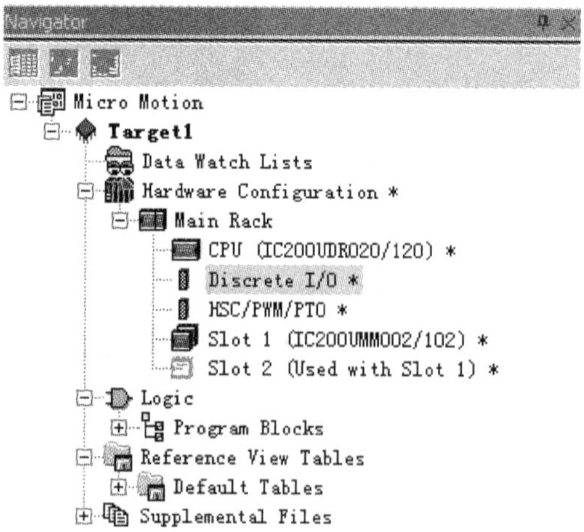

图 5-2-17 硬件组态画面

3. 打开定位工具

（1）硬件配置完成后，右键单击“Slot 1”，选择“Open VersaMax Micro Motion Tool”，打开单元配置工具，如图5-2-18所示。

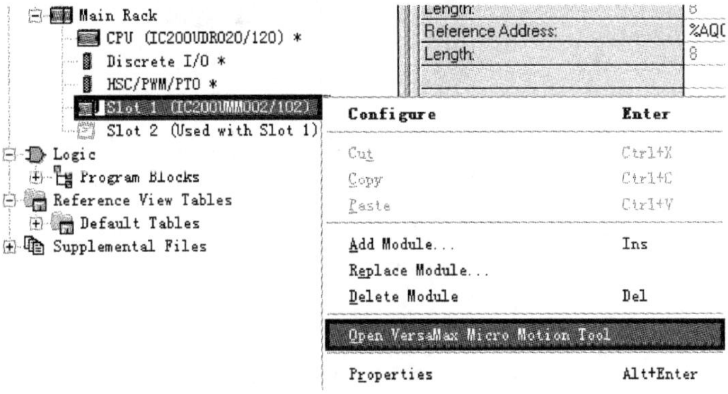

图5-2-18 打开单元配置工具

（2）计算机与通信模块之间没有建立通信，整个界面呈“灰色”不能使用，如图5-2-19所示。

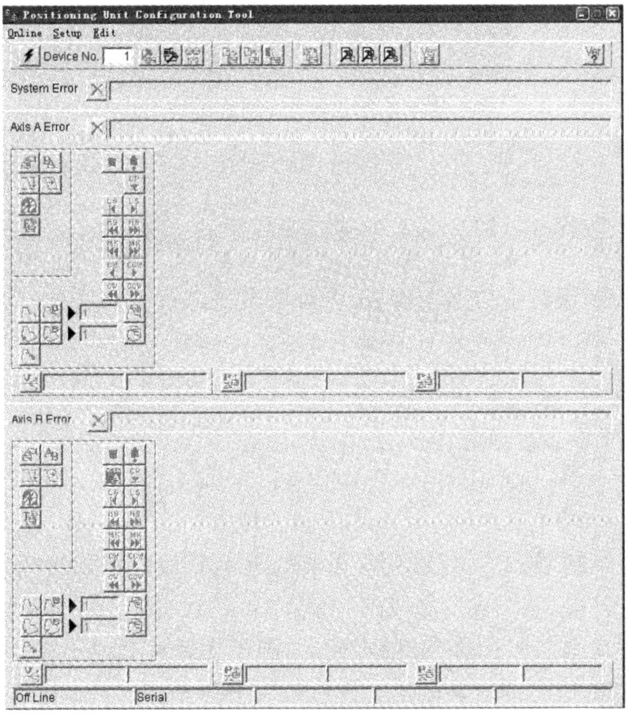

图5-2-19 定位单元配置工具

4. 建立通信

(1)单击“Setup”菜单选择“Tool Comm Parameters”选项，如图 5-2-20 所示。

图 5-2-20　建立通信

(2)通信采用串行方式，设置通信参数，单击“OK”按钮后返回。本任务将电缆接到计算机串口 7 上，故选择“COM7”。操作者根据实际情况进行修改，如图 5-2-21 所示。

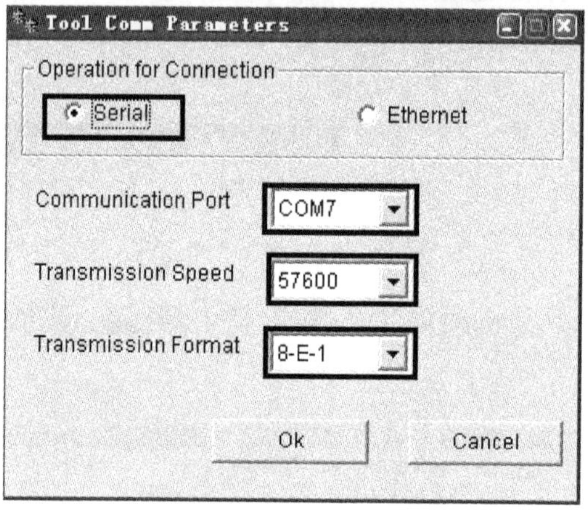

图 5-2-21　修改通信参数

(3)单击工具栏中的按钮，计算机与 Micro Motion Controller 进行通信连接，连接成功后，界面由灰变黑，如图 5-2-22 所示。单击工具栏中的按钮，查看各参数信息。

(4)单击 A 轴控制窗口中的按钮，可对该模块进行手动测试，如图 5-2-23 所示，单击“OK”按钮继续。

5. 通过 Demo 箱开关来实现对伺服电机的控制

Demo 箱开关如图 5-2-24 所示。

(1)通过第二个开关(从左往右，下同)的上(Fwd Jog)、下(Rev Jog)，观察 Demo 箱中的伺服电机转向情况，不同的开关方向对应不同的旋转方向。开关拨往上方(Fwd Jog)时，伺服电机逆时针方向(CCW)转动；拨往下方(Rev Jog)时，伺服电机顺时针方向(CW)转动。

(2)拨动第三个开关，使“Fwd Ovr Trvl”处于“OFF”状态(下方)，观察画面的状态，如图 5-2-25所示。向上拨动第二个开关，电机不转动；向下拨动第二个开关，电机正常转动。说明此时电机失去了逆时针方向旋转能力。复位第二个开关。

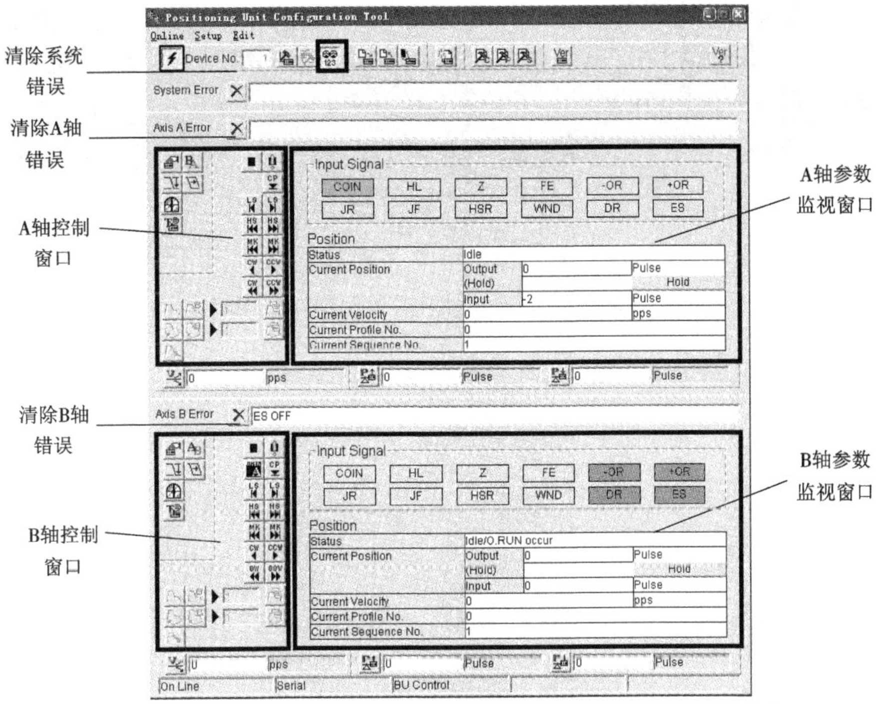

图 5-2-22 监控窗口介绍

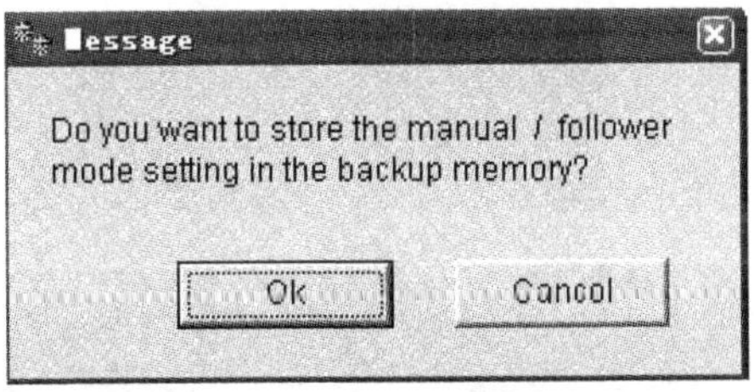

图 5-2-23 手动模式

图 5-2-24 Demo 箱开关

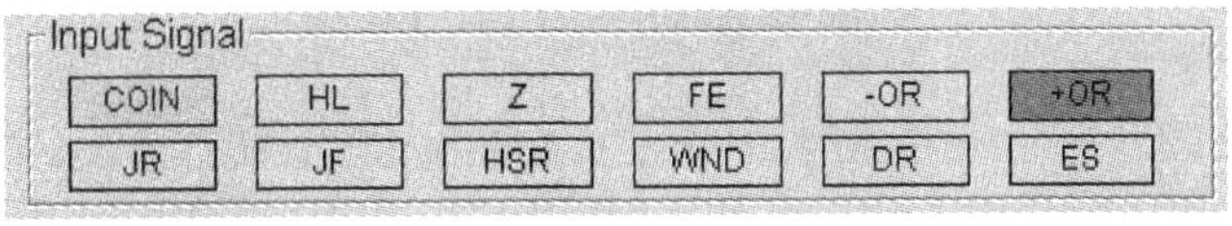

图 5-2-25 “Fwd Ovr Trvl”处于“OFF”状态

(3)拨动第四个开关,使“Rev Ovr Trvl”处于“OFF”状态(下方),观察画面的状态,如图5-2-26所示。向上拨动第二个开关,电机正常转动;向下拨动第二个开关,电机不转。说明电机失去了顺时针方向旋转的能力。复位第二个开关。

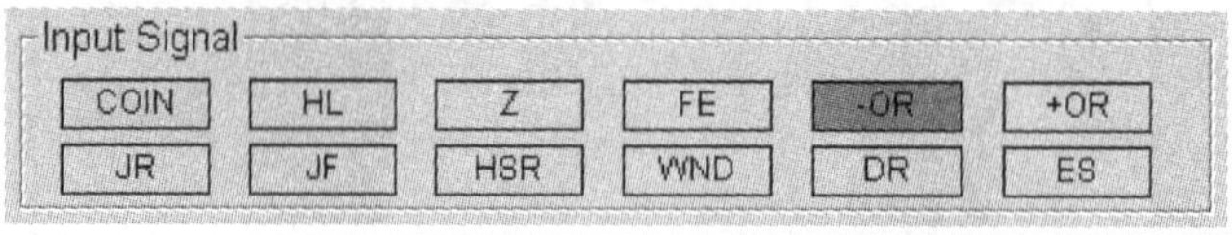

图 5-2-26 “Rev Ovr Trvl”处于“OFF”状态

(4)测试完成后,单击按钮清除错误,如图 5-2-27 所示。

图 5-2-27 监控状态

任务 3 Micro PLCs Controller 的应用

5.3.1 Micro PLCs Controller 硬件概述

在 Versa Motion Demo 箱中,Micro PLCs Controller 安装在导轨上,型号为 IC200UDR120,如图 5-3-1 所示。

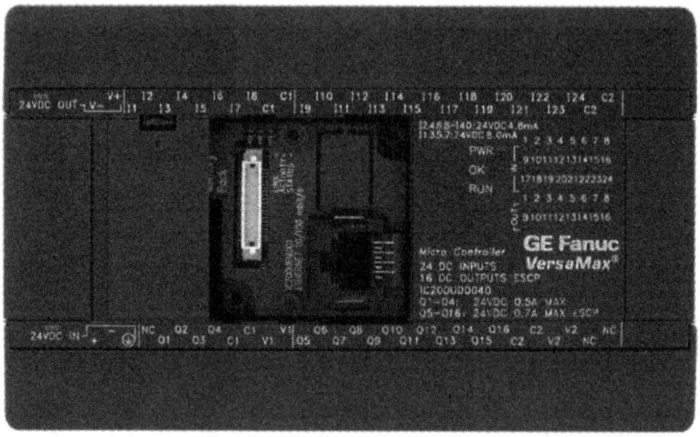

图 5-3-1 IC200UDR120 外观图

Micro PLCs Controller 各部分接口功能及作用如图 5-3-2 所示。

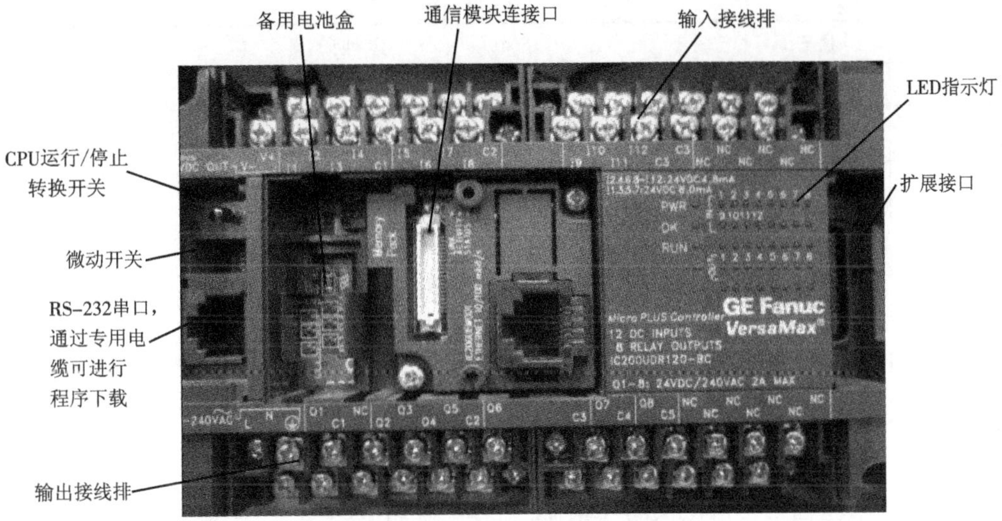

图 5-3-2　IC200UDR120 接口功能图

在 Versa Motion Demo 箱中，Micro PLCs Controller 不能直接控制伺服电机，它只能通过电缆对 Micro Motion Controller 发送运动指令，Micro Motion Controller 通过伺服驱动器实现对伺服电机的控制，如图 5-3-3 所示。

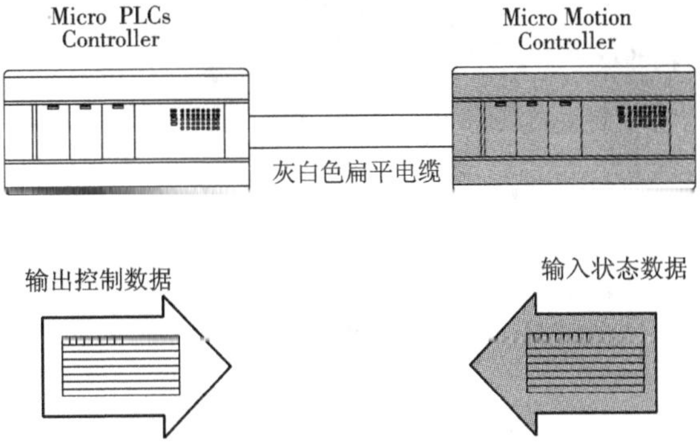

图 5-3-3　Micro PLCs Controller 工作方式

Micro PLCs Controller 指示灯布局如图 5-3-4 所示，代表的状态参见表 5-3-1。

图 5-3-4　LED 指示灯

表 5-3-1　LED 指示灯状态

指示灯	状态	说　明
PWR	绿色	表明电源正常接入到模块
OK	绿色闪烁	一个初始化错误发生
	绿色	初始化正常
RUN	OFF	CPU 处于停止状态
	绿色	CPU 处于运行状态
IN(1～12)	OFF	1～12 点没有数字量输入
	绿色	1～12 点有数字量输入
OUT(1～8)	OFF	1～8 点没有数字量输出
	绿色	1～8 点有数字量输出

仅有 RS－232 通信串口还不能满足通信需要，例如 HMI 作为 Micro PLCs Controller 的监控设备，需要有以太网通信端口。与 Micro Motion Controller 一样，Micro PLCs Controller 可以通过通信模块扩展端口。Versa Motion Demo 箱中，Micro PLCs Controller 配置的通信模块为以太网通信模块 IC200UEM001，如图 5-3-5 所示。

图 5-3-5　以太网通信模块

5.3.2　Micro PLCs Controller 接线说明

IC200UDR120 提供 12 个点的直流输入，8 个点的继电器输出。接线示意图如图 5-3-6 所示。

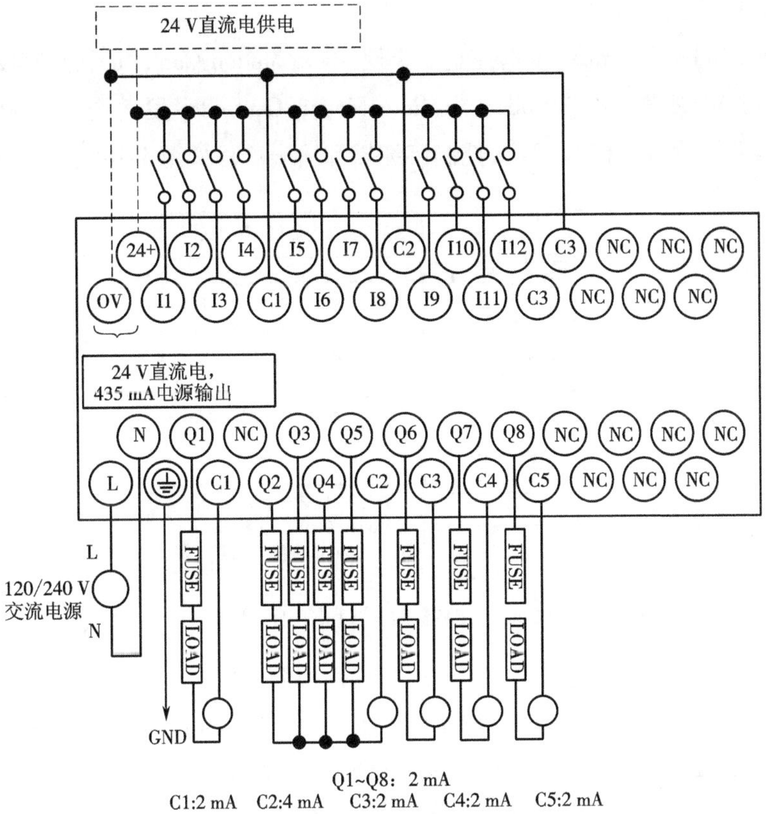

图 5-3-6　IC200UDR120 模块的 I/O 信号布线

5.3.3　Micro PLCs Controller 控制电机运动

Micro PLCs Controller 给 Micro Motion Controller 发送运动控制字来实现对伺服电机的控制。例如恒定速度的正转和反转。

1. 运动控制字相关知识

Micro PLCs Controller 向 Micro Motion Controller 发送 8 个控制字，每个控制字都是由 16 位控制数据组成，第一个控制字的数据格式如图 5-3-7 所示。

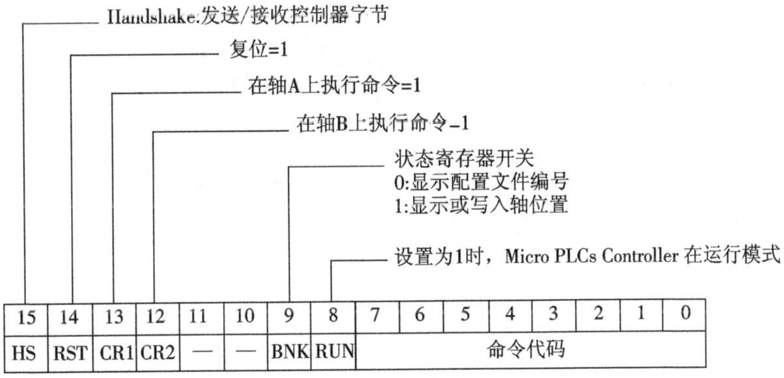

图 5-3-7　控制数据格式说明

2. 任务分析

首先 Micro PLCs Controller 发送控制命令使 Micro Motion Controller 处于自动模式(此模式下,只能通过 Micro PLCs Controller 对 Micro Motion Controller 发送指令才能进行控制)。查附录 C 可知控制命令代码为"24",控制字编辑和输出流程如图 5-3-8 所示。

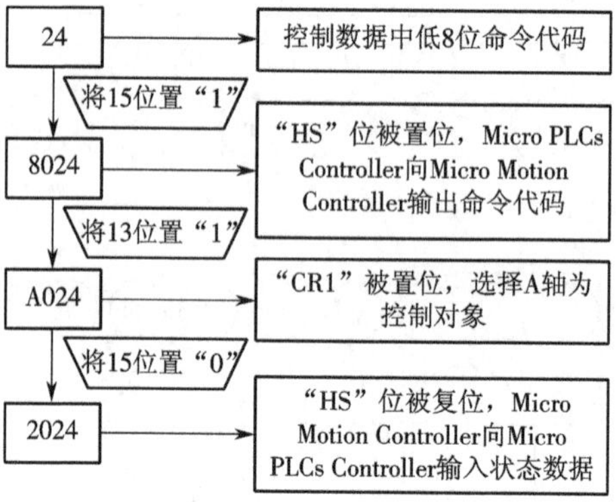

图 5-3-8　控制字编辑和输出流程图

Micro PLCs Controller 先送控制字"A024",再送控制字"2024",利用控制字最高位的下跳沿将控制字送入 Micro Motion Controller。同理,Micro PLCs Controller 要实现电机正转、反转、停止和清除错误的命令,控制字分别为"40""42""17"和"01"。那么按照前面的组合,分别组成"A040""2040""A042""2042""A017""2017""A001""2001",然后再将这些控制字发送给 Micro Motion Controller。

3. 任务准备

(1)Micro PLCs Controller 与 Micro Motion Controller 之间使用电缆连接,如图 5-3-9 所示。

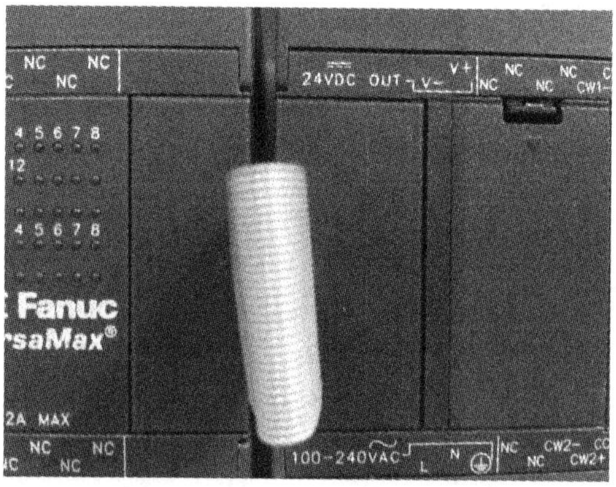

图 5-3-9　连接扁平电缆

(2)将 Versa Motion Demo 箱下面从左往右数第三和第四个开关置于"ON"状态,解除正反向限制位。

(3)将 Micro Motion Controller 的微动开关复位,使微动开关均处于“OFF”状态,如图5-3-10所示。

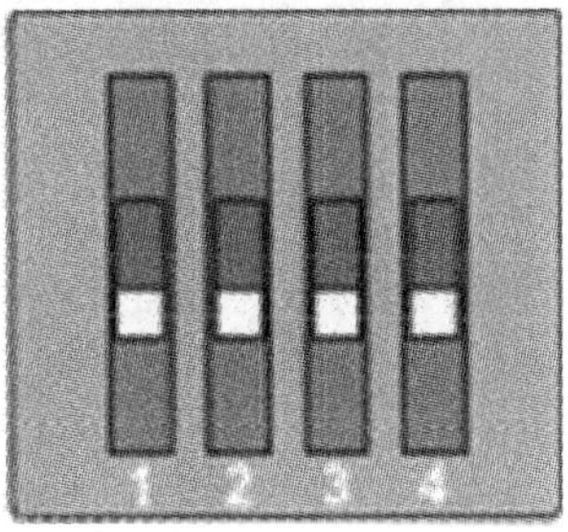

图 5-3-10　复位 Micro Motion Controller 的微动开关

(4)用网线连接计算机与 Micro PLCs Controller 的以太网通信模块。计算机“LINK”指示灯亮,表明网络连通。

(5)查看数字量输入输出地址。左键双击“Discrete I/O”,查看数字量输入起始地址为“%I00001”,数字量输出起始地址为“%Q00001”,如图 5-3-11 所示。

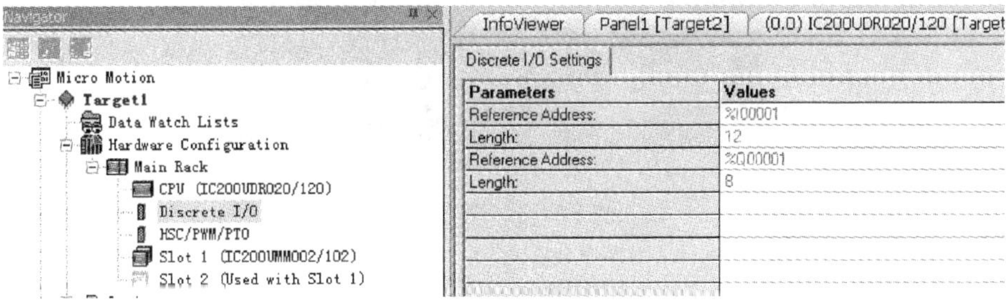

图 5-3-11　查看数字量起始地址

(6)查看模拟量输入、输出地址。左键双击“Slot 1”,查看模拟量输入起始地址为“%AI0031”,模拟量输出起始地址为“%AQ0031”,如图 5-3-12 所示。

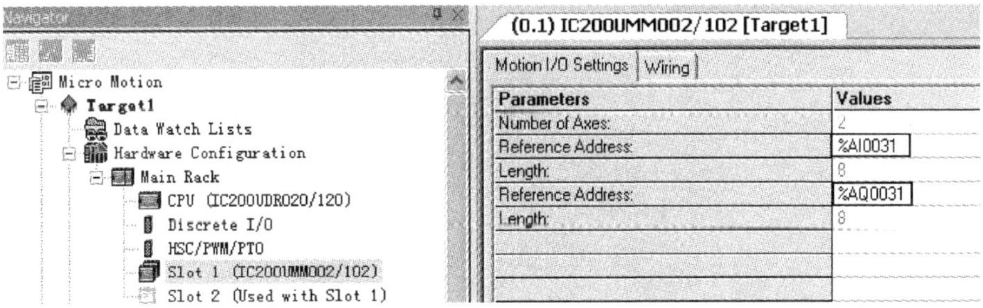

图 5-3-12　查看模拟量起始地址

4. 建立通信

给 Micro PLCs Controller 以太网通信模块分配一个临时 IP 地址(仍以 192.168.1.4 为例),方法与项目 1 相同,如图 5-3-13 所示。

修改控制对象 Target1 的属性栏,如图 5-3-14 所示。

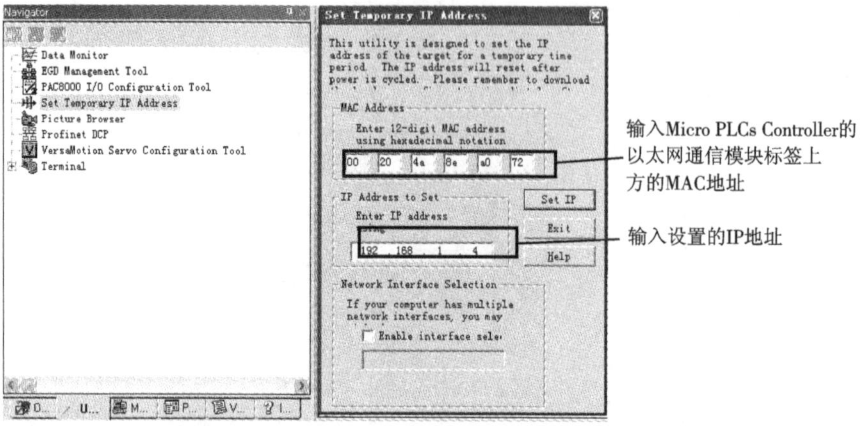

(a)

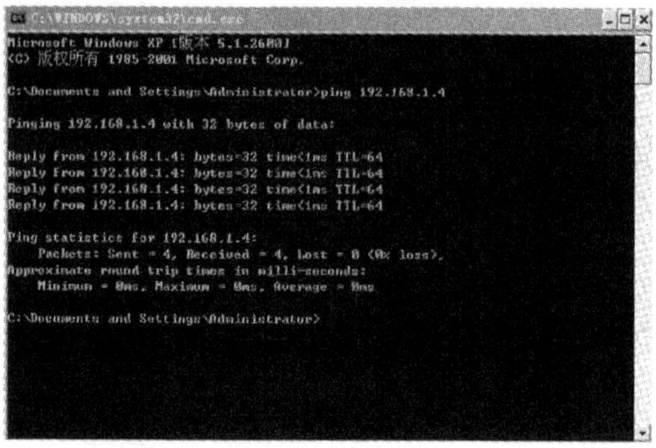

(b)

图 5-3-13 通信连接

(a)设置以太网通信模块的 IP 地址 (b)通信验证

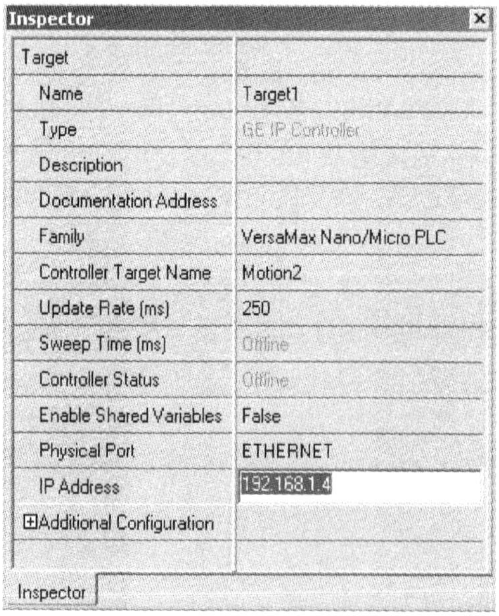

图 5-3-14 设置 Target1 工程的 IP 地址

5. 梯形图设计

任务分析中,已知控制字的转化流程,现在通过梯形图实现控制字的生成和传输,如图 5-3-15 所示。

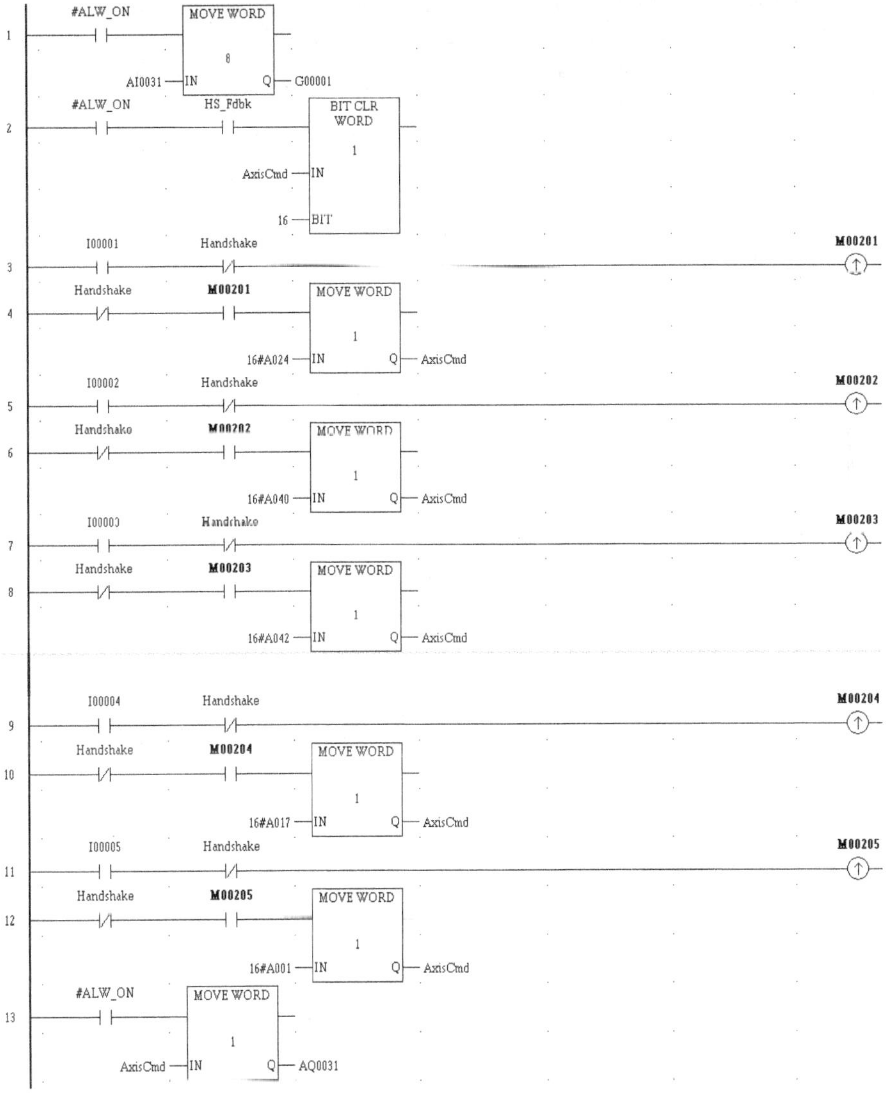

图 5-3-15　梯形图

6. 梯形图中变量名称及描述

梯形图中变量名称及描述见表 5-3-2。

表 5-3-2　梯形图中变量名称及描述

变量名称	相关变量	数据类型	描　述
HS _ Fdbk	G00016	BOOL	信号交换位,当所传输的 16 位数据中的第 16 位为"1"时,此常开触点闭合

续表

变量名称	相关变量	数据类型	描　述
Handshake	G00216	BOOL	信号交换位,当所传输的 16 位数据中的第 16 位为“1”时,此常闭触点断开
G00001	G00001	INT	来自 Micro Motion Controller 模块状态代码的寄存器
#ALW_ON	S00007	BOOL	状态变量,其次常开触点一直接通状态
I00001	I00001	BOOL	数字量输入,为“1”时,系统处于 Micro PLCs Controller 控制状态
I00002	I00002	BOOL	数字量输入,为“1”时,电机正转
I00003	I00003	BOOL	数字量输入,为“1”时,电机反转
I00004	I00004	BOOL	数字量输入,为“1”时,电机停止转动
I00005	I00005	BOOL	数字量输入,为“1”时,清除轴命令错误
M00201	M00201	BOOL	此中间继电器接收到一个上升沿信号时,导通一个周期
M00202	M00202	BOOL	此中间继电器接收到一个上升沿信号时,导通一个周期
M00203	M00203	BOOL	此中间继电器接收到一个上升沿信号时,导通一个周期
M00204	M00204	BOOL	此中间继电器接收到一个上升沿信号时,导通一个周期
M00205	M00205	BOOL	此中间继电器接收到一个上升沿信号时,导通一个周期
AI0031	AI0031	INT	读取来自 Micro Motion Controller 模块状态代码
AQ0031	AQ0031	WORD	发送至 Micro Motion Controller 的命令代码

7. 外部接线

根据 Micro PLCs Controller 接线方式,连接五个开关,分别连接于 I00001 ~ I00005 接线口处,具体功能参见表 5-3-2。

8. 控制与调试

下载后,打开开关 I00001,使系统处于 Micro PLCs Controller 控制状态,然后打开开关 I00002(或 I00003),电机以恒定速度开始正转(或反转)。图 5-3-16 和图 5-3-17 所示分别为 Micro PLCs Controller 和 Micro Motion Controller 的指示灯状态。

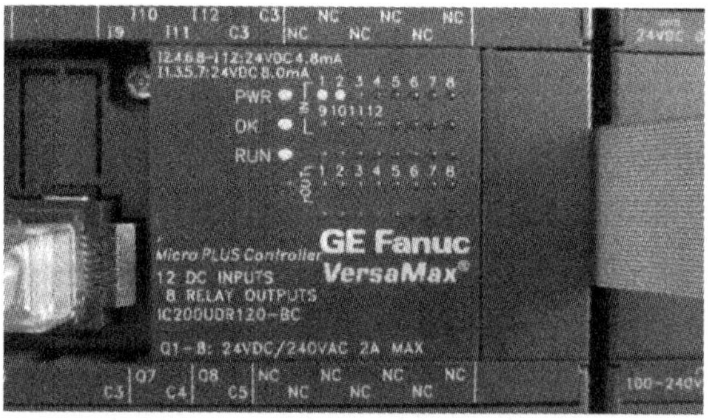

图 5-3-16　Micro PLCs Controller 指示灯状态

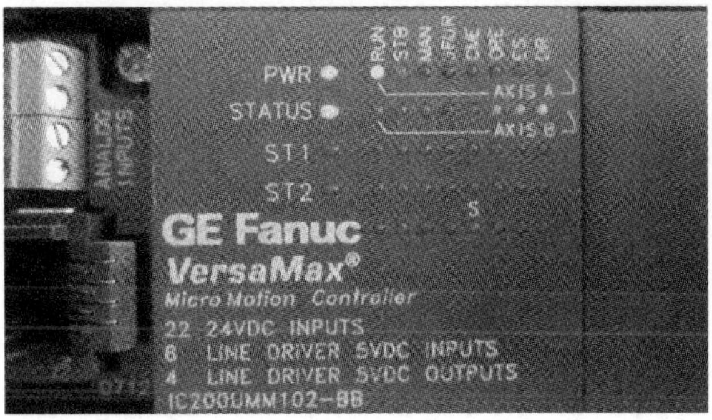

图 5-3-17 Micro Motion Controller 指示灯状态

打开开关 I00004，电机停止转动。

如果出现错误，电机将无法正常转动，需要清除错误再进行下一步操作。以命令错误为例，Micro Motion Controller 中 ORE 指示灯状态为“ON”，如图 5-3-18 所示。说明存在正向限位，即 Demo 箱下方的开关“Fwd Ovr Trvl”处于“OFF”状态（下方），扳动“Fwd Ovr Trvl”开关处于“ON”状态（上方），使用开关 I00005 清除错误后，方可进行正常控制。

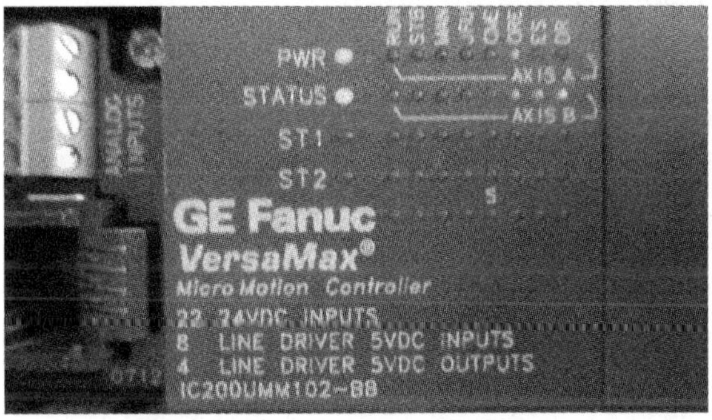

图 5-3-18 ORE 错误状态指示

5.3.4 HMI 控制电机运动

前面介绍用机械开关方式控制电机运动，现在通过 HMI 控制电机同样的运动。为了轴状态监控方便，在 HMI 中添加两个指示灯，分别表示轴的“工作”和“错误”状态。

1. 任务准备

在 5.3.3 节的基础上，用网线和路由器将 HMI、Micro PLCs Controller 的以太网通信模块和计算机连接起来。参照项目 2 设置 HMI 的 IP 地址为“192.168.1.5”。

2. 梯形图更改

根据任务要求，修改后的梯形图如图 5-3-19 所示。

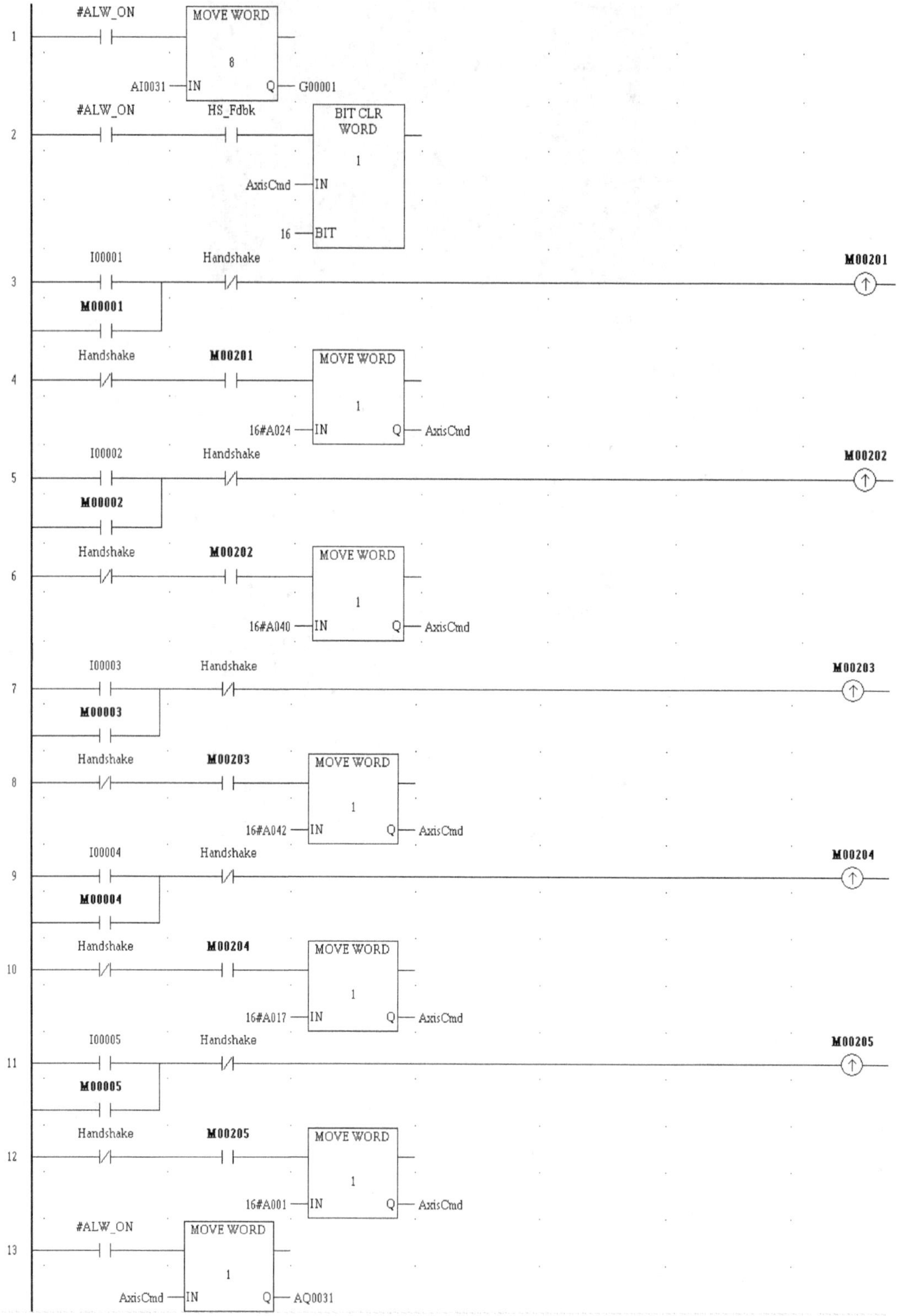

图 5-3-19　修改后的梯形图

3. 新建变量

HMI 控制需要新建变量，见表5-3-3。变量“A1 _ Err”表示轴 A 错误的存在状态，变量“A1 _ Run”表示轴 A 的转动状态。

表5-3-3　需要创建的变量表

变量名称	变量地址	数据类型	数据来源
A1 _ Err	G00012	BOOL	Target1
A1 _ Run	G00014	BOOL	Target1

(1)单击 V... 图标打开变量列表，右键单击“Variable List”项选择“New Variable”后选择“BOOL”，以“A1-Err”为例，如图5-3-20所示。

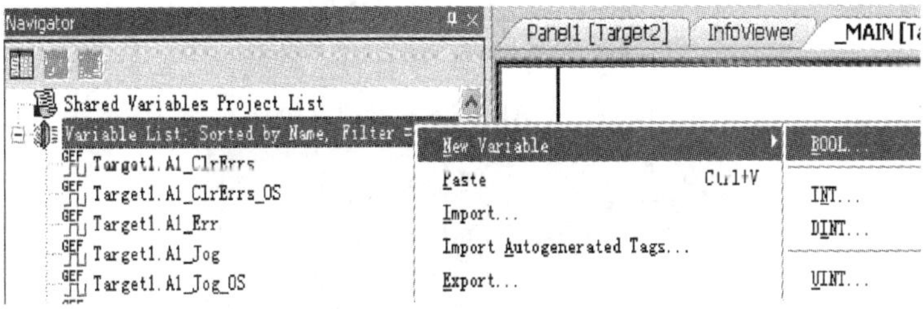

图5-3-20　创建新的变量

(2)输入变量名称和变量所在的控制对象，如图5-3-21所示。

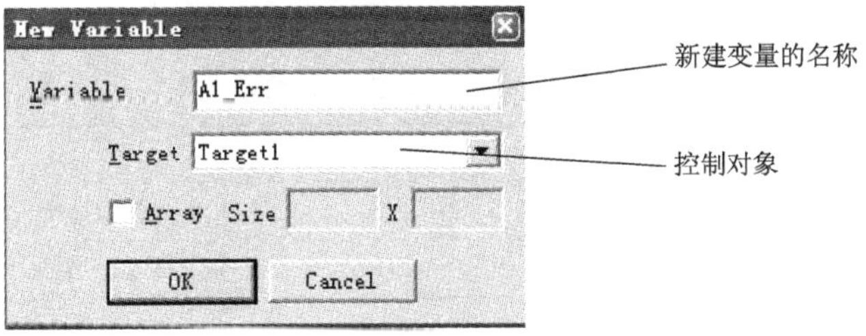

图5-3-21　修改变量名称和控制对象

(3)变量列表中右键单击“A1 _ Err”(新建的变量)，查看变量属性，在属性框中“Ref Address”项中设置变量地址“%G00012”，按回车键确定，如图5-3-22所示。

按照上述方法，新建变量“A1 _ Run”，变量地址为“%G00014”。

4. HMI 界面设计

根据分析，需要添加两个指示灯和五个按钮，设计好的 HMI 界面如图5-3-23所示。参见表5-3-4设置图中各按钮的关联项。

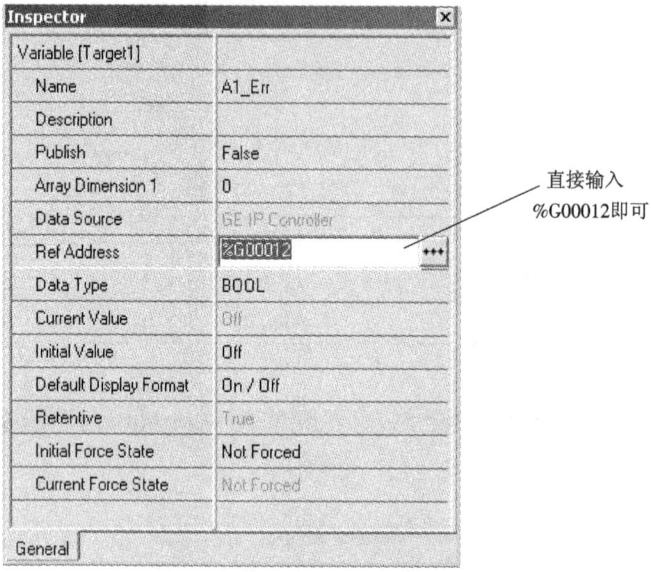

图 5-3-22　A1 _ Err 变量地址设置

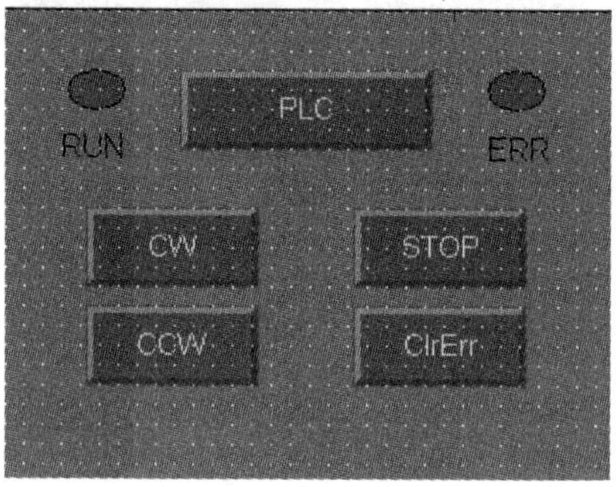

图 5-3-23　HMI 界面设计

表 5-3-4　按钮相关变量

按钮名称	关联变量	数据类型	描述
PLC	M00001	BOOL	JOG 运动速度模式
CW	M00002	BOOL	顺时针转动
CCW	M00003	BOOL	逆时针转动
STOP	M00004	BOOL	停止
ClrErr	M00005	BOOL	清除错误

设置指示灯的关联项和显示状态，如表 5-3-5 所示。

表 5-3-5　指示灯的关联项和显示状态描述

灯的位置	关联变量名称	变量地址	描　述
右方	A1 _ Err	G00012	ON（红色）：轴 A 出现错误
			OFF（黑色）：轴 A 没有错误

续表

灯的位置	关联变量名称	变量地址	描　述
左方	A1 _ Run	G00014	ON(蓝色):轴A正在使用
			OFF(黑色):轴A没有使用

5. 下载与调试

下载HMI画面和梯形图程序,具体参见项目2。在HMI显示屏上将出现如图5-3-24所示的画面。

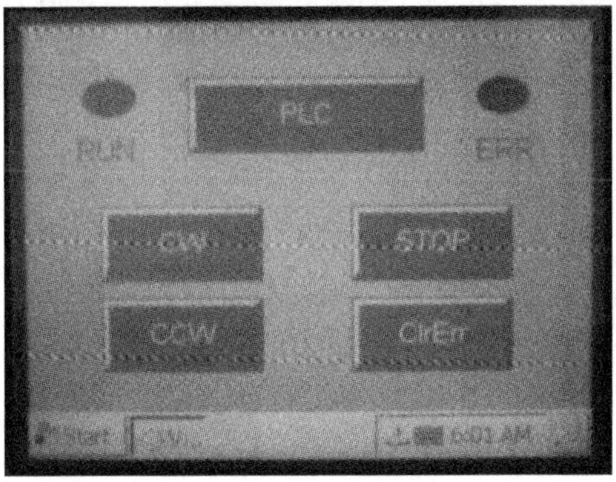

图5-3-24　下载成功

下载成功后,在HMI上按下"PLC"按钮,再按下"CCW"(或"CW")按钮,电机逆时针转动(或顺时针转动),此时指示灯"RUN"由黑色变为蓝色;按下"STOP"按钮,电机马上停止转动,指示灯"RUN"也由蓝色变为黑色,如图5-3-25所示。

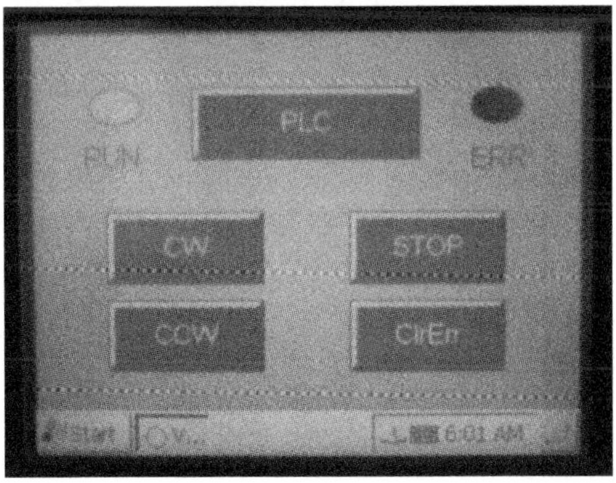

图5-3-25　轴正在被使用

当指示灯"ERR"由黑色变为红色,如图5-3-26所示,说明轴在运行时发生了错误,此时只需要按下"ClrErr"按钮,就可以轻松清除错误。

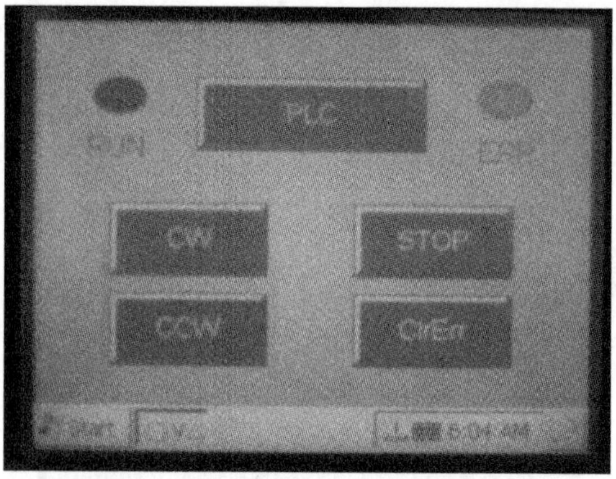

图 5-3-26　出现错误

项目 6　PAC Motion 运动控制系统的组态与应用

中国机械制造业发展正朝着生产过程及设备的柔性化、集体化、智能化的方向发展。为适应制造业的发展趋势，GE 智能平台推出 PAC Motion 产品，来解决机械自动化和运动控制有关的问题。

PAC Motion Demo 机柜主要由 PACSystems™ RX3i 系统（运动控制模块 IC695PMM355）、光纤 I/O 终端模块（IC695FTB001）、伺服放大器（A06B－6130－H002）、伺服电机（A06B－0115－B203）和 HMI 显示屏组成，如图 6-0-1 所示。

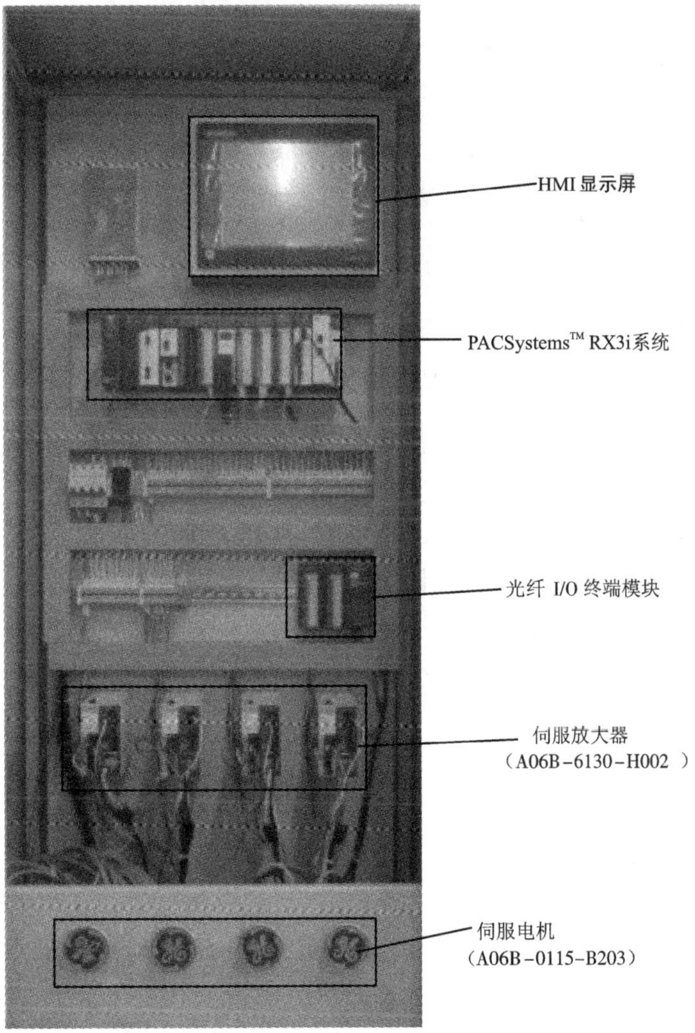

图 6-0-1　PAC Motion Demo 机柜图

任务 1　PAC Motion 组态

6.1.1　PAC Motion 概述

PAC Motion 是基于 PACSystems™ RX3i 架构的运动控制系统，核心部件是运动控制模块，Demo 箱机柜中配置的是 PMM335 模块。一个 PMM335 模块可以控制 4 个实轴和 1 个虚拟轴。每个 PACSystems™ RX3i 系统背板上最多可安装 10 个 PMM335 模块，也就是说，一台 PACSystems™ RX3i 系统可同时控制 40 个实轴和 10 个虚轴，如图 6-1-1 所示。

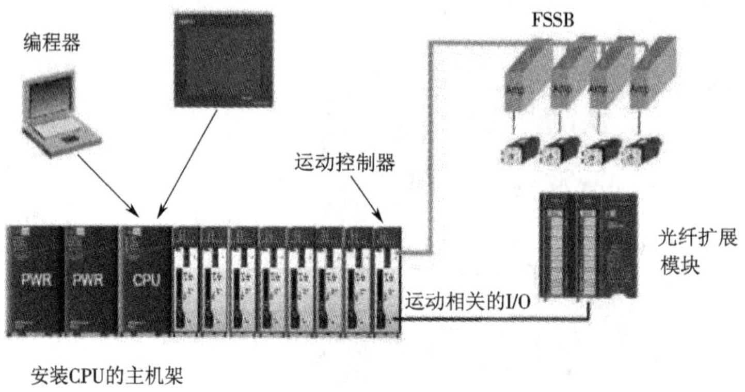

图 6-1-1　PAC Motion 运动控制系统图

PMM335 模块可通过菊花形光纤连接 4 个伺服放大器，如图 6-1-2 所示。

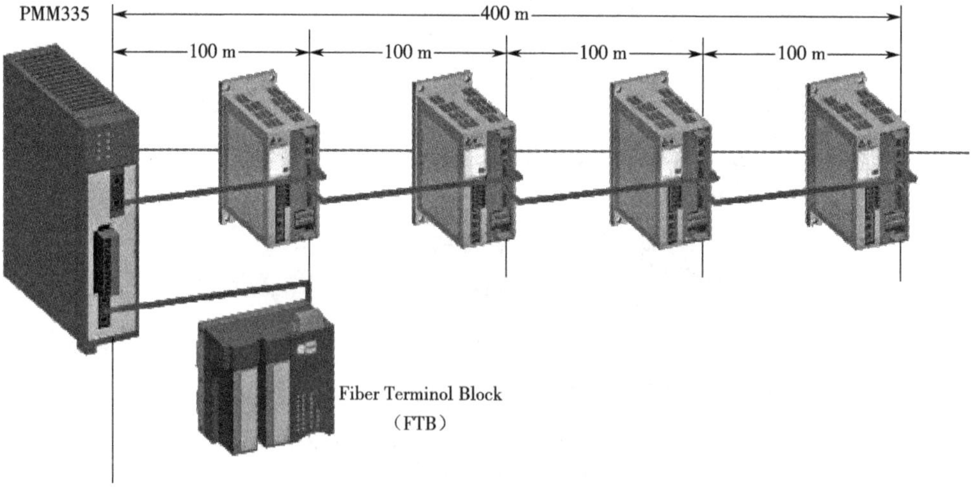

图 6-1-2　PMM335 连接示意图

PMM335 模块 8 个发光二极管指示灯按两列分布，如图 6-1-3 所示。左边一列 1 ~4 为 4 个 LED 指示灯，分别指示 4 个实轴的运动状态，右边一列“STATUS”和“CONFIG”两个指示灯显示模块的操作状态,“FSSB”和“FIBER I/O”指示灯显示 FSSB 和 FIBER 的通信状况。

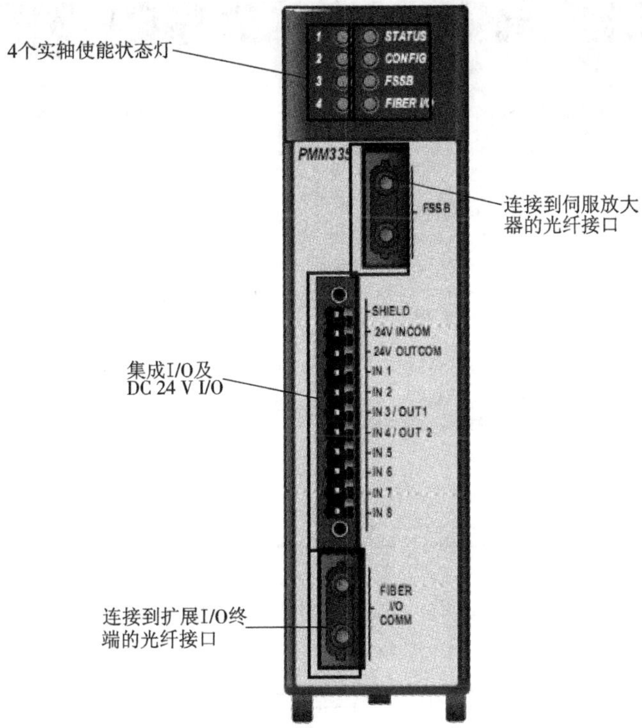

图 6-1-3　PMM335 模块外观图

6.1.2　硬件组态

(1)新建一个工程,硬件组态部分参考项目 1,完成后如图 6-1-4 所示。

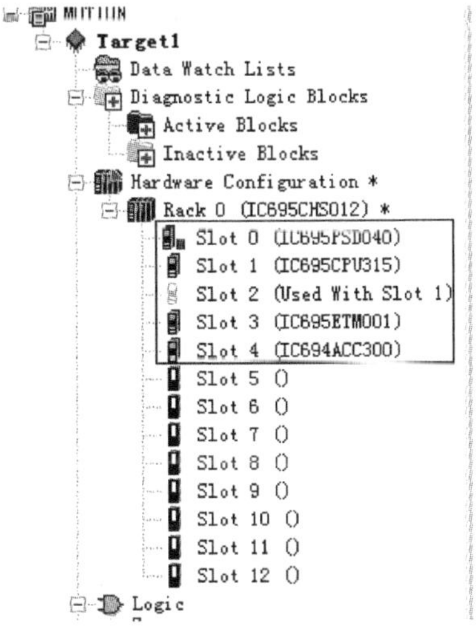

图 6-1-4　模块配置图

(2)运动控制模块(PMM335)组态。运动控制模块型号选取如图 6-1-5 所示,双击完成添加,如图 6-1-6 所示。

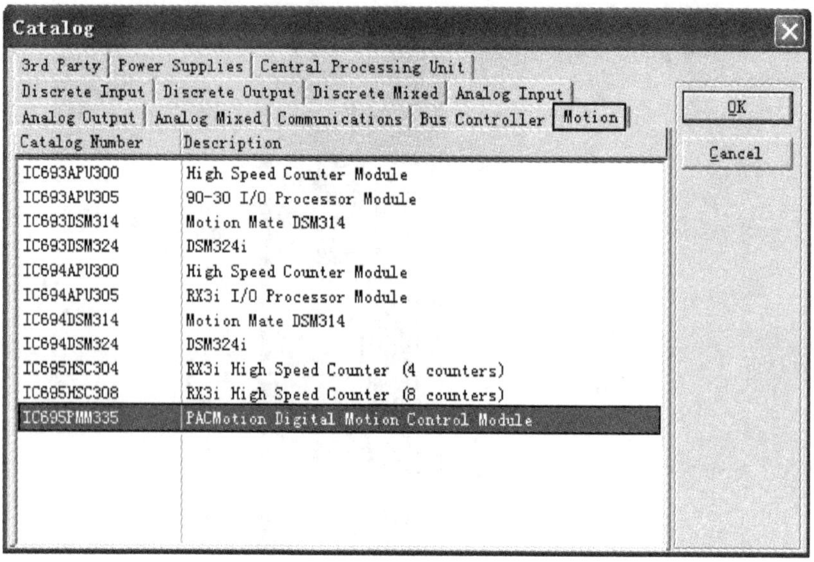

图 6-1-5　运动控制模块配置过程图

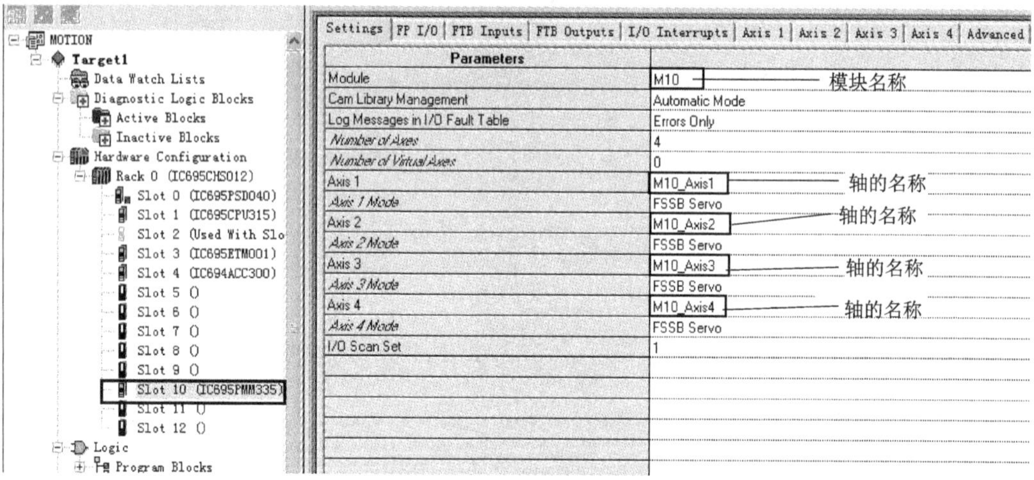

图 6-1-6　PMM335 模块配置完成图

模块选取后进一步对模块控制的轴进行配置,例如对轴 1 进行配置如图 6-1-7 所示。

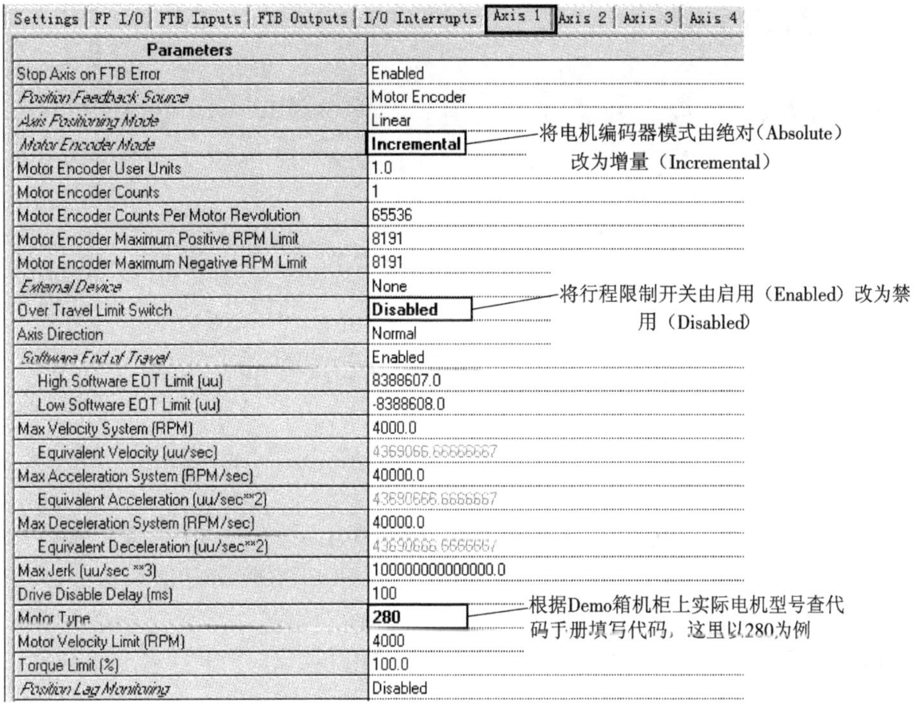

图 6-1-7　轴配置图

轴配置中的重要参数如下。

（1）“Motor Encoder Mode”表示电机的编码模式。电机编码模式有绝对移动和增量移动两种。绝对移动参考位置是一个固定原点或零位置。增量移动参考位置是一个当前位置。例如：电机当前在 0.5 单位处，命令电机移动 1.5 单位，如果是绝对移动，电机将再移动 1 个单位，最终停在 1.5 单位处；如果是增量移动，电机将再移动 1.5 个单位，最终停在 2 单位处。

（2）“Over Travel Limit Switch”表示电机的行程限位开关，因为 Demo 箱机柜没有安装行程限位开关，所以将默认开启状态调整为禁用状态。

（3）“Motor Type”表示电机的类型。代码“65535”指模拟电机，在开发程序中，系统缺少电机的情况下模拟应用。系统默认电机型号为“65535”，根据实际电机型号查代码手册，Demo 箱机柜上的电机型号代码为“280”。

（4）Axis2、Axis3 和 Axis4 配置与 Axis1 相同。

为了把 PMM335 的状态信息映射到 PACSystems™ RX3i 系统内存中，设置“Variable Mode”属性为“True”。方法为右键单击“Slot 10（IC695PMM335）”选择“Properties”，打开属性对话框，如图 6-1-8 所示。

配置完成后，设置临时 IP 地址，进行硬件组态下载，具体操作参见项目 1。PMM335 模块的“CONFIG”指示灯由闪烁变为长亮，表明 PMM335 配置正确；“FSSB”指示灯亮起，表明通信建立。

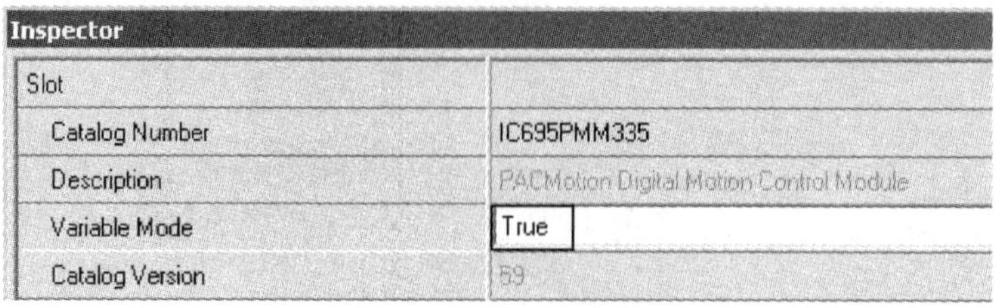

图 6-1-8　PMM335 属性对话框

任务 2　单轴的点动控制

6.2.1　任务分析

控制单轴找到参考点，并按照指定的速度、加速度正反转。本任务需要 MC POWER、MC HOME、MC JOGAXIS、MC STOP、MC READACTUALPOSITION 等功能块命令。功能块命令介绍如下。功能块的左边都是输入信号，右边都是输出信号。

(1) MC POWER 功能块是用来给电机使能的，使电机处于正转或者反转的准备状态。其输入、输出参数见表 6-2-1 和表 6-2-2。电机使能后，有力矩输出，PMM335 模块左边一列对应轴的 LED 指示灯由红色变绿色。

表 6-2-1　MC POWER 输入参数

名称	描　述
Axis	(必要)轴的名称。参见图 6-1-6，如 M10_Axis1
Enable	(必要)模块使能端。输入为 0，模块禁用，所控制的轴禁止运动；输入为 1，模块使能，所控制的轴运动方向通过设置下面的输入 Enable_Positive 和 Enable_Negative 来实现
Enable _ Positive	(必要)输入为 1，轴正方向(顺时针)转动使能；输入为 0，轴正方向(顺时针)转动禁止
Enable _ Negative	(必要)输入为 1，轴反方向(逆时针)转动使能；输入为 0，轴反方向(逆时针)转动禁止

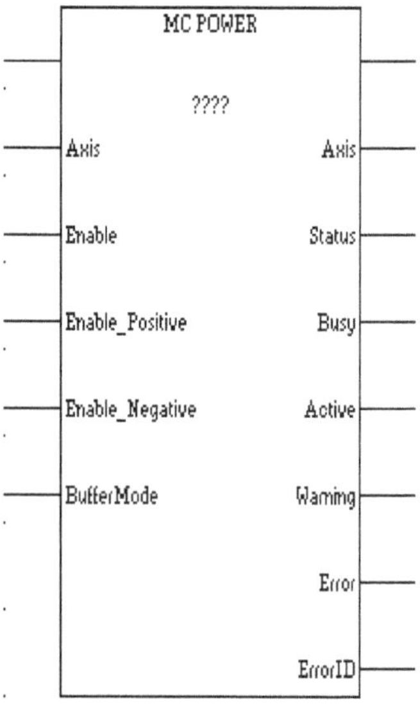

表 6-2-2　MC POWER 输出参数

名称	描　述
Status	（可选）当输出为 1 时，轴运动使能
Busy	（可选）当 Enable 输入使能端为 1 且功能块未完成当前操作时，输出为 1
Active	（可选）当输出为 1 时，功能块控制的轴正在运行
Warning	（可选）当输出为 1 时，表明功能块内部有警告发生
Error	（可选）当输出为 1 时，表明功能块内部有错误发生
ErrorID	（可选）当 Error 输出为 1 时，ErrorID 是错误标识代码； 当 Warning 输出为 1 时，ErrorID 是警告标识代码

（2）MC HOME 功能块是用来建立一个有效的相对已知运动终点的实际位置。设定的终点偏移量定义为实际终点位置距离终点标记的偏移量。其输入、输出参数见表 6-2-3 和表 6-2-4。

表 6-2-3　MC HOME 输入参数

名称	描　述
Axis	（必要）轴的名称
Execute	（必要）上升沿时启动操作
Position	（可选）当一个搜索终点的周期完成时输入指定终点位置的值
Homing Mode	（可选）搜索终点的方法。选择：LimitSwitchRefPulse 仅适用于轴 1 ~ 4，RefPulse and RefPulseNeg 适用于所有轴
Buffer Mode	（可选）定义轴的动作模式。选择：Aborting，Buffered，Blending
Home Offset	（可选）当搜索终点指令完成时，从伺服的最终停止点增加或减少的值。终点偏移量可以调整伺服的最终停止点相对于编码器标记的偏差
FinalHome Velocity	（可选）最终速度变化
FindHome Velocity	（可选）速度
Acceleration	（可选）最大加速度（能量增加），值总是正的。最大加速度不是必须达到的
Deceleration	（可选）最大减速度（能量减少），值总是正的。最大减速度不是必须达到的
Jerk	（可选）加加速度（详见 Jerk 解释），其值总是正的。如果设置为 0，加加速度是无穷大
JerkUnits	（可选）Jerk 输入选择单位。选择：UserUnitsPerSecondCubed，PercentJerkLimiting

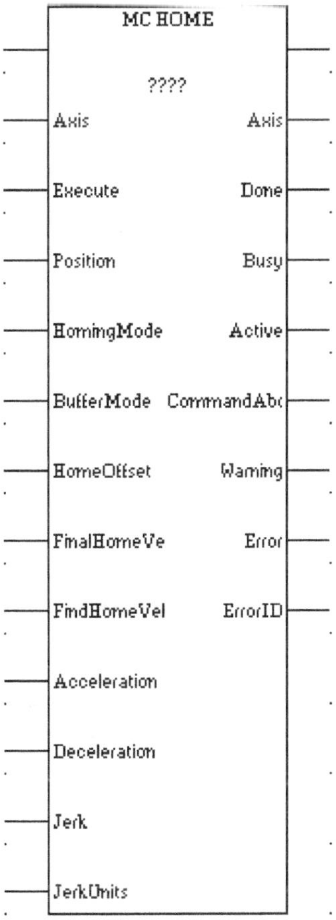

Jerk 是加速度增加和降低对时间的变化率,称加加速度。Jerk 限制运动曲线经常使用 S 曲线。Jerk 限制运动如图 6-2-1 所示。

图 6-2-1　Jerk 限制运动

线性加速和 S 曲线加速如图 6-2-2 所示。

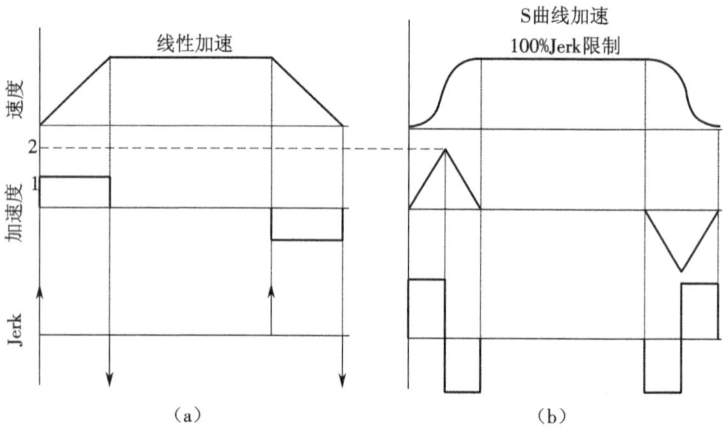

图 6-2-2　线性加速和 S 曲线加速

(a)线性加速　(b)S 曲线加速

采用曲线移动的特点如下:

①减少机器磨损,延长机器寿命;

②增加运动的平稳性,不会产生系统共振;

③减少弹性变形,提高定位精度和产品质量。

表 6-2-4　MC HOME 输出参数

名称	描　述
Axis	输出轴的名称
Done	(可选)当输出为 1 时,表明已达到输入指定的终点位置

续表

名称	描　述
Busy	（可选）当输出为1时，表明功能块正在执行某个轴的控制而且尚未完成当前操作
Active	（可选）当输出为1时，表明功能块控制的轴正在运行中
Command Aborted	（可选）当输出为1时，表明该命令被另一个命令终止
Warning	（可选）当输出为1时，表明执行功能块实例过程中有一个警告发生
Error	（可选）当输出为1时，表明执行功能块实例过程中有一个错误发生
ErrorID	（可选）当 Error 输出为1时，ErrorID 是错误标识代码； 当 Warning 输出为1时，ErrorID 是警告标识代码

（3）MC JOGAXIS 功能块是 JOG 一个轴向前或向后在指定的速度、加速度等参数下运行。其输入、输出参数见表6-2-5和表6-2-6。

表6-2-5　MC JOGAXIS 输入参数

名称	描　述
Axis	（必要）轴的名称
Enable _ Positive	（必要）当设置为1，轴在正方向上有相对位移；当设置为0，轴在正方向的运动停止
Enable _ Negative	（必要）当设置为1，轴在反方向上有相对位移；当设置为0，轴在反方向的运动停止
JogVelocity	（可选）最大点动速度，值总是正的，最大值不是必须达到的
MinJogDistance	（必要）设置最小点动距离
Acceleration	（可选）最大点动加速度，（能量增加）值总是正的，最大值不是必须达到的
Deceleration	（可选）最大点动减速度，（能量减少）值总是正的，最大值不是必须达到的
Jerk	（可选）点动加加速度，值总是正的。如果设置为0，加加速度是无穷大
JerkUnits	（可选）Jerk 输入选择单位。选择：UserUnitsPerSecond-Cubed，PercentJerkLimiting

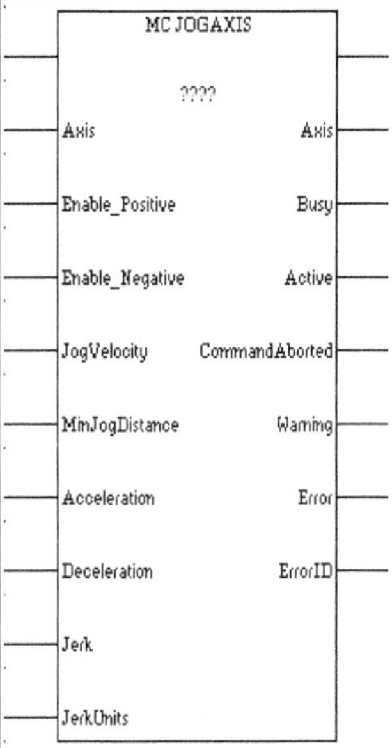

表6-2-6　MC JOGAXIS 输出参数

名称	描　述
Axis	输出轴的名称
Busy	（可选）当输出为1时，功能块正在执行某个轴的控制而且尚未完成当前操作
Active	（可选）当输出为1时，功能块控制的轴正在运行中
Command Aborted	（可选）当输出为1时，MC_POWER 的输入使能端设置为0或者另一个 MC_JOGAXIS 功能块正在进行点动控制
Warning	（可选）当输出为1时，表明执行功能块过程中有一个警告发生
Error	（可选）当输出为1时，表明执行功能块过程中有一个错误发生

续表

名称	描　述
ErrorID	(可选)当 Error 输出为 1 时,ErrorID 是错误标识代码; 当 Warning 输出为 1 时,ErrorID 是警告标识代码

(4)MC STOP 功能块命令控制运动停止。当 MC STOP 使能后,轴开始停止。MC STOP 使能时,轴不执行其他的命令。功能块中各个引脚的作用与 MC POWER、MC HOME 和 MC JOGAXIS 中相同名称的引脚功能相同。图 6-2-3 为 MC STOP 功能块。

(5)MC READACTUALPOSITION 功能块是用来读取实际轴的位置。MC READACTUAL-POSITION 中各个引脚的作用与 MC POWER、MC HOME 和 MC JOGAXIS 中相同名称的引脚功能相同。图 6-2-4 为 MC READACTUALPOSITION 功能块。

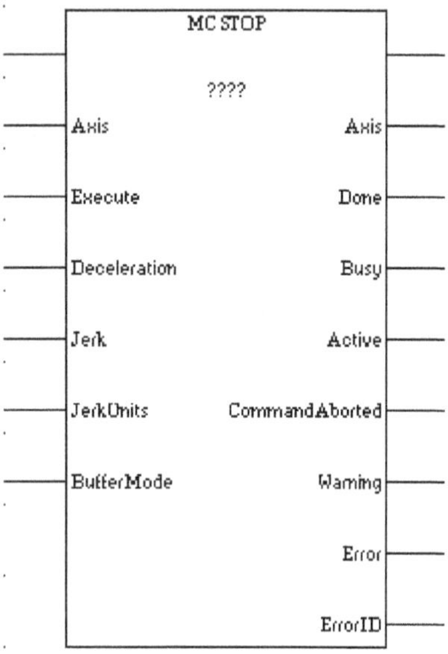

图 6-2-3　MC STOP 功能块

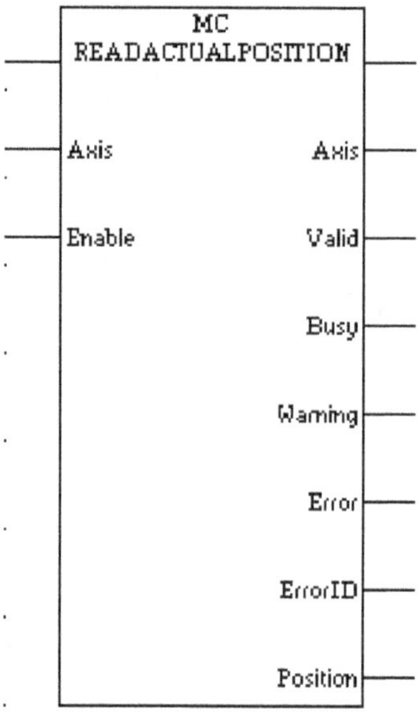

图 6-2-4　MC READACTUALPOSITION 功能块

小知识:错误代码引脚 ErrorID 输出错误代码时,必须在该引脚定义一个变量。变量名可以是英文或英文和数字组合。错误代码显示格式为十六进制,具体设置方法:右键单击 ErrorID 引脚选择“display format”项后选择“hexadecimal”。同理,MC READAC-TUALPOSITION 功能块中 Position 引脚观察运动位置时也需要定义变量。

6.2.2　任务准备

本任务需要 IC695PSD040、IC695CPU315、IC695ETM001、IC694ACC300、IC695PMM335 等模块。

6.2.3　任务实施

1. I/O 分配

I/O 分配见表 6-2-7 所示。

表 6-2-7　I/O 分配表

输入	功能说明
%I00081	控制电机上电开关
%I00082	控制电机 HOME 开关
%I00083	控制电机正转开关
%I00084	控制电机反转开关
%I00085	控制电机停止开关

2. 参考程序的编写

双击“MAIN”，打开梯形图编辑窗口，在工具栏里常用指令窗口由灰色变为黑色，PAC-Motion 指令如图 6-2-5 所示，参考程序如图 6-2-6 所示。

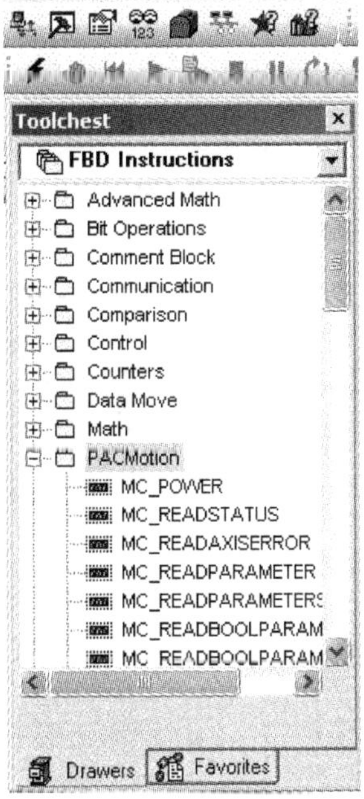

图 6-2-5　PACMotion 指令

程序编辑下载后，扳动启动开关（%I00081），可听到伺服驱动器供电声音，在 PMM335 模块上相对应轴的指示灯变绿，如图 6-2-7 所示，再扳动开关（%I00082）电机开始执行“home”指令，当 Axis1 _ homedone 变亮时电机自动停止；扳动开关（%I00083）电机正转，复位开关电机停止正转；扳动开关（%I00084）电机反转，开关复位电机停转。在 MC READAC-TUALPOSITION 功能块的位置输出端可以看到位置变化如图 6-2-8 和图 6-2-9 所示。扳动开关（%I00085）电机停止。

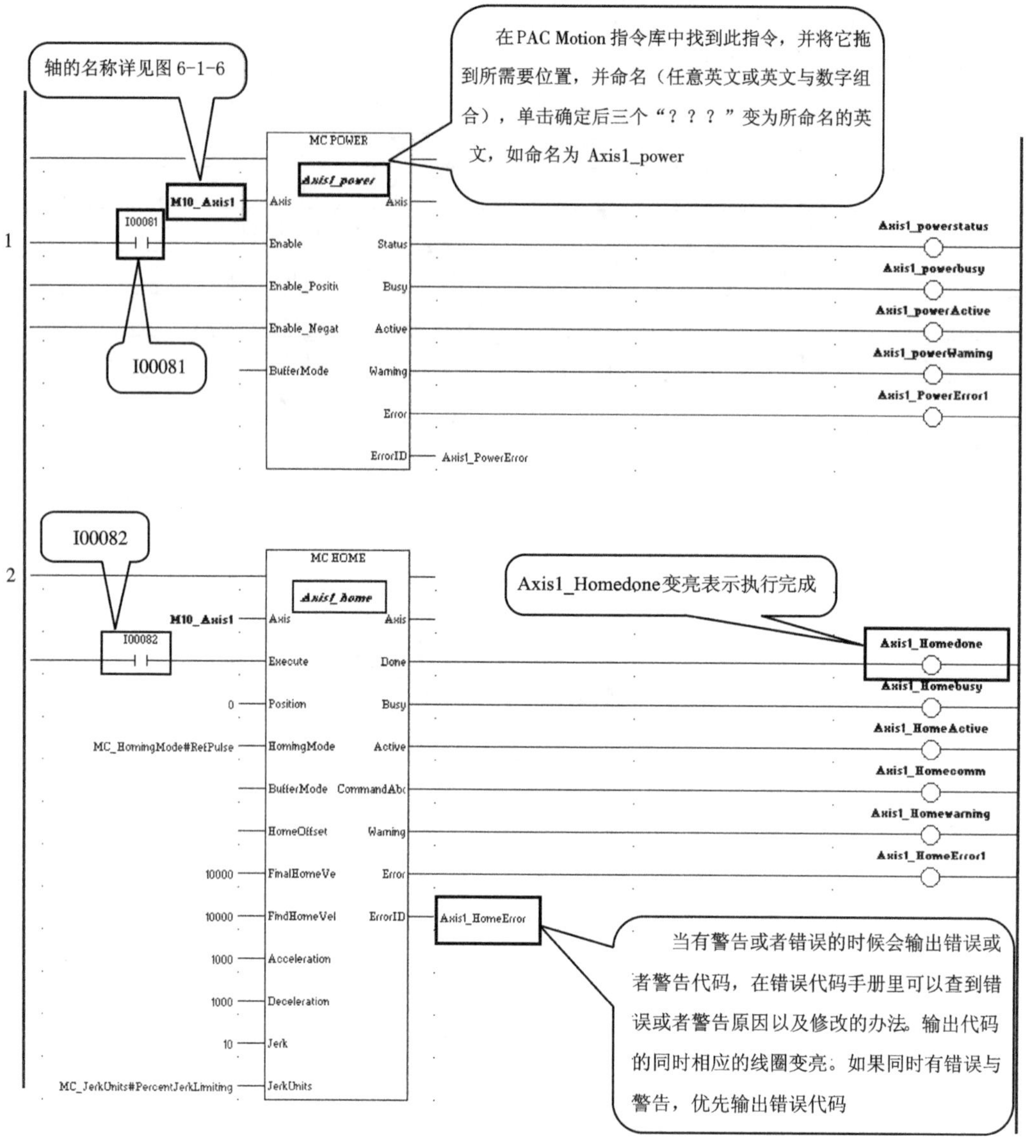

图 6-2-6　控制程序梯形图

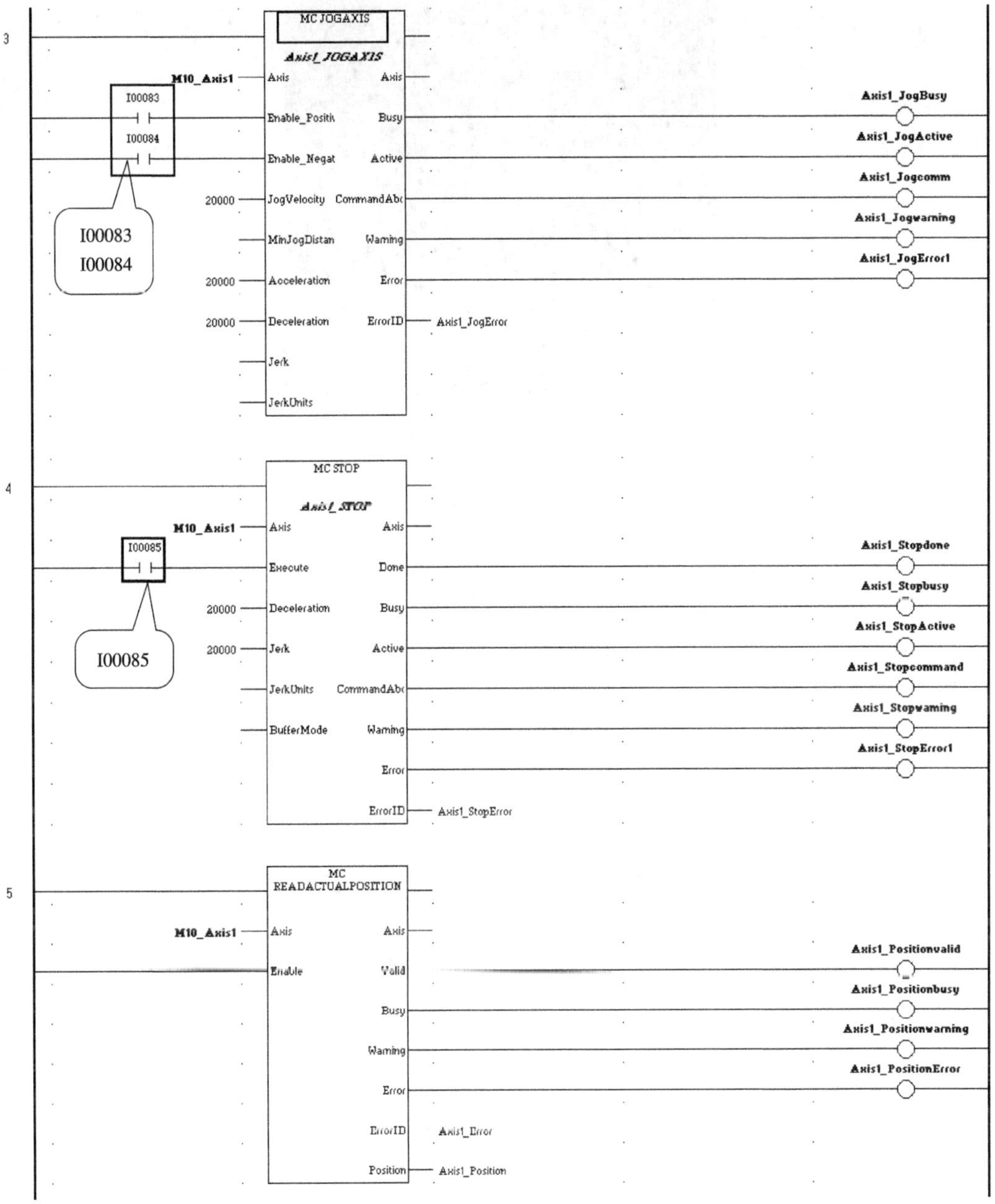

图 6-2-6　控制程序梯形图(续)

图 6-2-7　轴 1 使能后相应指示灯亮

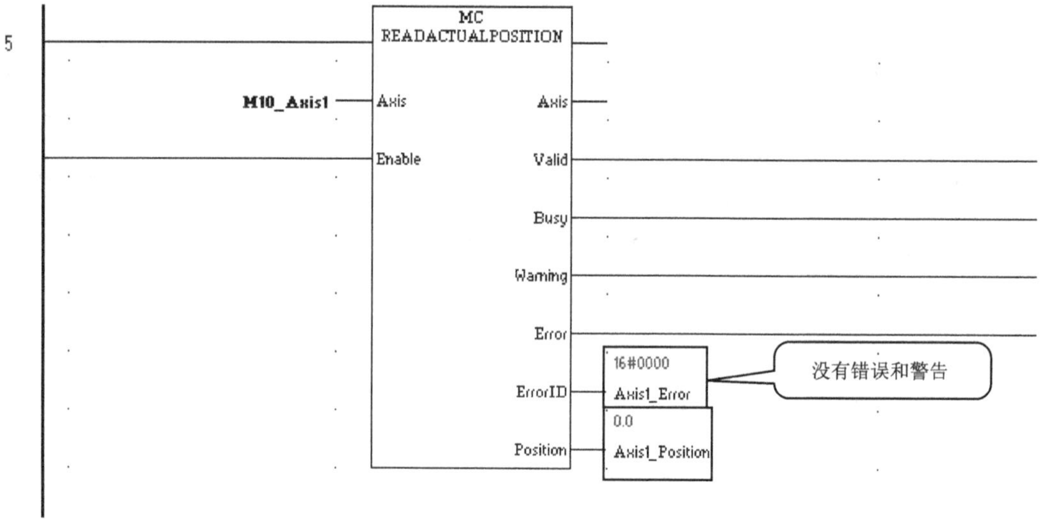

图 6-2-8　轴未转动时位置参数

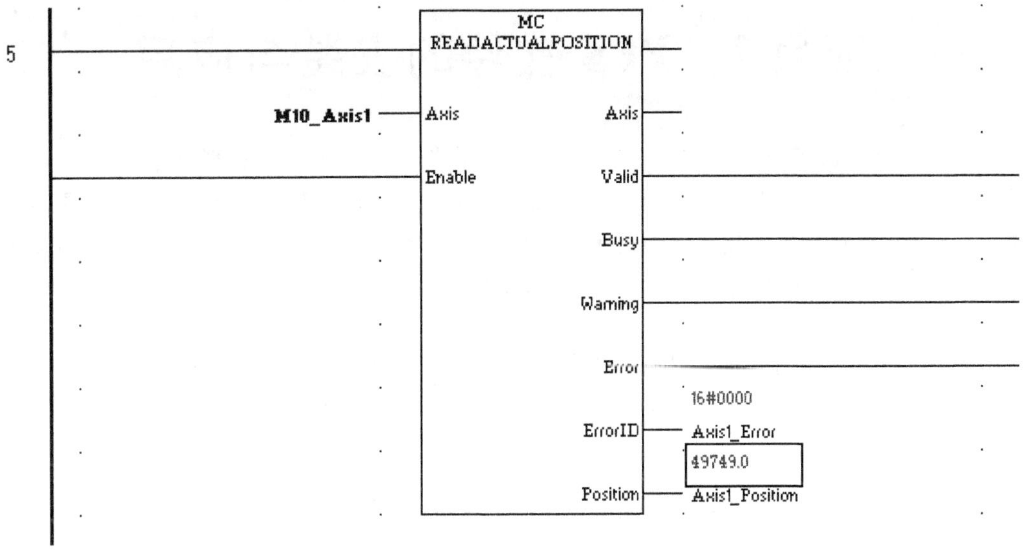

图 6-2-9　轴转动后位置参数

项目 7　PPS 软件的安装与应用

PPS 全称为 Proficy Process Systems，是 GE 智能平台专为填补传统 DCS 系统与 PLC/HMI 系统之间长期存在的空白而特别设计的过程控制软件。PPS 为连续过程行业提供所需的调整控制，例如电力和能源行业对工厂应用平衡的处理，石油和天然气行业对液体天然气的再气化和管线的处理，水处理行业对内部流程的处理以及流体行业对工艺生产线的处理等。

PPS 软件包含 140 多个标准功能块，可满足最常见的控制需求。除此之外，PPS 还提供用户定义的功能块，可让用户自由灵活地准确定义所需的控制算法。

任务 1　PPS 软件的安装

7.1.1　安装准备

将 PPS 软件安装光盘插入光驱中，找到

图标，双击此图标运行 PPS 安装程序，弹出安装对话框如图 7-1-1 所示。（建议在安装 PPS 软件前，先还原电脑系统。）

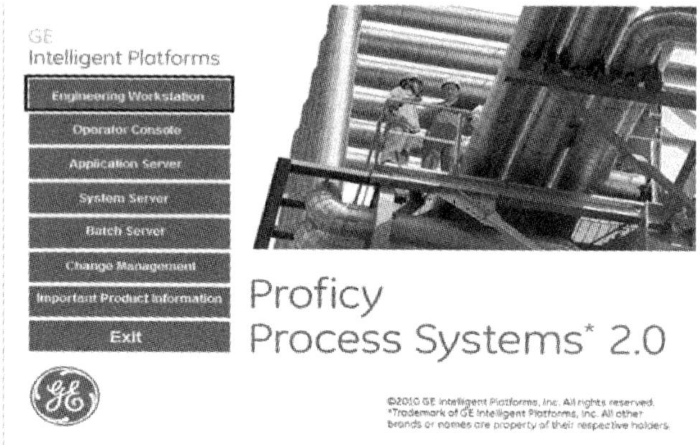

图 7-1-1　安装对话框

7.1.2　安装“. NET Farmework”

安装文件自动检测计算机的软件配置，检查是否已经安装“. NET Farmework”。若已安装，安装程序将继续 PPS 的安装，跳至第三步。若未安装，系统弹出提示安装对话框，如图 7-1-2所示。

单击“确定”按钮后，弹出安装协议对话框，如图 7-1-3 所示。

同意安装后，等待几十秒系统会弹出安装成功对话框，单击“OK”按钮完成安装，如图 7-1-4 所示。

Proficy Process Systems
There was no Microsoft .NET v1.1.4322 Framework detected on this machine. The framework will now be installed.
确定

图 7-1-2　提示安装“. NET Farmework”

Microsoft .NET Framework 1.1 Setup
License Agreement
Microsoft .net
(A copy of this license is available for printing at http://go.microsoft.com/fwlink/?LinkId=12283)
SUPPLEMENTAL END USER
LICENSE AGREEMENT FOR
I have read, understood and agree to the terms of the End User License Agreement and so signify by clicking "I agree" and proceeding to use this product.
I agree
I do not agree
Install
Cancel

图 7-1-3　“. NET Farmework”安装协议

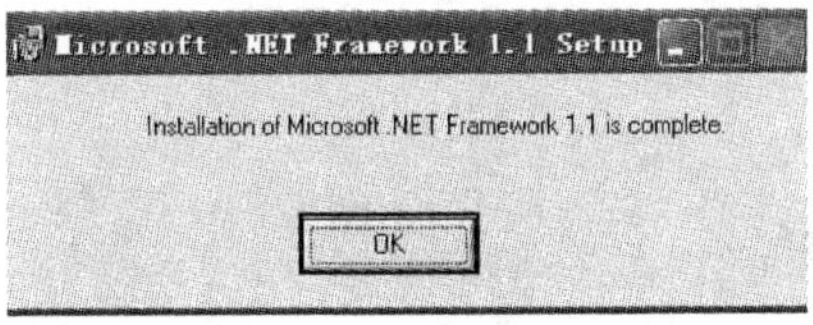
Microsoft .NET Framework 1.1 Setup
Installation of Microsoft .NET Framework 1.1 is complete.
OK

图 7-1-4　“. NET Farmework”安装完成

7.1.3　安装 PPS

系统弹出成功安装了“. NET Farmework”的对话框，单击“确定”按钮，如图 7-1-5 所示。

Proficy Process Systems
Microsoft .NET v1.1.4322 is now installed, proceeding with requested Proficy Process Systems install.
确定

图 7-1-5　成功安装“. NET Farmework”对话框

在语言选择对话框下拉菜单栏中选择“中文(简体)”选项，单击“确定”按钮。

进入 PPS 安装准备对话框，准备工作完成后，安装软件自动检测计算机系统状况。无误后启动配置专家，单击“下一步”按钮继续。

PPS 许可协议对话框中选择“I 接受授权协议条款”，单击“下一步”按钮继续。

PPS 选择安装路径对话框中选择“NewFeature1”项，安装为从本地硬盘上运行，单击“下一步”按钮继续。

系统弹出 PPS 准备安装程序对话框，单击“安装”按钮开始安装。

系统弹出 PPS 配置专家对话框提示 PPS 已成功安装，单击“完成”按钮。

为了保证 PPS 的所有功能正常使用，需要重启电脑系统时，单击“Yes”按钮，重启电脑。

任务2　水箱的恒温控制

7.2.1　任务要求

基于 PPS 软件利用 PACSystems™ RX3i 系统对水箱水温进行监控、调节，使水温稳定在 60 ℃；当水温超过 70 ℃时，系统报警并停止加热。

7.2.2　任务分析

在水箱恒温系统中，通过调节水箱加热功率实现水温控制。模拟装置如图 7-2-1 所示。

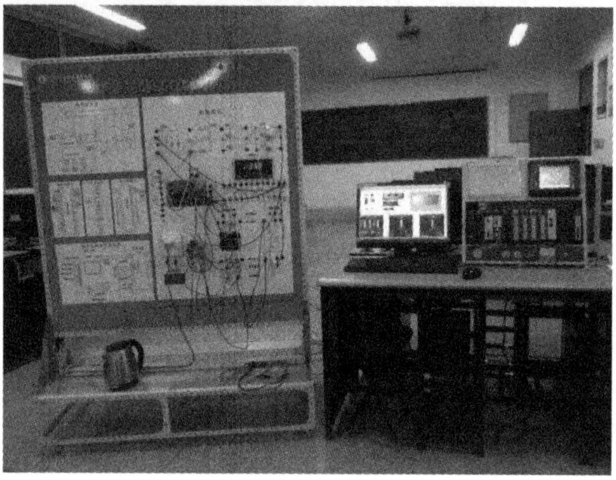

图 7-2-1　模拟装置

7.2.3　任务准备

1. 设备的选取

根据恒温控制系统的温控原理，设备准备见表 7-2-1。

表 7-2-1　设备选型表

序号	名称	型号	数量
1	可编程控制器	GE PACSystems RX3i	1
2	交流接触器	CJ10-20	1
3	电磁继电器	JZX-22F/3Z	1
4	电茶壶	—	1
5	智能数显控制仪	XWP-C803-02-08-HLP	1
6	触发板	AT2201-1	1
7	晶闸管	BTA16-600	1

续表

序号	名称	型号	数量
8	无极电容	CBB61 SH-PO	1
9	水泥电阻	10 W/10 Ω	1
10	开关	—	1
11	空气断路器	DZ47-63	1
12	导线	—	若干

2. I/O 分配

I/O 分配见表 7-2-2。

表 7-2-2　I/O 分配表

输入量		输出量	
I81	启动 SB1	Q1	正常加热指示灯
I82	停止 SB2	Q2	超高限报警指示灯
AI9	温度采集	AQ1	模拟量输出

3. 电气原理图

电气原理如图 7-2-2 所示。

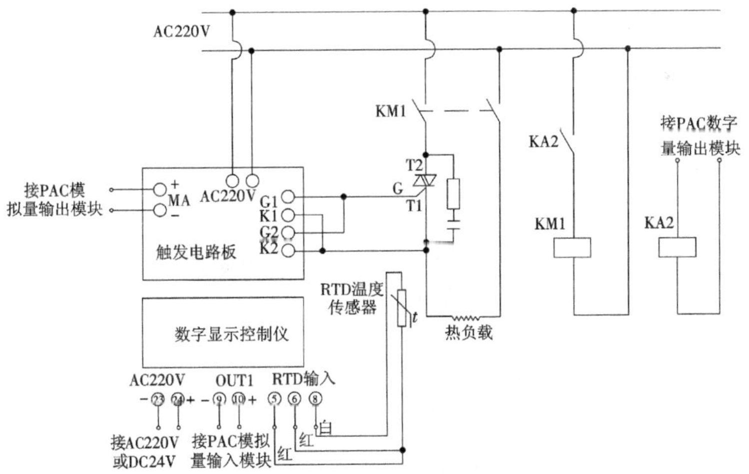

图 7-2-2　电气原理图

4. PAC 连接

模拟量输入模块 IC695ALG600 的第 28、29 和 30 接线端子(CH5)接数显仪和传感器，如图 7-2-3(a)所示。模拟量输出模块 IC695ALG704 的第 20、21 接线端子(CH1)接触发电路，如图 7-2-3(b)所示。

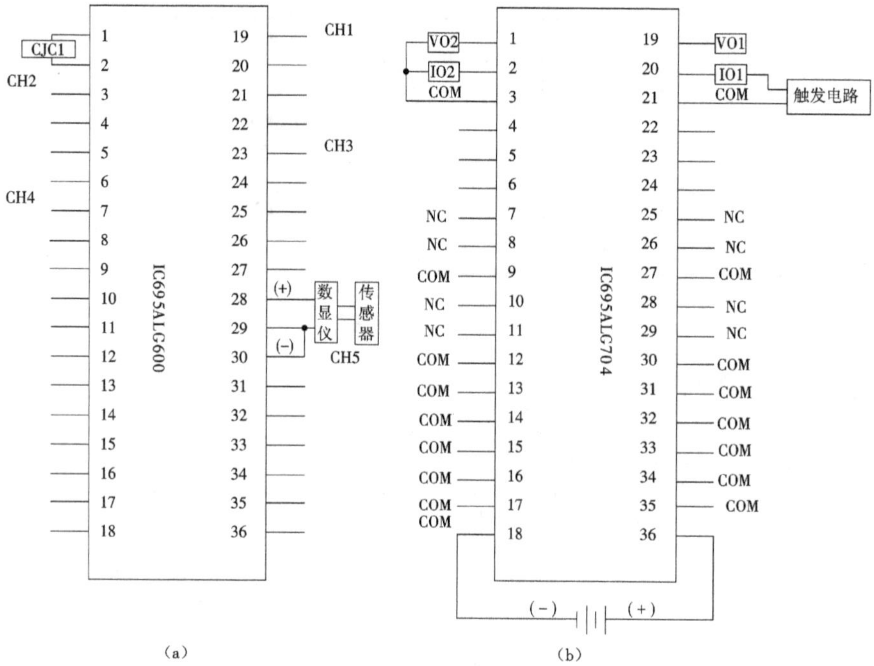

图 7-2-3　PAC 模块接线图

(a)模拟量输入接线图　(b)模拟量输出接线图

7.2.4　任务实施

1. 新建工程

运行 PPS 软件,参见项目 1 创建新工程,工程名为"PPS _ wendukongzhi",控制对象为"PACSystems RX3i",如图 7-2-4 所示。

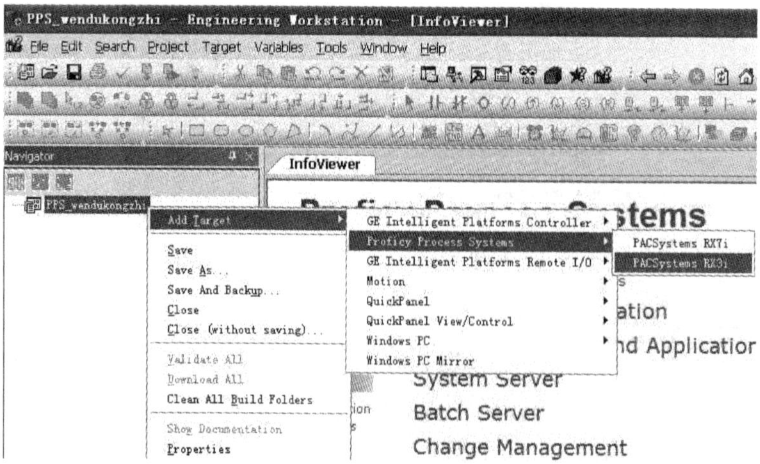

图 7-2-4　新建 PPS 项目

2. 硬件组态

硬件组态流程参见项目 1，模拟量模块的输入、输出类型均改为电流型，范围为 4 ~ 20 mA，如图 7-2-5 和图 7-2-6 所示。

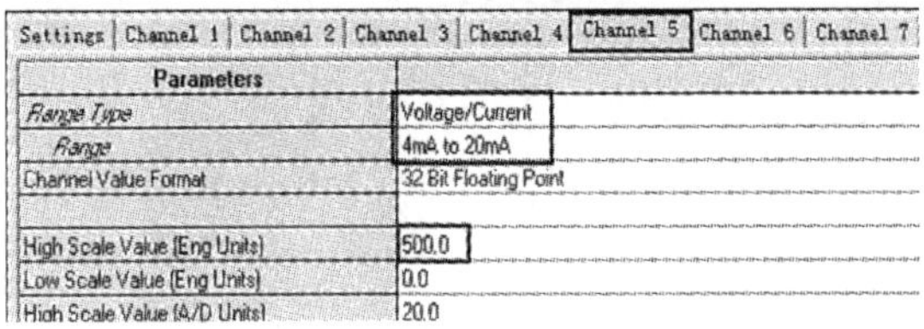

图 7-2-5　IC695ALG600 的 CH5 通道配置

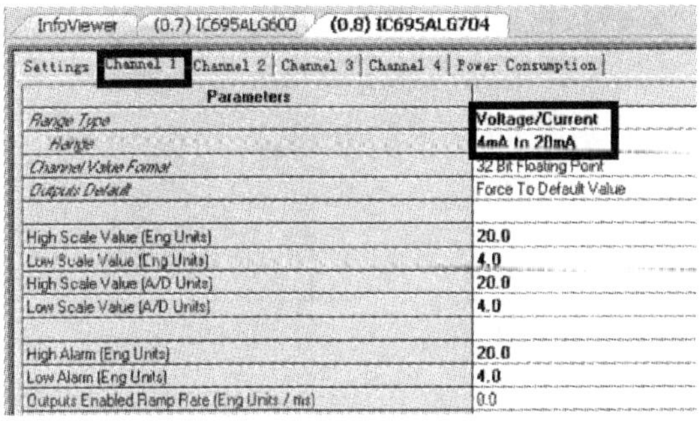

图 7-2-6　IC695ALG704 的通道配置

3. FBD 块应用

FBD 块可以作为子程序被其他程序调用。PPS 软件上的 FBD 块除把 PME 算法集成在一起外，通过 EGD 协议还直接和 iFIX 功能块连接。FBD 块的建立方法如图 7-2-7 所示。

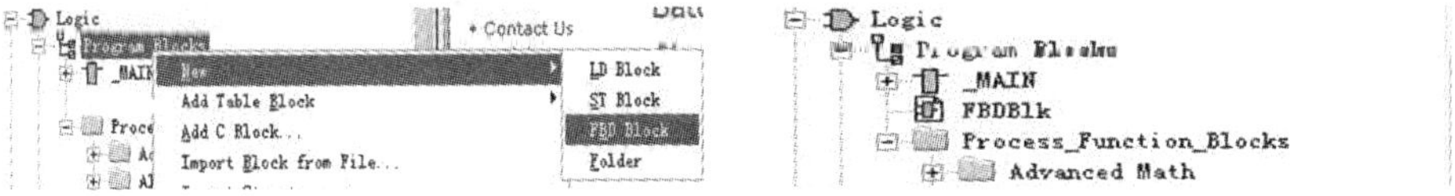

(a)　(b)

图 7-2-7　建立 FBD 块

(a) 创建 FBD 块　(b)创建后的 FBD 块

双击 FBDBlk，打开 FBD 块编辑区。编辑 FBD 块的方法有两种。第一种，单击 PPS 的工具栏中的图标，在“FBD Instructions”选项下选择需要的功能块（如“AI _ REAL”），按住鼠标左键将其拖到编辑区松开，然后给功能块命名为“wendu _ caiji”，如图 7-2-8（a）所示。第二种，在 FBD 块编辑区右键单击选择“Insert Instruction”项，出现的对话框内输入指令名称（如“AI _ REAL”），按回车键，给功能块命名为“wendu _ caiji”，如图 7-2-8（b）所示。

按照上述方法依次添加“ADV _ PID”和“AO _ REAL”功能块分别命名为“wendu _ mokuai”和“moniliang _ shuchu”。“AI _ REAL”块的功能是采集模拟量，“ADV _ PID”块的功能提供 PID 控制，“AO _ REAL”块的功能是输出模拟量。

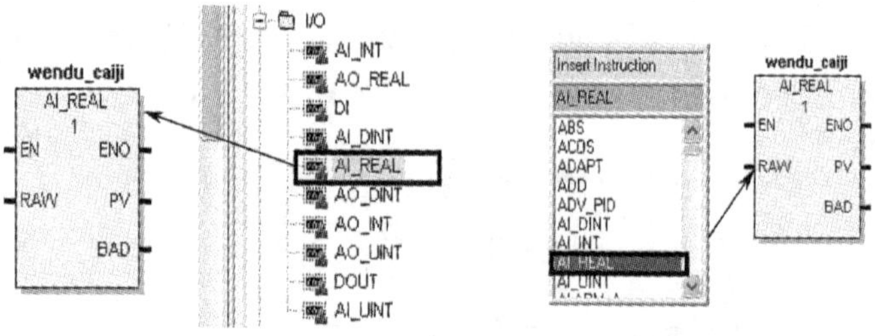

（a）　　　　　　　　　　　　　　（b）

图 7-2-8　FBD 功能块的添加

（a）拖动功能块　（b）输入功能块名称

连接功能块之间的端口时，将鼠标放置到功能块的端口处，待鼠标右下角出现一个平躺且折断了的“I”时，按住鼠标左键拖至待连接端口处松开即可。系统自动判断连线为虚线还是实线。连线后的 FBD 块画面如图 7-2-9 所示。

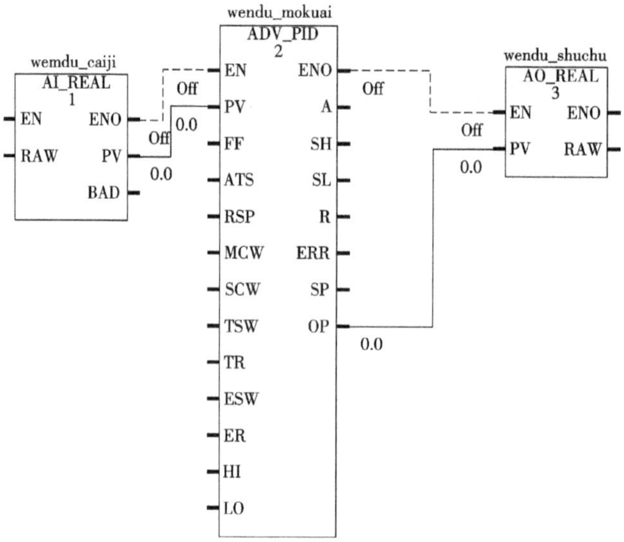

图 7-2-9　连线后的 FBD 块

右键单击 ADV _ PID 模块的名字“wendu _ mokuai”选择“Properties”选项，配置模块 PID 属性如图 7-2-10 所示。修改“Proportional Gain”（比例常数 K_P）、“Intergral Reset”（积分常数 K_I）和“Derivative Time”（微分常数 K_D）例如“0. 38”“0. 81”和“2. 0”以及“Setpoint（预设值）”项设为 60. 0（本任务水温控制在 60 ℃）。

右键单击 AO_REAL 模块的名字“moniliang_shuchu”，选择“Properties”项打开属性框。对 AO_REAL 模块进行设置，“PV High[Eng Units]”“Raw for PV High”项分别设置为“100”“20”，如图 7-2-11 所示。增加输入、输出量后的完整 FBD 块画面如图 7-2-12 所示。

Inspector	
Variable [PAC1]	
Name	shujuchuli
Description	
Publish	False
Data Type	ADV_PID
Algorithm Type	Series
Execution Period (Seconds)	0.0
Initialization	Mode = Manual, OP = Initial Value
OP Inital Value	0.0
Direction	Reverse Acting
Proportional Gain	0.38
Adaptive Proportional Gain	Disabled
Intergral Reset (Repeats/minutes)	0.01
Adaptive Integral Reset	Disabled
Derivative Based On	Process Variable
Derivative Time (Minutes)	2.0
Adaptive Derivative Time	Disabled
Derivative Filter Parameter	10.0

General　HMI　Security　History

Inspector	
Setpoint Tracking	Disabled
Setpoint Filter Time (Seconds)	0.0
PV Minimum	0.0
PV Maximum	100.0
OP Minimum	0.0
OP Maximum	100.0
Current Error	0.0
Actual Exe. Period (Seconds)	0.0
Active Mode	Manual
Setpoint Source	Local
SP Tracking PV	No
OP Tracking TR	No
OP Saturated Low	No
OP Saturated High	No
Command	Normal
Setpoint	60.0
Manual OP Command	0.0

General　HMI　Security　History

图 7-2-10　ADV _ PID 模块的属性

Data Type	AO_REAL
PV Low (Eng Units)	0.0
PV High (Eng Units)	100.0
Raw for PV Low	0.0
Raw for PV High	20.0

图 7-2-11　属性设置

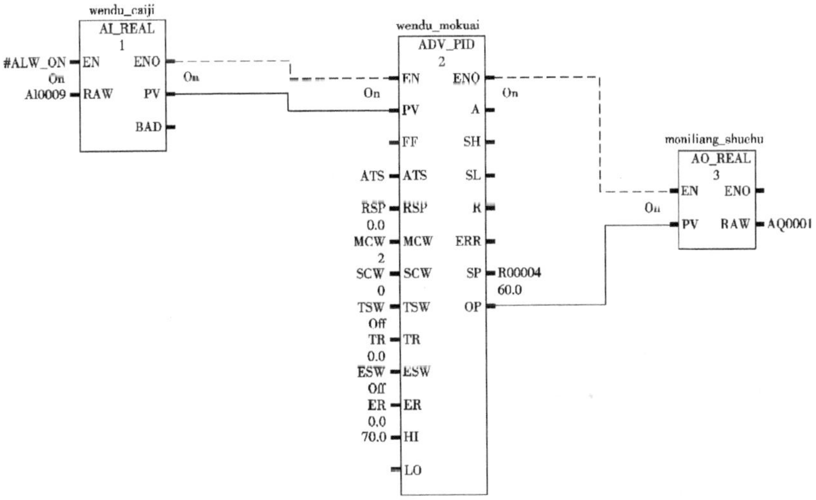

图 7-2-12　完整 FBD 画面

4. PAC 程序编写

参照项目 1 编辑梯形图,梯形图中“CALL 指令(调用指令)”是在 FBDBlk 画面建立完成后才能添加的(把 FBDBlk 直接拖到编写区的调用指令内即可),编辑好的梯形图如图 7-2-13所示。

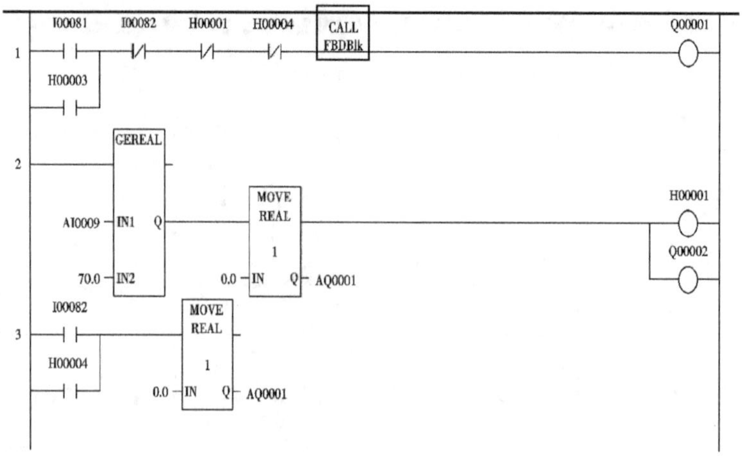

图 7-2-13　梯形图

5. 程序的下载与运行

程序的下载与运行过程见项目 1。运行效果如图 7-2-14 所示。

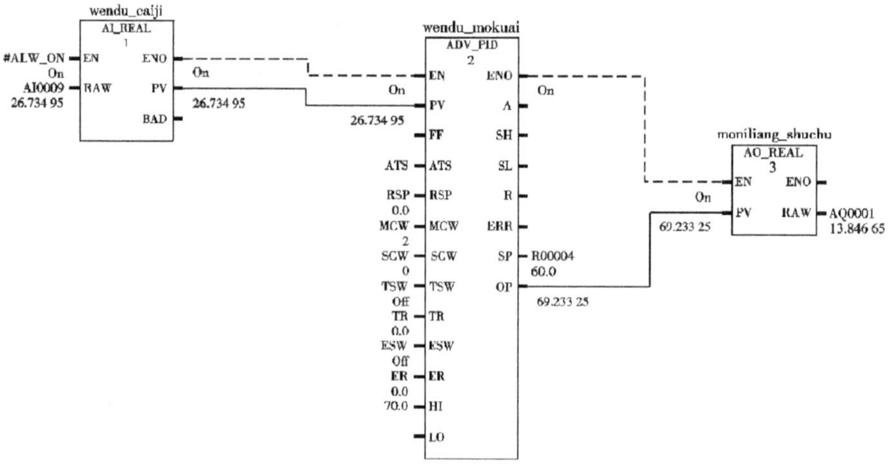

图 7-2-14　程序运行局部图

打开开关(%I00081),Q1 灯亮,说明控制系统已经上电,PID 进入自动模式,此时加热装置开始对液体进加热,观察数字显示仪温度读数,温度最后会稳定在 60 ℃左右。

任务 3　水箱恒温系统的组态设计

7.3.1　任务要求

系统利用 PPS 在上位机建立组态画面,实时对下位机 PACSystems™ RX3i 系统监控。PPS 在上位机主要完成工程画面的制作、系统的启停控制、超温报警等功能。

7.3.2　任务准备

1. EGD 协议配置

上位机与下位机之间通过 EGD 协议通信。添加 EGD 协议的具体操作参见项目 4。打开 EGD 协议属性框配置属性，如图 7-3-1 所示。

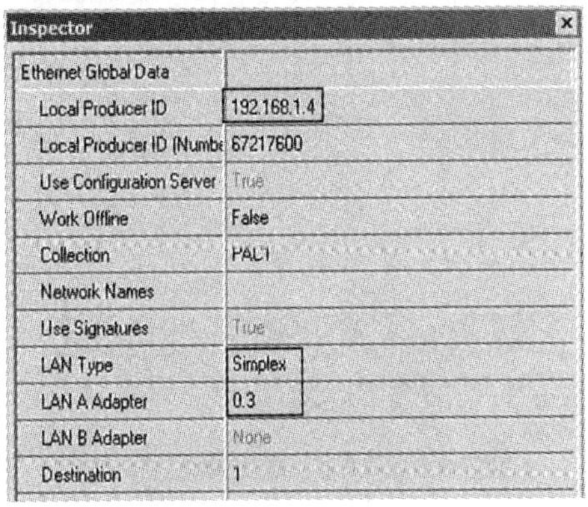

图 7-3-1　配置属性

2. 建立通信通道

打开 Windows“开始”菜单中的“控制面板”选择“Windows 防火墙”→“例外”，如图 7-3-2 所示。

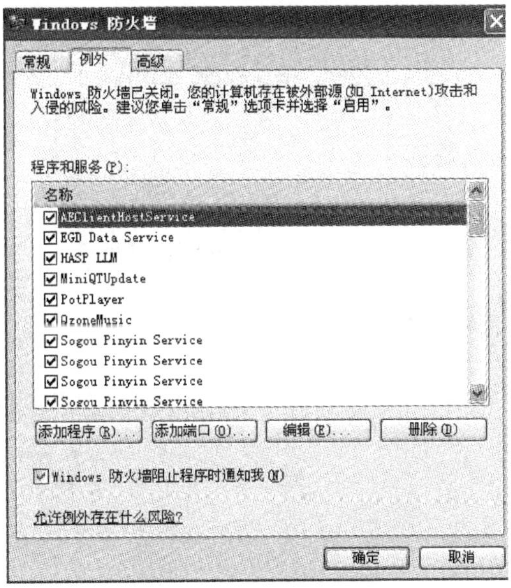

图 7-3-2　Windows 防火墙

在“我的电脑”中搜索“EGD PowerTool”文件的存储路径，如图 7-3-3(a)所示。回到图 7-3-2 所示对话框，单击“添加程序”按钮弹出“添加程序”对话框如图 7-3-3(b)所示。单击“浏览”按钮，查找“EGD PowerTool”的存储路径后单击“确定”按钮。“dllhost. exe”和“microsoft. managementconsole. dll”文件按照相同方法进行添加操作。

在“Windows 防火墙”对话框中单击“添加端口”按钮，如图 7-3-4(a)所示。弹出“添加端口”对话框，名称项中输入“Docm Listen”，端口号项输入“135”，单击“确定”按钮，如图 7-3-4(b)所示。

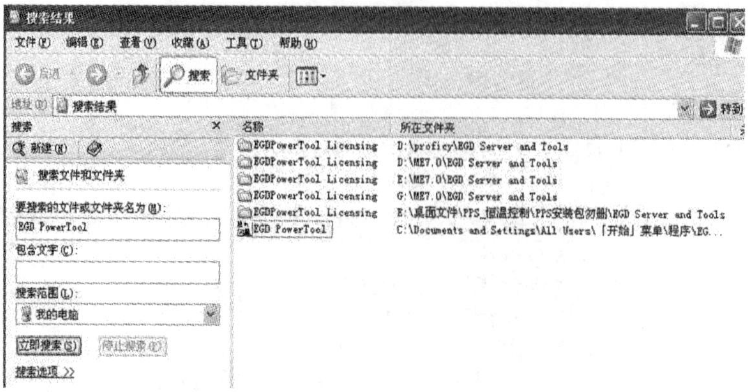

(a)

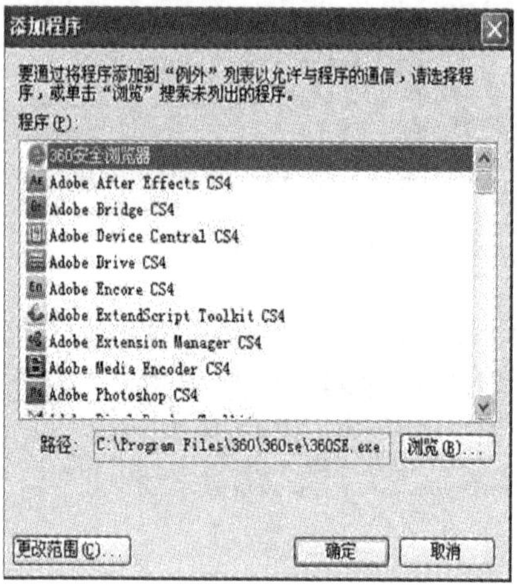

(b)

图 7-3-3　防火墙程序例外的添加

(a) 搜索结果　(b)“添加程序”对话框

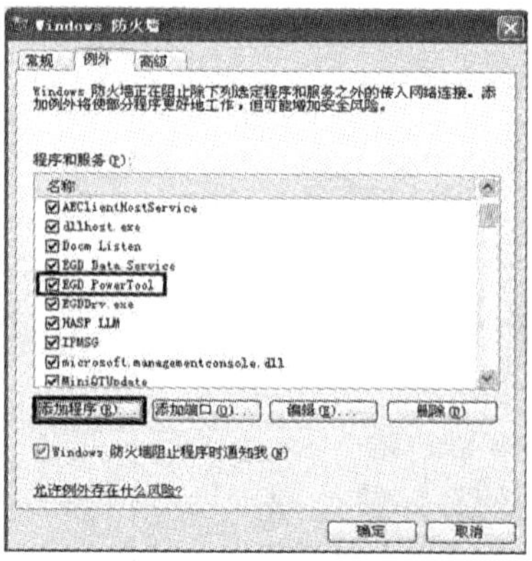

(a)

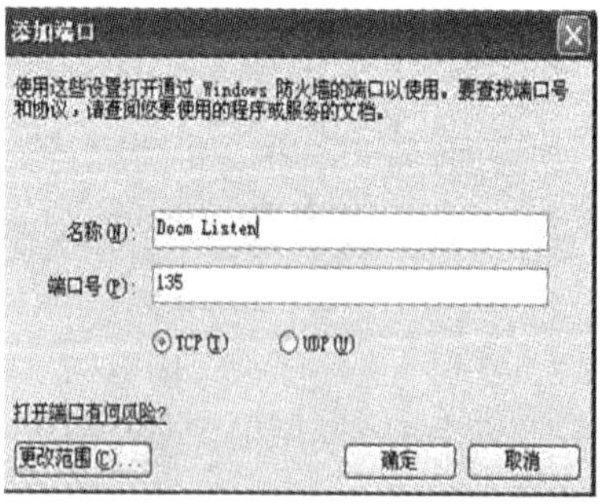

(b)

图 7-3-4　防火墙端口例外的添加

(a) 单击“添加端口”按钮　(b)“添加端口”对话框

3. 安全配置

Windows 桌面依次选择“开始”→“所有程序”→“Proficy HMI SCADA-iFIX 5. 1”→“iFIX

5.1”，弹出iFIX启动对话框，如图7-3-5所示。单击图标运行iFIX，如图7-3-6所示。

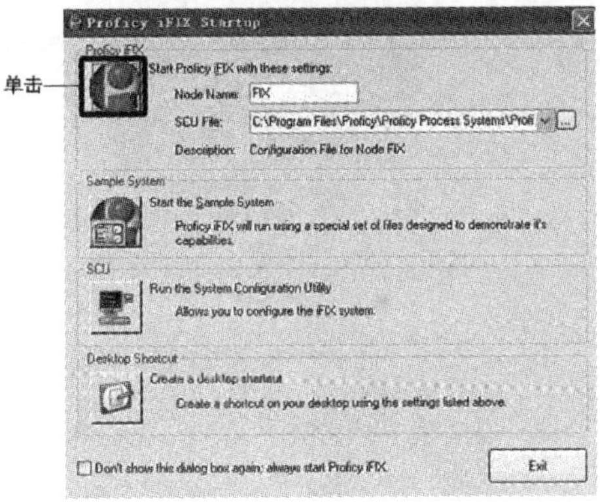

图7-3-5 启动iFIX界面

图7-3-6 iFIX运行画面

Windows桌面按图7-3-7所示依次选择“开始”→“所有程序”→“Proficy HMI SCADA-iFIX 5.1”→“系统配置”运行系统配置文件，结果如图7-3-8所示。

图7-3-7 打开iFIX系统配置

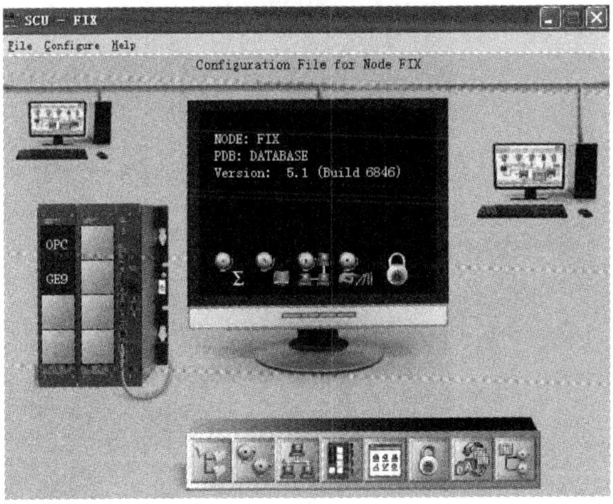

图7-3-8 系统配置界面

1）启用用户安全

在系统配置工具栏的“Configure”菜单中选择“Security”选项，打开安全配置界面，如图7-3-9所示。

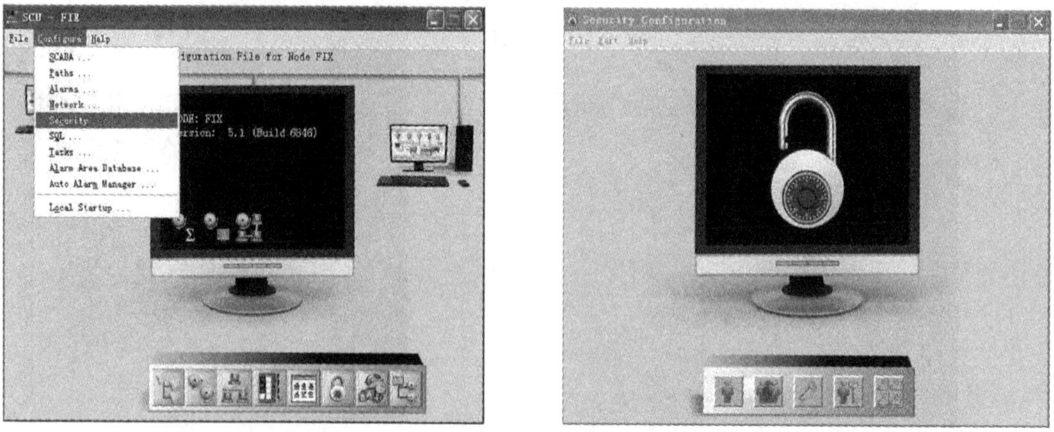

(a)　　　　　　　　　　　　(b)

图 7-3-9　打开 iFIX 安全配置

(a)选择安全选项　(b)安全配置窗口

在安全配置窗口工具栏的“Edit”菜单中选择“Configuration”选项编辑安全配置，如图 7-3-10所示。

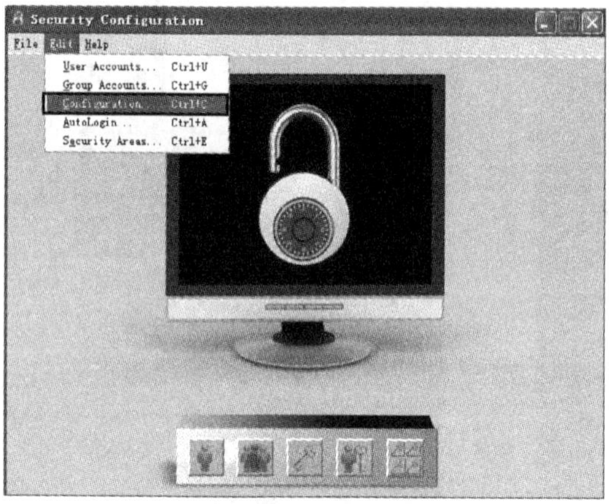

图 7-3-10　编辑安全配置界面

选择“Configuration”对话框中的“Enabled”选项，单击“OK”按钮，如图 7-3-11 所示。

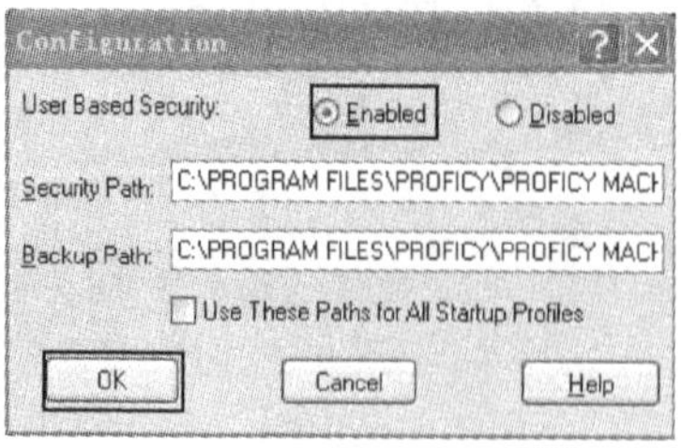

图 7-3-11　“Configuration”对话框

2)编辑安全区域

在安全配置窗口工具栏的“Edit”菜单中选择“Security Areas”选项查看安全区域，如图

7-3-12 所示。

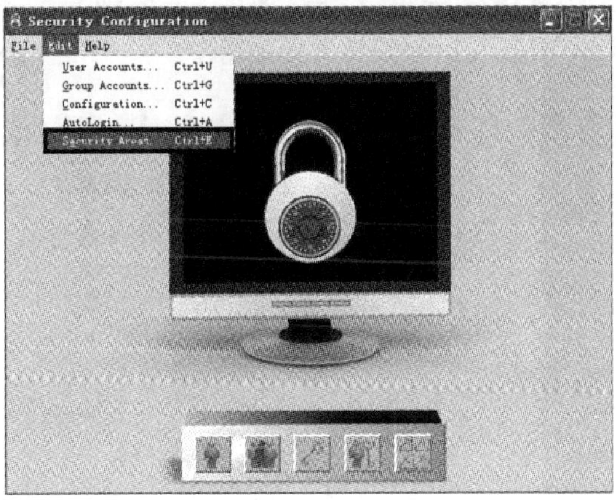

图 7-3-12　打开安全区域

选择安全区域的内容，例如 1A，单击“Modify”按钮，修改安全区域名称为“PPS”，单击“OK”按钮确定修改，如图 7-3-13 所示。

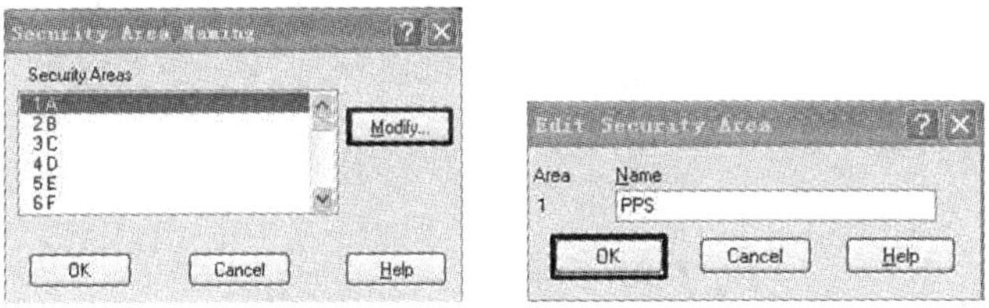

(a)　　(b)

图 7-3-13　编辑安全区域

(a)安全区域　(b)修改安全区域名称

3)添加分组

在安全配置窗口工具栏的“Edit”菜单中选择“Group Accounts”选项编辑分组，如图 7-3-14所示。

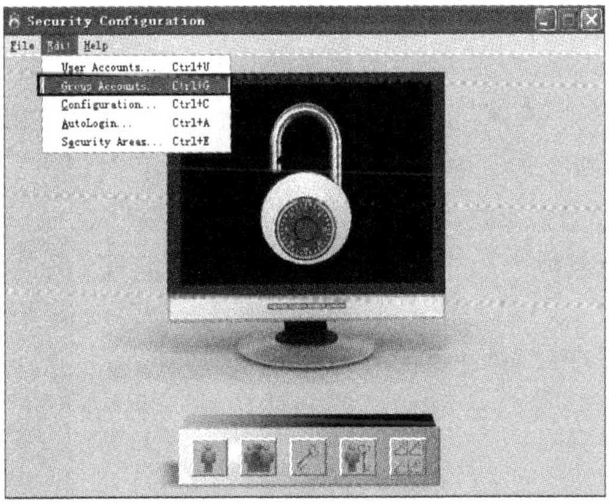

图 7-3-14　打开分组设置

在“Group Accounts”窗口中已经存在两个组别“OPERATORS”和“SUPERVISORS”。新建一个分组“ENGINEER”，具体做法是：单击“ADD”按钮弹出“Group Profile”对话框，在“Group Name”栏输入“ENGINEER”，如图 7-3-15 所示。

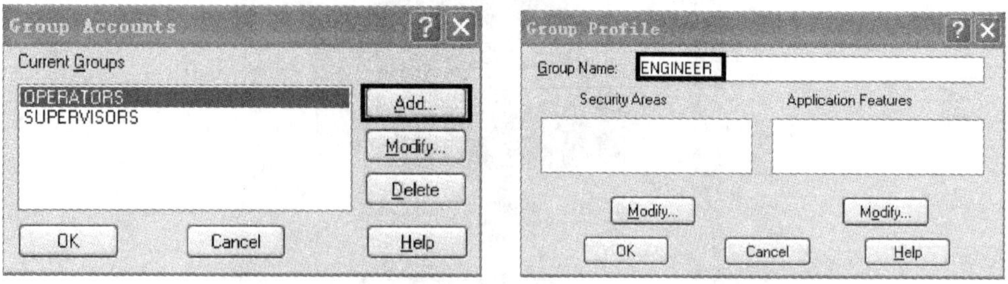

(a)　　　　(b)

图 7-3-15　新建分组

(a)添加组别类型　(b)修改组别名称

4）分组安全区域

单击“Group Profile”对话框“Security Areas”文本栏下面的“Modify”按钮设置“ENGINEER”用户组的访问区域，弹出“Security Area Selection”对话框，如图 7-3-16 所示。单击“Add”按钮添加 PPS 区域，单击“OK”按钮后，系统返回到“Group Profile”对话框。

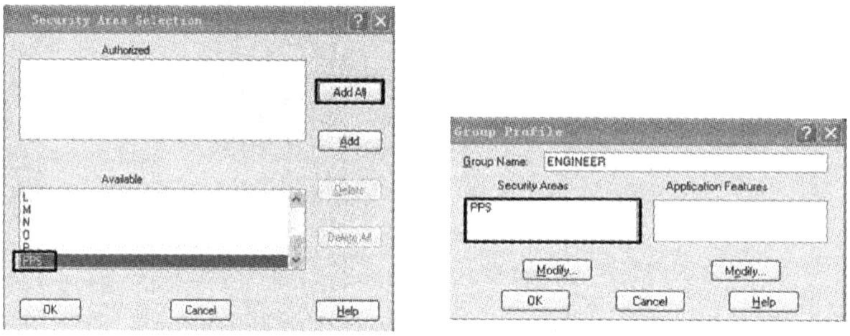

(a)　　　　(b)

图 7-3-16　设置组的访问区域

(a)添加 PPS 区域　(b)访问区域添加后

单击“Group Profile”对话框“Application Features”文本栏下面的“Modify”按钮设置“PPS”区域的应用功能，弹出“Application Feature Selection”对话框，如图 7-3-17 所示。单击“Add All”按钮添加区域功能，单击“OK”按钮后系统返回到“Group Profile”对话框。

在“Group Profile”对话框中单击“OK”按钮后系统返回到安全配置窗口。

5）添加用户账号

在安全配置窗口工具栏的“Edit”菜单中选择“User Accounts”选项，如图 7-3-18 所示。

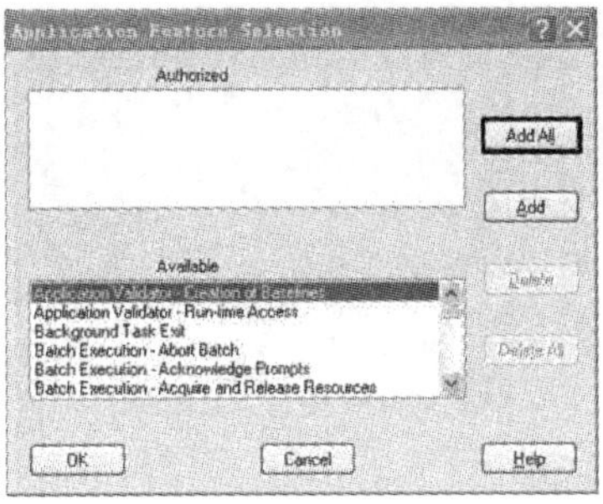

(a)

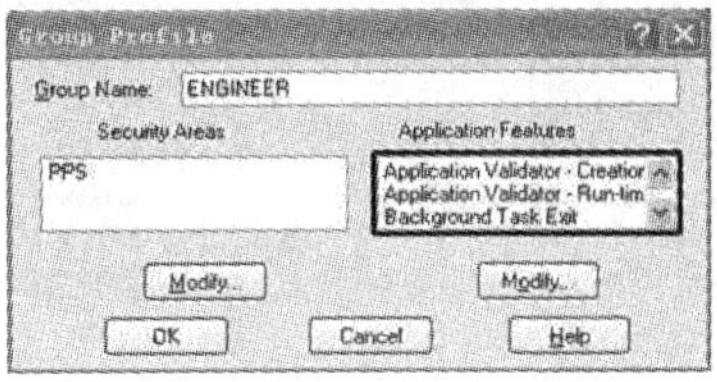

(b)

图 7-3-17　设置区域应用功能

(a)添加 PPS 应用功能　(b)应用添加后对话框

图 7-3-18　打开账户编辑界面

账户编辑窗口中系统默认有两个用户，单击“Add”按钮添加新的用户，如图 7-3-19 所示。

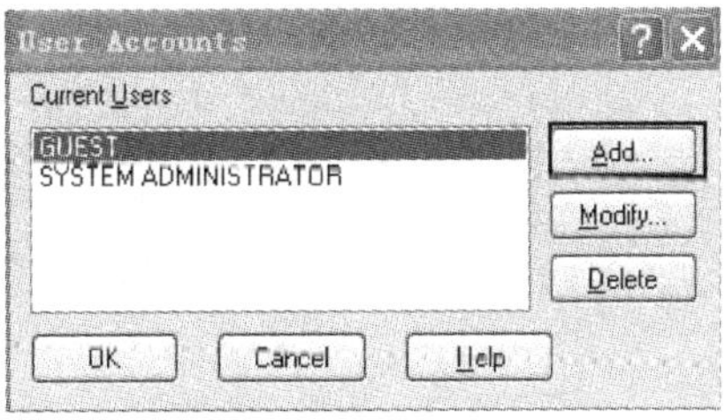

图 7-3-19　添加新账户

系统弹出“User Profile”对话框，在“Full name(用户名称)”后的文本框中输入用户名称“ADMINSTRATOR”，在“Login Name”后的文本框中输入“ADMIN”，在“Password(口令)”后的文本框中输入登录密码，本任务中密码设置为“ADMIN”，如图 7-3-20 所示。

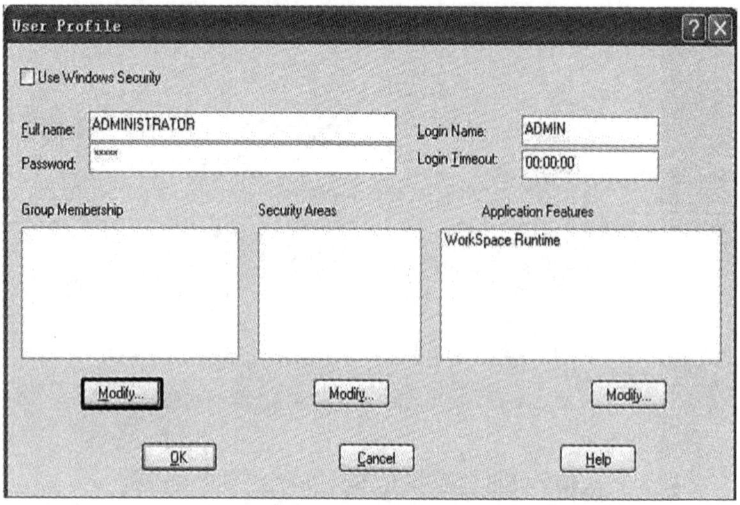

图 7-3-20　编辑新账户

单击“Group Membership”文本框下的“Modify”按钮弹出“Group Membership Selection”对话框，设置用户所在分组为“ENGINEER”，在“Available”选项中选择“ENGINEER”项，单击“Add”按钮进行添加，如图 7-3-21 所示。添加完成后单击“OK”按钮返回。

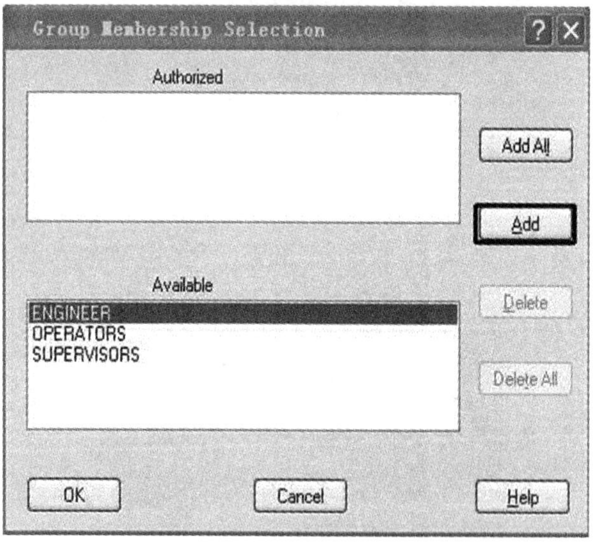

图 7-3-21　用户组权限

添加用户账号后的窗口如图 7-3-22 所示，单击“OK”按钮确定返回。

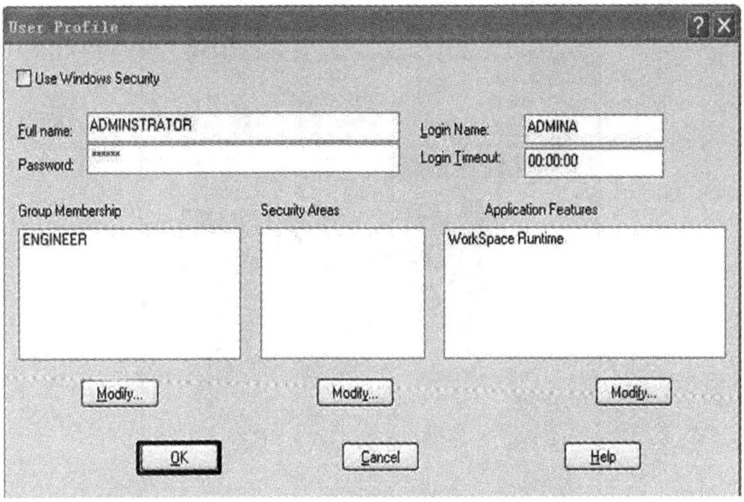

图 7-3-22　添加用户账号后的窗口

系统弹出重新确认密码的窗口，如图 7-3-23 所示。在窗口的文本栏中输入密码“ADMIN”，单击“OK”按钮确定回到图 7-3-18 所示安全配置界面。

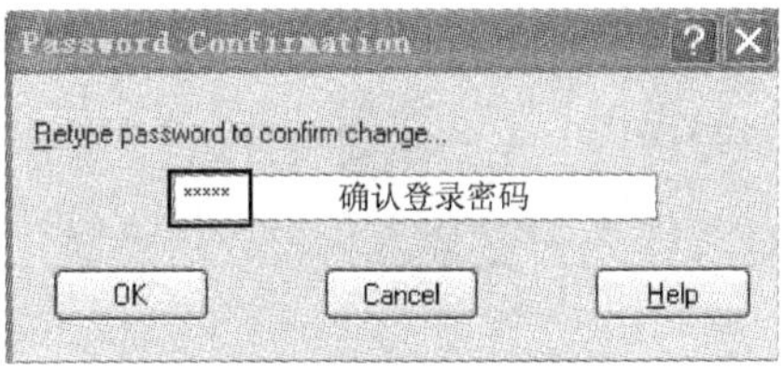

图 7-3-23　确认密码

单击“File”→“Save”命令，退出系统配置工具，返回到如图 7-3-24 所示 iFIX 界面，单击界面右上角的按钮，从菜单中选择“Exit”退出 iFIX。

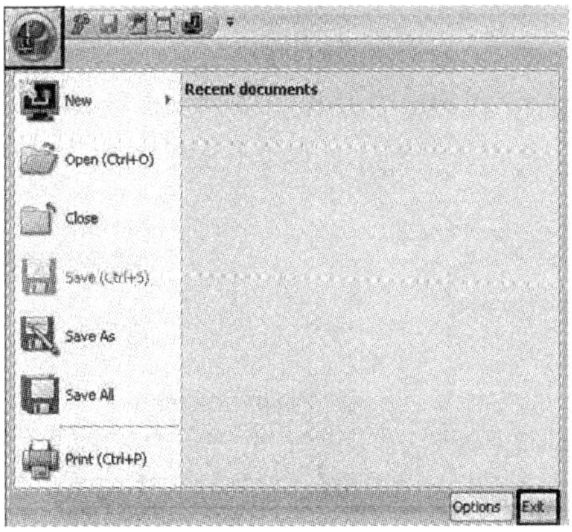

图 7-3-24　iFIX 界面

如图 7-3-25 所示，在“Options（选项）”中选择“Shutdown iFIX（关闭 iFIX）”。

图 7-3-25　关闭 iFIX 启动程序

4. 登录 iFIX

回到 Windows 桌面，依次选择“开始”→“所有程序”→“Proficy HMI SCADA-iFIX 5. 1”→“iFIX 5. 1”，弹出 iFIX 启动对话框。单击图标运行“iFIX”。运行过程中出现错误信息，如图 7-3-26 所示。原因是 iFIX 登录需要获得授权后才能正常打开。单击“确定”按钮，返回 iFIX 启动对话框。

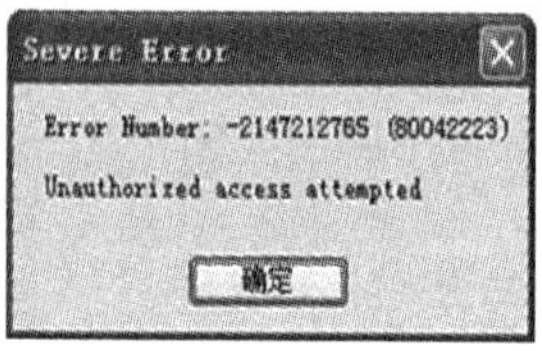

图 7-3-26　打开 iFIX 工作台

依次单击 Windows 系统级联菜单“开始”→“所有程序”→“Proficy HMI SCADA-iFIX 5. 1”→“登录”，系统弹出“Login”对话框，如图 7-3-27 所示。

图 7-3-27　打开 iFIX 的登录窗口

对话框中“Name”栏输入账户名称（即 ADMINI），“Password”栏输入登录密码（AD-

MIN)，如图 7-3-28 所示。输入完成后，单击“Login”按钮进行登录。系统提示“Login successful”，说明登录成功，如图 7-3-29 所示。单击“确定”按钮后回到 Windows 桌面。

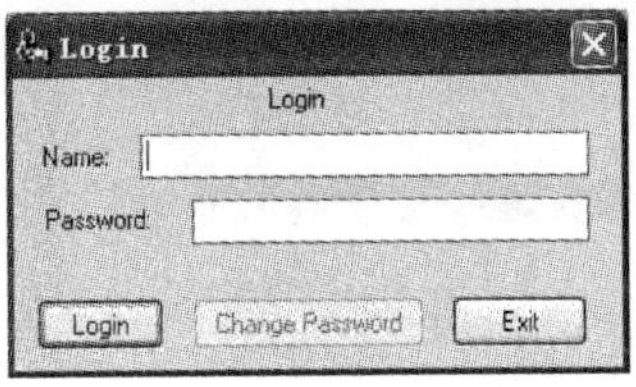

图 7-3-28　安全登录

图 7-3-29　登录成功

在 Windows 桌面依次单击“开始”→“所有程序”→“Proficy HMI SCADA-iFIX 5. 1”→“iFIX 工作台”运行工作台打开程序，如图 7-3-30 所示。

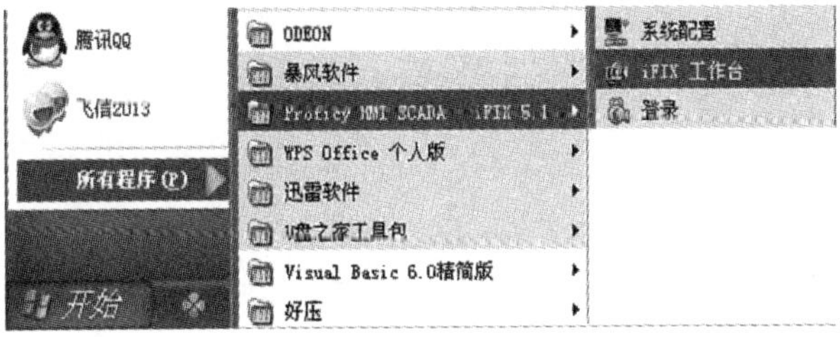

图 7-3-30　启动 iFIX

5. 添加数据库

添加后的数据库如图 7-3-31 所示。

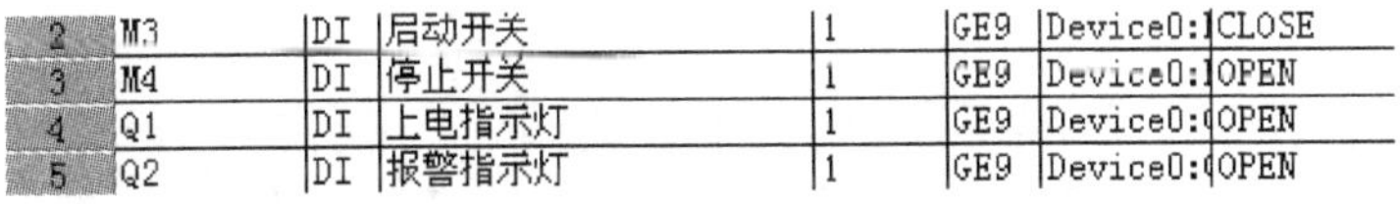

2	M3	DI	启动开关	1	GE9	Device0:1	CLOSE
3	M4	DI	停止开关	1	GE9	Device0:1	OPEN
4	Q1	DI	上电指示灯	1	GE9	Device0:(	OPEN
5	Q2	DI	报警指示灯	1	GE9	Device0:(	OPEN

图 7-3-31　添加后的数据库

7.3.3　任务实施

1. 检查 EGD 协议

回到 PME 浏览信息窗口，右键单击“PAC1”选择“Validate and Build EGD”选项，进行编译和 EGD 协议构建，如图 7-3-32 所示。

Windows 桌面依次选择“开始”→“所有程序”→“Proficy”→“Proficy Process Systems”→“Proficy Process Systems Notification Service”命令，弹出窗口中单击 HMI 选项卡选择 iFIX 项，如图 7-3-33 所示。弹出“Egd Producers”对话框，选择对象“PAC1”，如图7-3-34所示，单击“OK”按钮返回。单击“File”→“Save”命令保存后退出。

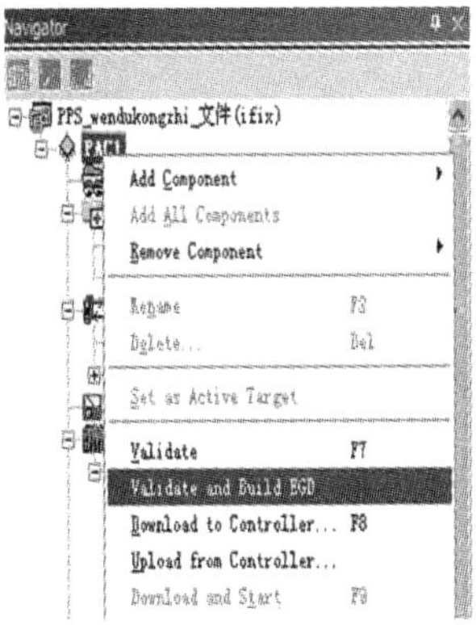

图 7-3-32　建立通信

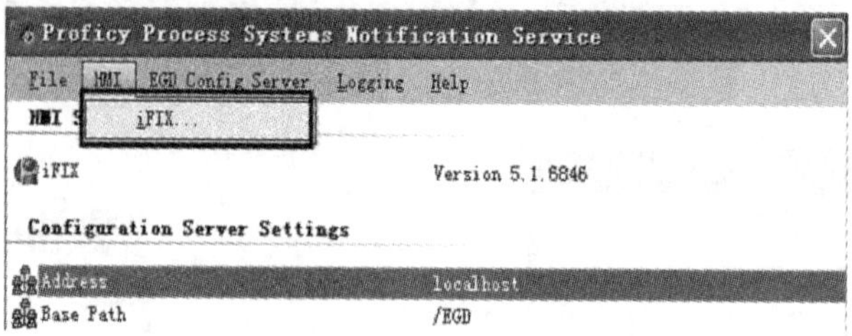

图 7-3-33　PPS 配置窗口 1

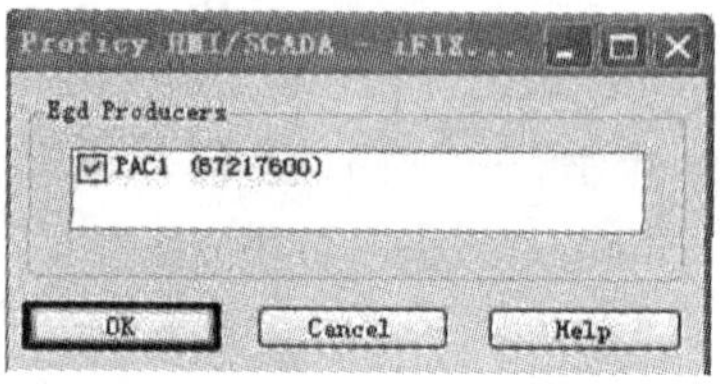

图 7-3-34　PPS 配置窗口 2

2. iFIX 画面组态及关联

(1)在系统树图符集内选择"PPS _ AnalogInput"图符,其操作步骤如图 7-3-35 所示。图符拖到编辑区弹出关联对话框,如图 7-3-36 所示,依次单击"PAC1"项→"OK"按钮关联。

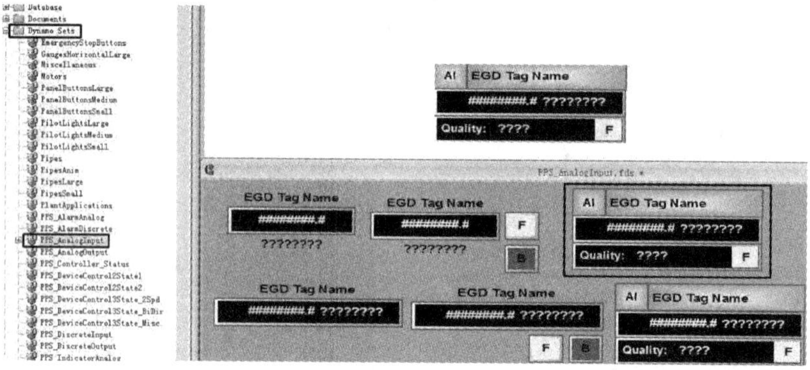

图 7-3-35　PPS _ AnalogInput 图符添加界面

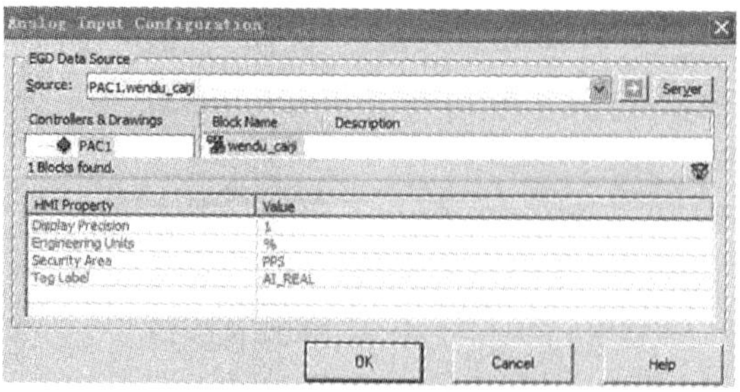

图 7-3-36　PPS _ AnalogInput 图符关联界面

(2)在系统树图符集内选择"PPS _ AnalogOutput"图符,其操作步骤如图 7-3-37 所示。图符拖到编辑区弹出关联对话框,如图 7-3-38 所示,依次单击"PAC1"项→"OK"按钮关联。

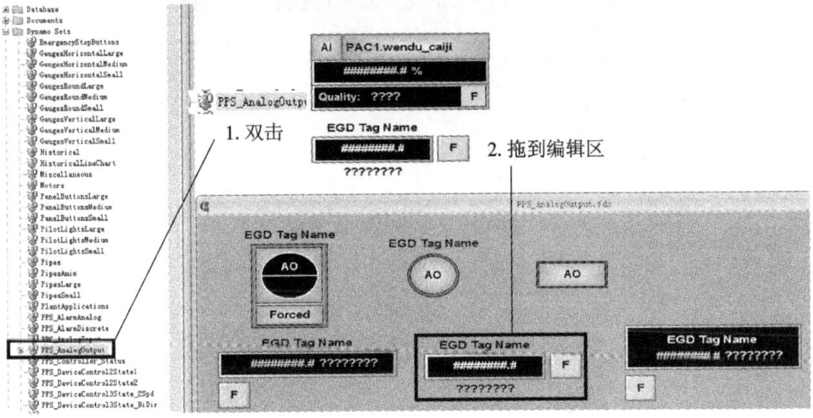

图 7-3-37　PPS _ AnalogOutput 图符添加界面

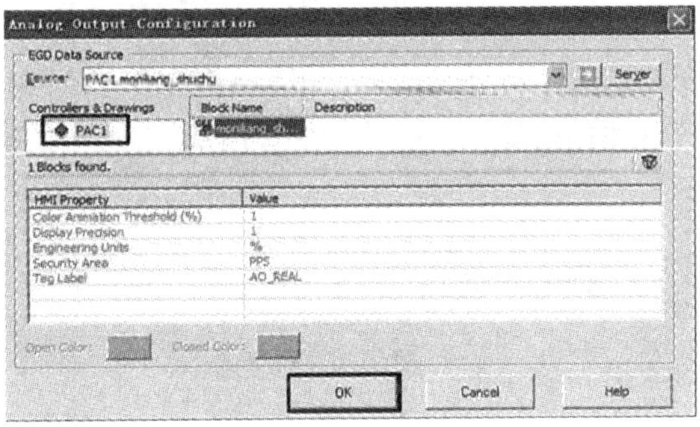

图 7-3-38　PPS _ AnalogOutput 图符关联界面

（3）在系统树图符集内选择“PPS _ PIDAdvanced2”图符，其操作步骤如图 7-3-39 所示。图符拖到编辑区弹出关联对话框，如图 7-3-40 所示，依次单击“PAC1”项、“OK”按钮关联。

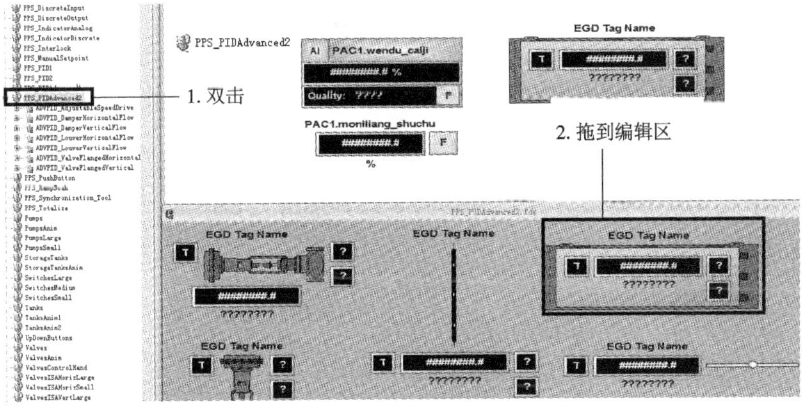

图 7-3-39　PPS _ PIDAdvanced2 图符添加界面

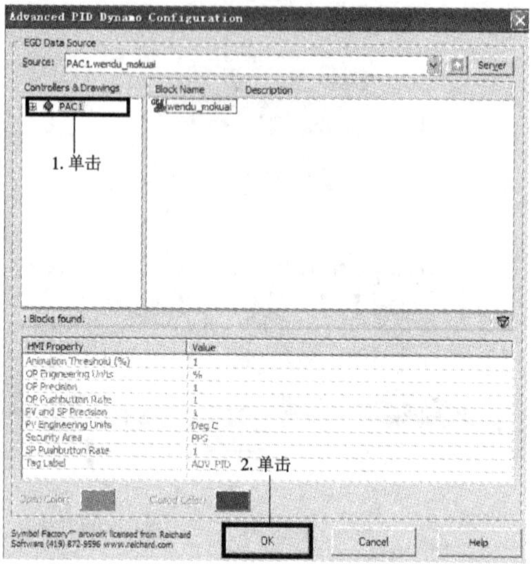

图 7-3-40　PPS _ PIDAdvanced2 图符关联界面

(4)在系统树图符集内选择“GaugesHorizontalLarge”图符,其操作步骤如图 7-3-41 所示。图符拖到编辑区弹出关联对话框,如图 7-3-42 所示,按照图中所示操作顺序完成温度计变量的关联。

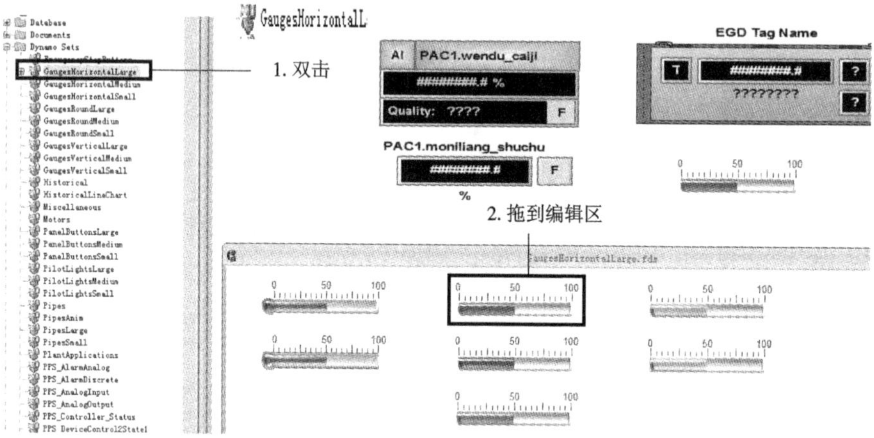

图 7-3-41　GaugesHorizontalLarge 图符添加界面

数字量的关联方法参照项目 3,组态完成后的控制界面如图 7-3-43 所示。

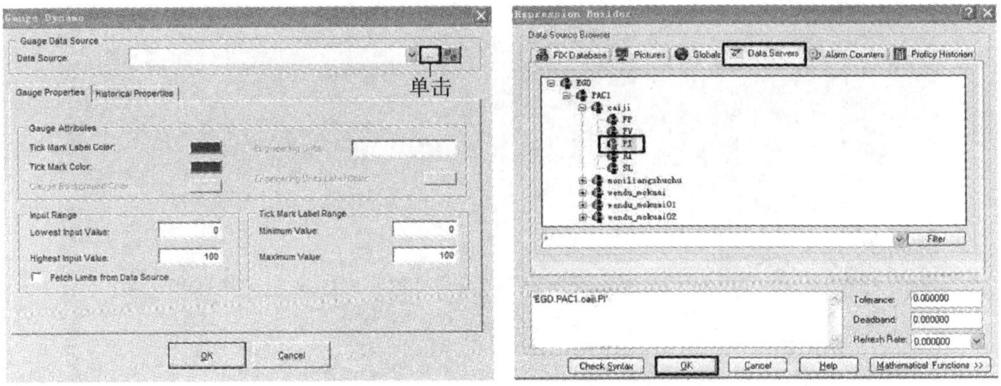

图 7-3-42　GaugesHorizontalLarge 图符关联界面

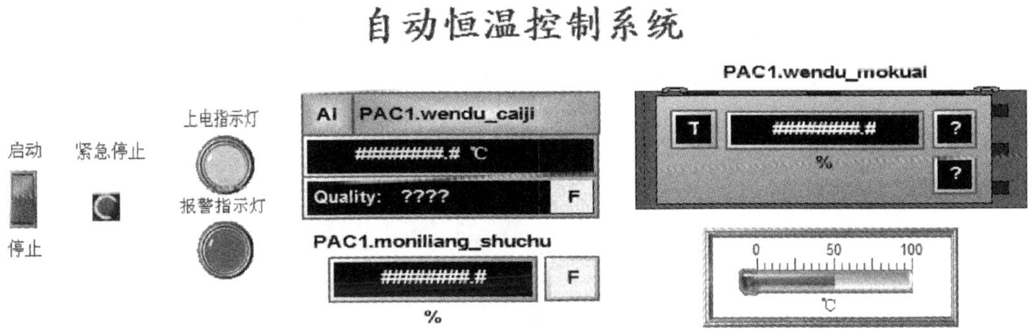

图 7-3-43　自动恒温控制系统的监控界面

3. 运行调试

按“Ctrl + W”键进入运行画面进行调试，如图 7-3-44 所示。将开关置于“启动”位置，上电指示灯亮，系统进入工作状态，温度计示数逐渐升高，双击“PAC1. wendu _ mokuai”模块弹出信息窗口，如图 7-3-45 所示。

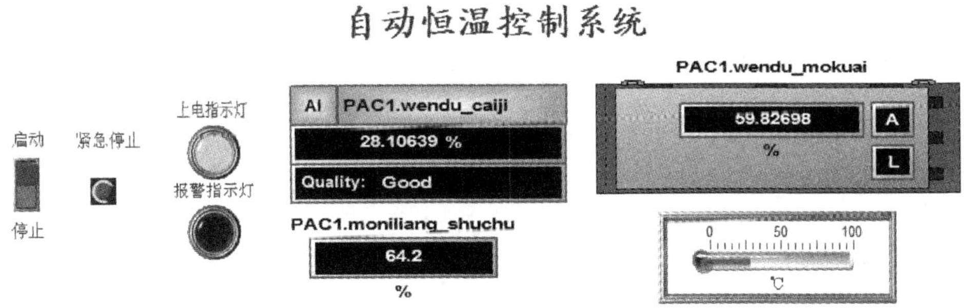

图 7-3-44　自动恒温控制系统的运行界面

加热过程中出现特殊情况，按“紧急停止”按钮，加热装置停止加热。加热过程中，当温度高于设置报警点时，装置自动停止加热，红色报警指示灯亮起。

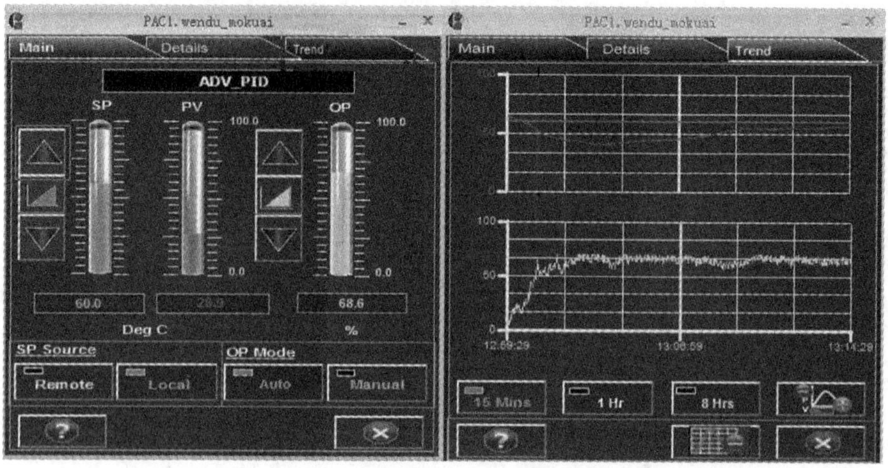

图 7-3-45　自动恒温控制系统中 PID 模块的运行界面

附　　录

附录 A　伺服驱动器显示状态一览表

表 A-1　伺服驱动器存储状态显示

显示符号	内容说明
End	设定值正确存储完
Err-r	为读参数，写入禁止
Err-p	密码输入错误或请输入密码
Err-c	设定值不正确或输入保留设定值
Srvon	伺服启动中无法输入
Abore	参数模式下按下“Mode”键，用以放弃参数修改； 设定模式下按下“Mode”键，可跳回至参数模式下，若再按下“Mode”键即放弃修改

表 A-2　伺服驱动器警示信息显示

异警表示	异警名称	异警处理
ALE01	过电流	排除短路状态，防止金属导体外露；恢复至出厂预定值再逐量修正；修正输入命令变动率或开启滤波功能
ALE02	过电压	使用正确电压源或串接稳压器或变压器
ALE03	低电压	重新确认电压接线，确认电源开关，使用电压源或串接变压器
ALE04	电机过热	重新评估电机及驱动器容量
ALE05	回升异常	重新接回升电阻；重新设定回升电阻规格和参数
ALE06	过负荷	提高电机容量或降低负载，调整控制回路增益值，将加减速设定时间减慢
ALE07	过速度	调整输入信号变动率或开启滤波功能，正确设置速度参数
ALE08	异常脉冲控制命令	正确设定输入脉冲频率
ALE09	位置控制误差过大	加大最大位置误差参数设定值，正确调整增益值，正确调整扭矩限制值
ALE10	晶片执行超时	将电源重置
ALE11	位置检出器异常	正确接线，重新安装，重新连接接线，更换电机
ALE12	校正异常	关闭伺服运转，模拟输入接点正确接地
ALE13	紧急停止	开启紧急停止开关
ALE14	正向极限异常	开启正向限位开关
ALE15	反向极限异常	开启反向限位开关
ALE16	IGBT 温度异常	提高电机容量或降低负载
ALE17	存储器异常	参数或电源重置
ALE18	晶片通信异常	检测及重置控制电源
ALE19	串列通信异常	正确设定通信参数值，正确设定通信地址，正确设定存取数值

续表

异警表示	异警名称	异警处理
ALE20	串列通信超时	正确设定超时参数
ALE21	命令写入异常	检测及重置控制电源
ALE22	主回路电源缺相	检查 U、V、W 电源线是否松动、脱落或仅单相输入

表 A-3 监控显示

P0－02 设定值	监控显示符号	内容说明	单位
0	Fb. P	电机回授脉冲数	[pulse]
1	Fb. rEv	电机回授旋转圈数	[rev]
2	C. P	脉冲命令输入脉冲数	[pulse]
3	C. rEv	脉冲命令旋转圈数	[rev]
4	PErr	控制命令脉冲与回授脉冲数	[pulse]
5	CP. Fr	脉冲命令输入频率	[kHz]
6	SPEEd	电机转速	[rpm]
7	C. SPd1	速度输入命令	[V]
8	C. SPd2	速度输入命令	[rpm]
9	C. Kq1	扭矩输入命令	[V]
10	C. Kq2	扭矩输入命令	[%]
11	AvG. L	平均扭矩	[%]
12	PE. L	峰值扭矩	[%]
13	UbvS	主回路电压	[V]
14	JL	负载/电机惯量比	[times]

附录 B　伺服驱动器参数简介

代号	简称	描述
P0 - 00	VER	软件版本
P0 - 01	ALE	驱动器错误状态显示
P0 - 02	STS	驱动器状态显示
P0 - 03	MON	模拟输出监控
P0 - 04	CM1	状态监控寄存器 1
P0 - 05	CM2	状态监控寄存器 2
P0 - 06	CM3	状态监控寄存器 3
P0 - 07	CM4	状态监控寄存器 4
P0 - 08	CM5	状态监控寄存器 5
P0 - 09	MAP0	区块资料寄存器 0
P0 - 10	MAP1	区块资料寄存器 1
P0 - 11	MAP2	区块资料寄存器 2
P0 - 12	MAP3	区块资料寄存器 3
P0 - 13	MAP4	区块资料寄存器 4
P0 - 14	MAP5	区块资料寄存器 5
P0 - 15	MAP6	区块资料寄存器 6
P0 - 16	MAP7	区块资料寄存器 7
P1 - 00	PTT	外部脉冲输入型设定
P1 - 01	CTL	控制模式及控制命令输入源设定
P1 - 02	PSTL	速度及扭矩限制设定
P1 - 03	AOUT	输出极性设定
P1 - 04	MON1	MON1 模拟监控输出比例
P1 - 05	MON2	MON2 模拟监控输出比例
P1 - 06	SFLT	模拟速度指令加速度平滑常数(低通平滑滤波)
P1 - 07	TFLT	模拟扭矩指令平滑常数(低通平滑滤波)
P1 - 08	PFLT	位置指令平滑常数(低通平滑滤波)
P1 - 09	SP1	第 1 段内部速度指令设定
		第 1 段内部速度限制设定
P1 - 10	SP2	第 2 段内部速度指令设定
		第 2 段内部速度限制设定
P1 - 11	SP3	第 3 段内部速度指令设定
		第 3 段内部速度限制设定
P1 - 12	TQ1	第 1 段内部扭矩指令设定
		第 1 段内部扭矩限制设定

续表

代号	简称	描述
P1-13	TQ2	第 2 段内部扭矩指令设定
		第 2 段内部扭矩限制设定
P1-14	TQ3	第 3 段内部扭矩指令设定
		第 3 段内部扭矩限制设定
P1-15	PO1H	第 1 段内部位置转数设定
P1-16	PO1L	第 1 段内部位置脉冲数设定
P1-17	PO2H	第 2 段内部位置转数设定
P1-18	PO2L	第 2 段内部位置脉冲数设定
P1-19	PO3H	第 3 段内部位置转数设定
P1-20	PO3L	第 3 段内部位置脉冲数设定
P1-21	PO4H	第 4 段内部位置转数设定
P1-22	PO4L	第 4 段内部位置脉冲数设定
P1-23	PO5H	第 5 段内部位置转数设定
P1-24	PO5L	第 5 段内部位置脉冲数设定
P1-25	PO6H	第 6 段内部位置转数设定
P1-26	PO6L	第 6 段内部位置脉冲数设定
P1-27	PO7H	第 7 段内部位置转数设定
P1-28	PO7L	第 7 段内部位置脉冲数设定
P1-29	PO8H	第 8 段内部位置转数设定
P1-30	PO8L	第 8 段内部位置脉冲数设定
P1-31		保留
P1-32	LSTP	电机停止模式机能
P1-33	POSS	内部位置指令控制模式
P1-34	TACC	速度加速常数
P1-35	TDEC	速度减速常数
P1-36	TSL	S 型加减速平滑常数
P1-37	GDR	对伺服电机的负载惯量比
P1-38	ZSPD	零速度
P1-39	SSPD	目标转速
P1-40	VCM	模拟速度指令最大回转速度
P1-41	TCM	模拟扭矩指令最大输出
P1-42	MBT1	电磁刹车开启延时时间
P1-43	MBT2	电磁刹车关闭延时时间
P1-44	GR1	电子齿轮比(N1)
P1-45	GR2	电子齿轮比(分母 M)
P1-46	GR3	检出器输出脉冲数设定

续表

代号	简称	描述
P1 - 47	HWOV	原点复位模式
P1 - 48	HSPD1	第一段高速原点复归速度设定
P1 - 49	HSPD2	第二段低速原点复归速度设定
P1 - 50	HOF1	原点复归偏移转数
P1 - 51	HOF2	原点偏移脉冲数
P1 - 52	RES1	回生电阻值
P1 - 53	RES2	回生电阻容量
P1 - 54	PER	位置达到确认范围
P1 - 55	MSPD	最大速度限制
P2 - 00	KPP	位置控制增益
P2 - 01	PPR	位置控制增益变动比率
P2 - 02	PFG	位置前馈增益
P2 - 03	PFF	位置前馈增益平滑常数
P2 - 04	KVP	速度控制增益
P2 - 05	SPR	速度控制增益变化比率
P2 - 06	KVI	速度积分补偿
P2 - 07	KVF	速度前馈增益
P2 - 08	PCTL	写入保护密码
P2 - 09	DRT	数字输入相应滤波时间
P2 - 10	DI1	数字输入接脚 DI1 功能规划
P2 - 11	DI2	数字输入接脚 DI2 功能规划
P2 - 12	DI3	数字输入接脚 DI3 功能规划
P2 - 13	DI4	数字输入接脚 DI4 功能规划
P2 - 14	DI5	数字输入接脚 DI5 功能规划
P2 - 15	DI6	数字输入接脚 DI6 功能规划
P2 - 16	DI7	数字输入接脚 DI7 功能规划
P2 - 17	DI8	数字输入接脚 DI8 功能规划
P2 - 18	DO1	数字输出接脚 DO1 功能规划
P2 - 19	DO2	数字输出接脚 DO2 功能规划
P2 - 20	DO3	数字输出接脚 DO3 功能规划
P2 - 21	DO4	数字输出接脚 DO4 功能规划
P2 - 22	DO5	数字输出接脚 DO5 功能规划
P2 - 23	NCF	共振抑制
P2 - 24	DPH	共振抑制衰减率
P2 - 25	NLP	共振抑制低通滤波
P2 - 26	DST	外部干扰抵抗增益

续表

代号	简称	描述
P2-27	GCC	增益切换条件选择
P2-28	GUT	增益切换时间常数
P2-29	GPE	增益切换条件
P2-30	INH	辅助机能
P2-31	AUT1	自动及简易模式设定
P2-32	AUT2	增益调节方式
P2-33	INF	输入滤波器简易设定
P2-34	SDEV	过速度警告条件
P2-35	PDEV	位置控制误差过大警告条件
P2-36	POV1	内部位置指令控制 1 的移动速度设定
P2-37	POV2	内部位置指令控制 2 的移动速度设定
P2-38	POV3	内部位置指令控制 3 的移动速度设定
P2-39	POV4	内部位置指令控制 4 的移动速度设定
P2-40	POV5	内部位置指令控制 5 的移动速度设定
P2-41	POV6	内部位置指令控制 6 的移动速度设定
P2-42	POV7	内部位置指令控制 7 的移动速度设定
P2-43	POV8	内部位置指令控制 8 的移动速度设定
P2-44	DOM	数字量输出模式设定
P2-45	DOD	组合输入信号延迟时间
P2-46	FSN	分度数设定
P2-47	PED	位置误差清除延迟时间
P2-48	BLAS	分度控制背隙补偿
P2-49	SJIT	速度检测滤波及微振抑制
P2-50	DCLR	脉冲清除模式
P2-51	SRON	内部伺服启动设定
P2-52	ATM0	自动运转模式计时器 0
P2-53	ATM1	自动运转模式计时器 1
P2-54	ATM2	自动运转模式计时器 2
P2-55	ATM3	自动运转模式计时器 3
P2-56	ATM4	自动运转模式计时器 4
P2-57	ATM5	自动运转模式计时器 5
P2-58	ATM6	自动运转模式计时器 6
P2-59	ATM7	自动运转模式计时器 7
P2-60	GR4	电子齿轮比分子(N2)
P2-61	GR5	电子齿轮比分子(N3)
P2-62	GR6	电子齿轮比分子(N4)

续表

代号	简称	描述
P2 - 63	TSCA	比例值设定
P3 - 00	ADR	局号设定
P3 - 01	BRT	通信传输率
P3 - 02	PTL	通信协议
P3 - 03	FLT	通信错误处理
P3 - 04	CWD	通信超时设定
P3 - 05	CMM	通信机能
P3 - 06	SDI	软件接入点通信控制
P3 - 07	CDT	通信回复延迟时间
P4 - 00	ASH1	异常记录(N)
P4 - 01	ASH2	异常记录(N - 1)
P4 - 02	ASH3	异常记录(N - 2)
P4 - 03	ASH4	异常记录(N - 3)
P4 - 04	ASH5	异常记录(N - 4)
P4 - 05	JOG	伺服驱动器点动控制
P4 - 06	FOT	强制输出接点控制
P4 - 07	ITST	数字量输入接点多重功能
P4 - 08	PKEY	驱动器面板输入接点状态
P4 - 09	MOT	数字量输出接点多重功能
P4 - 10	CEN	校正功能选择
P4 - 11	SOF1	模拟速度输入(1)硬件漂移量手动校正
P4 - 12	SOF2	模拟速度输入(2)硬件漂移量手动校正
P4 - 13	TOF1	模拟扭矩输入(1)硬件漂移量手动校正
P4 - 14	TOF2	模拟扭矩输入(2)硬件漂移量手动校正
P4 - 15	COF1	电流检出器(V1 相)硬件漂移量校正
P4 - 16	COF2	电流检出器(V2 相)硬件漂移量校正
P4 - 17	COF3	电流检出器(W1 相)硬件漂移量校正
P4 - 18	COF4	电流检出器(W2 相)硬件漂移量校正
P4 - 19	TIGB	IGBT NTC 校正准位(无法重置)
P4 - 20	DOF1	模拟量监控输出(ch1)漂移量校正值(无法重置)
P4 - 21	DOF2	模拟量监控输出(ch2)漂移量校正值(无法重置)
P4 - 22	SAO	模拟速度输入 OFFSET
P4 - 23	TAO	模拟扭矩输入 OFFSET

附录 C　PMM335 指示灯状态一览表

LED	LED 状态	PMM 操作状态
1—Axis 1 2—Axis 2 3—Axis 3 4—Axis 4	绿色	轴上电
	红色	此轴发生了正常的停止错误
	红色闪烁	此轴发生了紧急停止的错误。这些类型的错误与状态灯闪烁的速率是相同的
STATUS	关	PMM 停止运行
	绿色	PMM 运行正常,没有错误
	绿色,以 1 s 间隔闪烁	表明一个警告或错误发生,无须停止运行
	绿色,以 0.5 s 间隔闪烁	表明一个错误发生,需要快速或者正常停止运行
	代码瞬间闪烁绿色;配置和轴的二极管熄灭	闪烁模式表明,在模块发生一个致命的初始化错误并且运作起来 指示灯发生连续闪动,然后联系 GE Fanuc 技术支持的附加信息
	配置和轴的指示灯同时闪烁绿光	模块正在加载固件升级
	琥珀色	模块硬件严重的错误或看门狗超时
CONFIG	绿色	PMM 已从 RX3i CPU 收到一个有效的配置
	绿色,闪光	PMM 尚未从 RX3i CPU 收到一个配置
	琥珀色	PMM 为启动模式
	琥珀色,闪烁	PMM 从 RX3i CPU 收到了一个无效的配置
FSSB	关	FSSB 通信是未开启的
	绿色	FSSB 通信是开启的
	绿色闪烁	在进行 FSSB 设置
	红色	FSSB 通信连接失败
FIBER I/O	关	光纤的 I/O 通信是未开启的
	绿色	光纤的 I/O 通信是开启的
	绿色闪烁	光纤的 I/O 配置正在进行中
	红色	光纤的 I/O 通信连接失败
	红色和绿色交替闪烁	表明一个 FTB ID 误差

参 考 文 献

[1] 郁汉琪,王华.可编程自动化控制器(PAC)技术及应用:基础篇[M].北京:机械工业出版社,2011.

[2] 原菊梅,叶树江.可编程自动化控制器(PAC)技术及应用:提高篇[M].北京:机械工业出版社,2011.